高职高专“十四五”规划教材

汽车装饰与美容
——理实一体化教程

主　编　黄昌志　王媛媛

副主编　张艺华　姚明傲　庞念念

北京航空航天大学出版社

内容简介

本书共9个项目，包括汽车装饰与美容概述、汽车清洗、汽车外部装饰、汽车内部装饰、汽车车载影音、汽车功能性装饰、汽车美容护理、汽车车漆护理性美容、汽车漆膜修复性美容，旨在帮助学生建立汽车美容、装饰的概念，并掌握基础实用技能。同时，根据汽车领域职业技能等级标准的要求，融入了汽车美容装饰与加装改装服务技术的相关考点，对学生取得汽车领域“1＋X”证书具有很强的指导意义。

本书既可作为高等职业技术院校的汽车运用、机动车辆保险、汽车贸易类专业的学习教材，也可作为汽车美容与维修从业人员的培训用书，还可为广大汽车用户了解汽车美容与装饰的相关知识提供参考。

图书在版编目(CIP)数据

汽车装饰与美容 ：理实一体化教程 / 黄昌志，王媛媛主编. -- 北京 ：北京航空航天大学出版社，2021.1

ISBN 978－7－5124－3404－2

Ⅰ. ①汽… Ⅱ. ①黄… ②王… Ⅲ. ①汽车—车辆保养—高等职业教育—教材 Ⅳ. ①U472

中国版本图书馆CIP数据核字(2020)第228701号

汽车装饰与美容——理实一体化教程

主编 黄昌志 王媛媛

副主编 张艺华 姚明傲 庞念念

策划编辑 周世婷 责任编辑 冯颖

*

北京航空航天大学出版社出版发行

北京市海淀区学院路37号(邮编100191) http://www.buaapress.com.cn

发行部电话：(010)82317024 传真：(010)82328026

读者信箱：goodtextbook@126.com 邮购电话：(010)82316936

涿州市新华印刷有限公司印装 各地书店经销

*

开本：787×1 092 1/16 印张：14.5 字数：371千字

2021年1月第1版 2022年6月第2次印刷 印数：2 001～4 000册

ISBN 978－7－5124－3404－2 定价：45.00元

若本书有倒页、脱页、缺页等印装质量问题，请与本社发行部联系调换。联系电话：(010)82317024

前　言

随着我国家用轿车保有量的不断增加，越来越多的车主在购车后开始追求个性化，以凸显个人品位，因此汽车装饰和汽车美容养护已被越来越多的人所推崇。如今，汽车美容装饰店如雨后春笋般地蓬勃发展，而汽车美容养护行业作为一种新兴产业也迅速崛起。随着汽车美容养护行业的发展，对相关高技能人才的需求也越来越大，各职业院校纷纷开设了此类专业，培养专业的汽车美容技术人员。

这是一本针对高职高专汽车类专业所编写的教材，致力于结合汽车美容养护市场实际需求，帮助学生掌握汽车美容与装饰的基本理论知识和基本技能，了解汽车美容养护行业的发展，为学生进入汽车美容养护行业打下坚实的基础。

本书图文并茂，生动活泼，具有较强的实用性和趣味性。书中系统介绍了汽车美容与装饰行业的概况，常用汽车美容设备的种类和使用方法，以及车表美容、车饰美容、漆面装饰美容、漆面修复美容等。教材以“汽车运用与维修职业技能领域‘1＋X’证书制度”要求中的汽车美容装饰与加装改装服务技术模块为依托，融入了与技能考核相关的实训项目及知识点，做到了理实一体化，帮助学生“做中学”，且实现了教学内容与工作岗位的精准对接。本书对学生建立汽车美容与装饰的基本概念、掌握基础实用技能及取得“1＋X”证书具有很强的指导意义。

本书适合作为高职高专院校汽车运用、机动车辆保险、汽车贸易类专业学生的教材，也可作为汽车美容与维修从业人员的培训用书，还可作为广大汽车用户了解汽车美容与装饰知识的参考用书。

本书由四川航天职业技术学院黄昌志教授、王媛媛老师任主编，张艺华、姚明傲、庞念念老师任副主编，张伟、刘诗意、李光雪和肖康等老师参与了部分内容的编写。编者在编写过程中，参考了大量的著作及文献资料，在此向有关作者及编者表示真诚的感谢。

由于编者水平有限，书中错误之处敬请广大读者批评指正。

编　者

2020 年 12 月

目　　录

项目1　概　述

【知识目标】

➢ 了解汽车美容行业的现状和发展前景。
➢ 了解现在汽车美容行业存在的问题。
➢ 了解汽车装饰的概念及分类。
➢ 了解汽车美容的含义及装饰原则。

【技能目标】

➢ 掌握汽车装饰所包含的主要服务项目。
➢ 掌握汽车美容所包含的主要服务项目。

【素养目标】

➢ 培养学生爱岗敬业的工作精神。

任务1.1　汽车装饰与美容的基础知识

相关权威专家预测，近些年来，汽车美容产业一直是中国国民经济发展的重要产业之一，且将一直保持较快的发展速度。虽然整车销售利润将呈现下滑趋势，但与汽车相关的售后服务市场却将呈上升势头。

汽车后市场一直是中小投资者所看重的黄金市场。业内人士称：在未来一段时间，汽车后市场将逐渐摆脱不规范的经营状态，逐步走向正规，从专业化走向服务的多样化。

汽车美容一词源于西方发达国家，又被称为“汽车保养护理”，英文名称为 Car Beauty 或 Car Care，指对汽车的美化与维护。汽车美容的概念在我国出现于1994年。现代汽车美容不只是单纯意义上的汽车清洗、吸尘、除渍、除臭及打蜡等常规美容护理，还包括利用专业汽车美容系列产品和高科技设备，采用特殊的工艺和方法，对汽车进行漆面抛光、增光、深浅划痕处理及全车漆面翻新等一系列养护作业。

1.1.1　汽车装饰与美容的发展概况

汽车美容行业在中国是一种新兴的市场业态，随着中国经济的快速发展和大众消费能力的提高而持续增长。

汽车美容行业是一个特殊的行业，它的发展状况取决于三大因素，即自然环境、汽车使用者经济水平、汽车的保有数量。

首先是自然环境。自然环境是影响车辆内外清洁程度的重要因素，这是自然规律，我们无法改变。

其次，中国仍处于发展中国家水平，汽车依然是中高收入阶层的消费品，这个阶层具有比较强的消费能力,是汽车美容行业发展的必需条件。

最后,汽车保有数量的发展,无论汽车销售状况如何改变,只要汽车存在,汽车美容市场就有了服务的基础对象。

在以上三者当中,汽车保有数量和汽车使用者经济水平是可以变化的因素,但从当前中国市场看,2020年年初中国汽车的保有数量已超过2.81亿辆,中国汽车的年销量达到3 328万辆。这是个庞大的基础服务数量,即使这一层次消费者的经济水平有所下降,因此即使汽车市场受到外界影响产生较大的变化,但汽车美容业也不会产生明显变化。

在三大因素都基本稳定的情况下,汽车美容市场呈现出持续发展的良好势头。加上现今中国买车消费群体趋于年轻化,年轻人更加追求个性化和时尚化,随之给汽车装饰与美容带来无限的商机。

1.1.2 我国汽车美容行业的现状和市场前景

1. 我国汽车美容行业的现状

根据汽车行业专家的预测,随着我国经济的持续高速发展和人们消费观念的改变,中国已成为世界轿车的最大消费国之一,而且我国轿车保有量在未来的一二十年内将会飞速提高。现今社会,开车已是人们普遍掌握的生活技能,轿车也不再是特权人士的标志,而是人们出门的代步工具。那么当人们拥有一辆自己的爱车时,无疑会关怀备至,而汽车的平时清洁护理和定期美容保养,必然成为人们日常的消费内容。另外,我国各大中城市虽然发展很快,但基础建设不配套,缺少停车场所,使大量汽车只能露天停放,经受风吹、雨淋、日晒,致使车身日渐老化。这就使汽车美容护理业的存在和发展具备了条件。

市场调查表明:目前我国60%以上的私人高档汽车车主有给汽车做外部美容养护的习惯;30%以上的私人低档车车主也开始形成给汽车做美容养护的观念;30%以上的公用高档汽车也定时进行外部美容养护;50%以上的私家车车主愿意在掌握基本技术的情况下自己进行汽车美容和养护。不难看出,汽车美容业在我国有着巨大的市场发展空间。

我国汽车美容市场蛋糕虽大,但市场竞争仍十分激烈。据调查,目前汽车美容养护行业的现状是消费者认识不成熟、企业经营不规范、缺乏专业人才、行业无标准等。绝大多数街面店先天缺乏科学管理、技术保障和正规的进货渠道。

2. 我国汽车美容行业存在的弊端

(1) 消费者认识不成熟

汽车美容行业是一个新兴的产业,其产值的大小一方面受汽车保有量的影响,另一方面也存在一个消费者认知的过程。根据相关行业和国外汽车美容养护行业的发展经验,一般情况下,一个国家的汽车美容养护业要经历起步、成长和成熟三个发展阶段。在起步阶段,由于消费者生活水平不高,对汽车美容养护的认知不足,同时在全部汽车保有量中低档汽车所占的比例较大,汽车美容养护业虽然利润率较高,但总产值相对较低。在成长阶段,消费者的可支配收入大幅度上升,开始注意到自己驾乘的汽车如同穿在身上的衣服一样,是一个人身份、地位和文化品位的象征,因此比较注重汽车的性能和外表,经常需要进行美容养护。同时在全部汽车保有量中,轿车的比例上升、商用车比例逐年下降,而且高档汽车的比例不断增加,汽车美容养护的需求也将与日俱增。

目前国内的汽车美容市场正处在起步阶段向成长阶段转化的过程。在这个过程中,消费者的需求还不明确，消费者对汽车美容的概念还没有一个清晰的认识，很多消费者还停留在“洗车就是汽车美容”的阶段。

(2) 企业经营不规范

“一块抹布一桶水，三个伙计一个店”一度成为汽车美容养护市场的真实写照，黑、脏、乱也是消费者在形容汽车美容养护店时的常用词。行业的高额利润和不规范的管理，使得有些人找到了钻空子赚钱的好机会。市场上到处充斥着“无专业正规培训”“无专业品牌产品”“无专业机械设备”“无服务质量保证”的形形色色和大大小小的汽车美容养护店。

在汽车美容行业的企业中，许多汽车美容养护店“出师未捷身先死”。究其原因，归根结底是没有建立起以品牌为主导的服务市场，而服务的市场是建立在品牌的知名度、美誉度、忠诚度等综合因素基础上的。

现阶段，在汽车美容行业众多的品牌中，品牌的知名度、美誉度、忠诚度都达到国际标准的也仅有寥寥数家。服务市场的企业表面上形态各异，百花齐放，非常活跃，但实质良莠不齐，形成品牌的屈指可数，整体上讲目前还处于混乱状态。国内汽车服务行业小店到处都是，没有形成经营规模，店与店之间低价竞争，互相拆台，严重的无序经营影响着这个领域竞争力及品牌化的形成。企业各自为政，一些连锁企业也不够完善和成熟，并且由于自身的限制对整体市场的掌控能力不足，没有形成全国性服务品牌。

(3) 缺乏专业人才

由于汽车美容行业不同于一般的服务业，专业性很强，技术含量较高，因此，汽车美容养护业的发展必将需要大量的专业技术人才和管理人才。而据了解，我国的汽车美容从业人员基本上都是从学徒工做起，且技术从业人员很多只有初、高中文化程度，学习技术是以师傅带徒弟的方式，从而导致汽车美容技术的传授和更新速度慢，从业人员知识和技术水平有限。

在缺乏精英人才的加入和松散的雇佣关系下，整个行业直接从市场第一线产生的有创意的东西就会少之又少。经营者长年累月都在经营着同样的业务，消费者长年累月都在享受着同样的服务，最终导致整个行业已经失去了发展的原动力。

(4) 行业标准不规范

一个行业如果存在巨大的利润空间，必然会诱惑众多投资者，而这样的竞争注定是混乱下的“鏖战”。一些经营者为了抢顾客，不断压低价格，使得本就无序的汽车美容市场变得更加混乱。据笔者了解，开设一家汽车美容店的门槛并不高，目前也并没有相关的规定对经营场所以及人员资质提出要求。很多美容养护店投资从几千元到上百万元都有，可谓良莠不齐，而这其中又不乏一些无证经营的店铺。在调查中发现，在汽车美容市场上，大量的假冒伪劣产品充斥其间，以次充好。正是由于行业标准的缺乏，使得汽车美容行业的监管也存在诸多问题，一个汽车美容店由质监、工商等部门交叉管理，而目前针对这方面的法律法规并不健全，给市场的监管带来重重困难。

3. 中国汽车美容市场未来前景

根据公安部交通局的消息，2020年我国机动车保有量达3.72亿辆，其中汽车2.81亿辆。中国正在逐渐成为轿车消费大国。随着消费者“爱车、养车”意识的不断提高，越来越多的车主更加重视对车辆的日常保养，不再等到车辆损坏以后到修理厂或4S店进行大修。“七分养，三分修”的汽车养护新理念已为更多的消费者所接受，现在人们对汽车不仅要求“行得方便”，也要求“行得漂亮”。因此，汽车定期美容护理正在成为汽车后市场服务消费的重要内容之一。

按照最保守的估计，如果中国每辆车每年平均在美容养护上花费2 000～2 500元的话，中国汽车美容养护市场将达到1 400亿～1 750亿元人民币的规模，而目前中国汽车美容养护业的产值还不到370亿元人民币，市场潜力巨大。

从以上分析可以看出，随着我国汽车大量进入家庭，人们的生活水平逐步提高，汽车文化的日益普及，汽车美容养护行业将迅速崛起，并发展成为我国服务业的一个新兴产业。因此，汽车美容养护业不仅是服务业领域的朝阳产业，而且也是渴望勤劳致富者的黄金产业。

任务1.2 汽车装饰简介

随着汽车行业的发展，人们物质生活条件的提高，人们越来越追求个性化。所以，在不影响汽车本身安全性的前提下，越来越多的车主为了让开车和乘车环境更舒适，越来越倾向汽车装饰。

1.2.1 汽车装饰的概念

通过增加或者替换一些汽车附属的物品，以提高汽车表面和内室的美观性、实用性、舒适性，这种行为称为汽车装饰。所增加或者替换的附属物品，称为装饰品或者装饰件。广义的汽车装饰还包括汽车改装等。

1.2.2 汽车装饰的分类

根据汽车装饰的部位分类，可分为汽车外部装饰和汽车内部装饰。

1. 汽车的外部装饰

外部装饰主要对汽车顶盖、车窗、车身周围及车轮等部位进行装饰。其主要内容如下：

① 汽车漆面的特种喷涂装饰；
② 彩条及保护膜装饰；
③ 前空调出风口后翼板装饰；
④ 车顶开天窗装饰；
⑤ 汽车风窗装饰；
⑥ 车身大包围装饰；
⑦ 车身局部装饰；
⑧ 车轮装饰；
⑨ 底盘喷塑保护装饰；
⑩ 底盘LED灯带装饰。

2. 汽车内部装饰

汽车内部装饰主要是对汽车驾驶室和乘客室进行装饰，统称为内饰。其主要内容如下：

① 汽车顶棚内衬装饰；
② 侧围内护板和门内护板的装饰；
③ 仪表盘的装饰；
④ 座椅的装饰；
⑤ 地板的装饰；
⑥ 内部精品装饰。

1.2.3 汽车装饰的原则

买了新车大都要进行一番装饰，装饰轿车应掌握五点原则，即协调、实用、整洁、安全和舒适。

协调：装饰材料和装饰物其颜色必须同轿车的外表颜色、车内顶部与四周的颜色配合适当。例如：黑色的轿车配以浅茶色的太阳膜；在深灰色的驾驶室里配以黄色的座套与白色枕套，棕色车毯；在驾驶室前放一瓶外形美观的香水或一个语音报时钟等。这样，整个驾驶室就会显得大方、豪华、和谐。

实用:根据车内有限的空间尽可能选用一些小巧、美观、实用的饰物。但要注意最好能反映司机本人个性的艺术品。

整洁:要求车内装饰得井井有条,无任何污染或杂物。同时车内所有的饰物必须便于拆装清洗或更换。

安全:车内的饰物不得有碍于司机安全行车或乘坐人员安全乘车。

舒适:车内的装饰色彩和质感符合司机的审美观,这是因为只有舒适的工作环境,才能令司机驾驶时产生心情舒畅和轻松自在的感觉。

装饰轿车应掌握一定的步骤,即由表及里、先主后辅。具体步骤是先装饰车窗玻璃,后装饰车内的前部与后部,前排座中央位置,座垫或背垫及其他饰物。

1.2.4 汽车装饰的特点及其他功能性装饰

1. 汽车装饰的特点

(1) 严格依照相关法令进行

对汽车进行装饰主要是按照车主的意图改造汽车,然而车主并不能随心所欲地对车的外貌和内饰进行修改。汽车装饰的过程必须遵循一些基本原则,同时必须严格按照国家相关法规执行,否则将给车主带来麻烦,甚至会影响汽车的基本性能,从而带来安全隐患。

2001年10月颁布的《中华人民共和国机动车管理办法》明确规定,机动车不得擅自改装。若要进行机动车改装,司机在提交申请后,必须经过交管部门批准,在交管部门规定的范围内进行。如果改装的要求太过离谱,改出来后“面目全非”,车管所一般不会批准。

(2) 注意“禁用三色”

在车身颜色方面,有三种颜色不能批准:红色(消防专用)、黄色(工程抢险专用)、上白下蓝(国家行政执法专用)。

(3) 汽车装饰要遵循装饰原则

给爱车装饰首先要遵循安全性原则,在驾驶员驾驶区不要有挂饰、摆饰等其他饰品的装饰,尽量不要在驻车制动、仪表盘和仪表台上放置其他不能固定的物品,以免在紧急制动时发生制动踏板被杂物卡滞的现象。同时,装饰还要遵循协调性、实用性、整洁性和舒适性原则。

2. 汽车其他功能性装饰

附加头枕:很多轿车的头枕位置太靠后,车主如果要直视前方,根本挨不到头枕,所以在开车的时候颈部会很累。安装一个附加头枕,可以减轻颈部的疲劳。附加头枕多为内部充棉的真丝面料枕头,固定在原有的头枕上,价格一般不是很高。

方向盘套:握惯了塑料方向盘,突然有一天厌倦了,想换换颜色,或者要想手感舒服一点,不妨套上一个方向盘套。方向盘套分绒套和真皮套两种,绒套摸起来舒服,而且颜色更多、更活泼,适合女性车主。真皮套显得更高档,设计者在驾驶者的手握位置上设置了凹槽,握上去比较顺手。

防盗系统:过去汽车安装防盗系统似乎很少见,而现在给车安装防盗系统已越来越有必要。现在市场上供应的防盗系统分为三大类,包括电控类、机械类和GPS系统。电控类的有防盗器、中控锁、指纹锁、终极锁;机械类的有方向盘锁、排挡锁、轮胎锁。消费者可根据不同需求和价位选择合适的产品。

后倒视镜：新手倒车时面临的一个首要问题就是视野问题。改善视野，不妨在车内后视镜上夹上一块大视野后视镜。它通常是一面窄长的弧面镜，视野很宽，通过这面镜子可以清楚地看到正后方和侧后方的情况。

手机支架：对于中低档车，很多车主会选择手机来导航，如果安装上手机支架，那么驾驶者在行车过程中就可以避免拿着手机导航，提高了行车的安全性，同时也方便接听电话。手机支架的底座可以通过吸盘吸在前仪表台上，既轻巧又实用。不过在开车的时候尽可能不要接听手机，注意安全。

纸巾盒：副驾驶座位上的乘客往往可能要在行车的时候吃东西，那纸巾盒就是必不可少的了，如果仪表台前放一对憨态可掬的绒布小熊纸巾盒，会增加车内的温馨感。这种类似的装饰物质地柔软，做工精美，价格根据材质的不同也不相同。

车内香水：许多新车内都有一股装饰材料散发出来的怪味，除了多开车窗外，选择车用香水可以掩盖这种气味，而且会让车内空气更加清新。选择车用香水，一定要找比较好的店面购买，要根据个人喜好选择香型，不同的香水、不同的盛放器皿，价格也不相同。

排挡头：排挡头的装饰似乎还比较少见。作为车内最醒目的装饰之一，排挡头的档次和风格很大程度上决定了车内的整体风格。这里给一些建议供车主们参考：合金排挡头显得车主年轻；真皮排挡头显得车主成熟稳重；要体现木纹的装饰效果，可以和车内仪表台上的桃木内饰风格一致，也可以选择木质排挡头。

影音系统：可以根据自己的喜好和经济承受能力对汽车音响进行选择。目前，专为汽车设计的 CD、DVD 能让人们在车里得到家庭影院般的享受。CD 或者 DVD 的显示屏不光可以安装在仪表台上，还可以装在前排座椅的后背上，或者装在副驾驶座前的夹板后面。放下夹板，就可以欣赏电影；收起夹板，还能够保护显示屏不被划伤。

更换座椅：一部车最显眼的就是座椅，选择皮套、布套等座椅都可以彰显车主品位。但是不管是选择皮套还是布套，只要牢记两大标准就可以了，一是舒适，二是美观。当然价格也是需要考虑的一个问题。

任务 1.3　汽车美容简介

汽车美容在西方国家被称为“汽车保养护理”，它已成为普及性的、专业化很强的服务行业。它是一种全新的汽车养护概念，与一般的洗车打蜡有着本质上的区别。汽车美容应使用专业优质的养护产品，针对汽车各部位材质进行有针对性的保养、美容和翻新。这些产品是采用高科技手段及优等化工原料制成的，它不仅能使汽车焕然一新，更能让旧汽车全面彻底翻新，并长久保持艳丽的光彩，还能使经过专业美容后的汽车外观亮洁如新，漆面亮光长时间保持，延长汽车寿命。

1.3.1　汽车美容的概念

汽车美容是指针对汽车各部位不同材质所需的保养条件，采用不同性质的汽车美容护理用品及施工工艺，对汽车进行全新的保养护理。

1.3.2　汽车美容的分类

根据对汽车美容操作程度的不同，汽车美容可分为一般美容、汽车修复美容和专业汽车美容三种类型。

1. 一般美容

一般美容是指人们所说的洗车和打蜡操作。就是日常所见的路边拎着水桶、用毛巾擦车、打蜡的作业，经常采用洗衣粉、洗洁精等非专业美容产品做清洗剂。这些产品的pH值一般为10.3～10.9，然而汽车漆面耐酸碱的承受力为pH值8.0以下。使用强碱性清洗剂往往会清洗不彻底，还会把漆膜划伤，出现细微的划痕等；而水洗后如果擦拭不彻底，会在一些部位留下水渍，影响漆面光泽度；车身的门缝、床边等凹槽处，因无法擦干，阳光照射后会出现水汽，加重对漆膜和凹槽等出的腐蚀作用，使车身受损。因此，应避免采用这种简单的方法对汽车进行美容操作。

2. 汽车修复美容

汽车修复美容是指车身漆面或内室件表面出现某种缺陷后所进行的恢复性美容作业。其缺陷主要有漆膜病态、漆面划痕、斑点及内室件表面破损等，根据缺陷的范围和程度不同分别进行表面处理、局部修补、整车翻新及内室件修补更换等美容作业。

3. 专业汽车美容

专业汽车美容不仅包括对汽车的清洁、打蜡，更主要的是根据汽车实际需要进行维护。

(1) 专业汽车美容应达到的效果

① 车身漆膜应达到艳丽的新车效果，并能长久保持；应具有防静电、防酸雨、防紫外线等功能。

② 发动机系统经过免拆卸清洗后，应能提高整个系统的性能，并延长使用寿命。发动机的清洗翻新应使发动机表面形成光亮的保护膜并能长久保持。

③ 风窗玻璃的修复抛光应使开裂发乌的玻璃变得清晰明亮、完好。

④ 室内、后备厢内经美容处理后，应更显洁净、光鲜。

⑤ 轮毂、轮胎经美容护理后，应光泽亮丽，并能延长使用寿命。

⑥ 裸露部分的金属经除锈、防锈处理后，应具有金属光泽，并能延长其使用寿命。

(2) 专业汽车美容的基本条件

① 具备美容操作工作室，且工作室应与外界隔离。

② 各工作室应有可供施工所用的相应设备、工具及能源。

③ 施工人员必须是经过专业技术培训，取得上岗资格。

④ 汽车美容用品及有磁材料必须是正规厂家生产的合格品，而且还应是配套使用的相关产品，以免造成质量事故。

⑤ 具有必要的售后服务是对专业美容的补充，当出现一些质量问题时可进行补救处理。

1.3.3　汽车美容的项目

一般而言，汽车美容的具体服务项目有护理性美容和修复性美容。

1. 护理性美容

(1) 新车开蜡

汽车生产厂家为防止新车在储运过程中漆膜受损，都喷涂有封漆蜡，尤其是进口车。国外轿车在出口时都在汽车外表涂有保护性的封漆蜡以抵御远洋运输途中海水对漆膜的侵蚀。因为封漆蜡极厚，并且十分坚硬，所以还可以防止大型双层托运车在运输途中遭到树枝或强力风沙的剐蹭及抽打。

封漆蜡主要含复合性石蜡、硅油、PTFE 树脂等材料，能对车表面起到长达一年的保护作用。封漆蜡不同于上光蜡，它没有光泽，严重影响汽车美观。另外，汽车在使用中封漆蜡易黏附灰尘，且不易清洗。因此，购车后必须将封漆蜡清除掉，同时涂上新车保护蜡。清除新车的封蜡称为“开蜡”。

（2）汽车清洗

汽车清洗是汽车美容的首要环节，同时也是一个重要环节。它既是一项基础性的工作，也是一种经常性的护理作业。对车身漆面的清洗可分为不脱蜡清洗和脱蜡清洗两种。

（3）漆面研磨

漆面研磨是去除漆膜表面氧化层、轻微划痕等缺陷所进行的作业，是第一道工序。该作业虽具有修复美容的性质，但由于所修复的缺陷非常轻微，只要配合其他护理作业，便可消除缺陷，因此把它列入护理性美容的范围。

（4）漆面抛光

漆面抛光是紧接研磨的第二道工序。车漆表面经研磨后会留下细微的打磨痕迹，漆面抛光就是去除这些痕迹所进行的护理作业。

（5）漆面还原

漆面还原是研磨、抛光之后的第三道工序，它是通过还原剂将车漆表面还原到“新车”般的状况。还原剂也称密封剂，它对车漆起密封作用，以避免空气中污染物直接侵蚀车漆。还原剂有两种，一种称还原剂，另一种称增光剂。增光剂在还原作用的基础上还有增亮的作用。

（6）打　蜡

打蜡是在车漆表面涂上一层蜡质保护层，并将蜡抛出光泽的护理作业。打蜡的目的：一是改善车身表面的光亮程度，增添亮丽的光彩；二是防止腐蚀性物质的侵蚀，对车漆进行保护；三是消除或减小静电影响，降低灰尘等吸附使车身保持整洁；四是降低紫外线和高温对车漆的侵害，防止和减缓漆膜老化。

（7）内室护理

汽车内室护理是对汽车控制台、操纵件、座椅、座套、顶棚、地毯、脚垫等部件进行的清洁、上光等美容作业，还包括对汽车内室定期进行杀菌、除臭等净化空气作业。汽车内室部件种类很多，外层材质也各不相同，在护理中应分别使用不同的专用护理用品，确保护理质量。

2. 修复性美容项目

（1）漆膜病态治理

漆膜病态是指漆膜质量与规定的技术指标相比所存在的缺陷。漆膜病态有上百种，按病态产生的时机不同可分为涂装中出现的病态和使用中出现的病态两大类。对于各种不同的漆膜病态，应分析原因，采取有效措施积极防治。

（2）漆面划痕处理

漆面划痕是因刮擦、碰撞等原因造成的漆膜损伤。当漆面出现划痕时，应根据划痕的深浅程度，采用不同的工艺进行修复处理。

(3) 漆面斑点处理

漆面斑点是指漆面接触了柏油、飞漆、焦油、鸟粪等污物,在漆面上留下的污迹。对斑点的处理应根据斑点在漆膜中渗透的深度不同,采用不同的工艺。

(4) 汽车涂层局部修补

汽车涂层局部修补是当汽车漆面出现局部失光、变色、粉化、起泡、龟裂、脱落等严重老化现象或因交通事故导致涂层局部破损时所进行的局部修补涂装作业。

(5) 汽车涂层整体翻修

汽车涂层整体翻修是当全车漆膜出现严重老化时所进行的全车翻新涂装作业。其作业内容主要有清除旧漆膜、金属表面除锈、底漆和腻子施工、面漆喷涂、补漆修饰及抛光上蜡等。

1.3.4 汽车美容的原则

1. 预防与治理相结合的原则

汽车美容要以预防为主,即在汽车漆膜及其他物面出现损伤之前进行必要的维护作业,预防损伤的发生。一旦出现损伤应及时进行治理,恢复原来状态。因此,汽车美容应坚持预防与治理相结合的原则。

2. 车主护理与专业护理相结合的原则

汽车美容很多属于经常性的维护作业,如除尘、清洗、擦车、检查等,几乎天天要进行,这些简单的护理作业,只要车主或驾驶员掌握了一定的汽车美容知识,完全可以自己完成。

定期到专业汽车美容场所进行美容也是必不可少的,因为还有很多美容项目是车主自己无法完成的,尤其是汽车漆面或内饰物面出现某些问题时,必须进行专业护理。为此,车主或驾驶员护理一定要与专业护理相结合,这样才能将汽车护理得更好。

3. 单项护理与全套护理相结合的原则

汽车美容作业的项目和内容很多,在作业中应根据汽车自身状况有针对性地选择项目和内容。进行某些单项护理就能解决问题的不必进行全套护理,这样不仅是为了节省费用,同时对汽车本身也是有利的。例如,汽车漆膜的厚度是一定的,如果每次美容都进行全套护理,即每次都要研磨、抛光,则漆膜很快会变薄,当磨透车漆时,就必须进行重新喷漆,这就得不偿失了。当然在需要时对汽车进行全面护理也是必要的,关键是要根据不同情况具体处理。

4. 局部护理与全车护理相结合的原则

当汽车漆膜局部出现损伤时,只要对局部进行处理即可,只有在全车漆膜绝大部分出现损伤时,才能进行全车漆膜处理。在实际工作中应根据需要决定护理的面积,只需局部护理的,不要扩大到整块板;只需整块板护理的,不要扩大到全车。

思考题

1. 简述中国汽车美容行业的发展现状及未来发展情况。
2. 什么是汽车装饰?主要服务项目有哪些?
3. 汽车装饰的原则是什么?
4. 什么是汽车美容?汽车美容的服务原则是什么?
5. 汽车美容的主要服务项目是什么?

项目2　汽车清洗

【知识目标】

➢ 了解汽车清洗的设备、工具及使用方法。

➢ 学习汽车内部清洗的项目和操作方法。

➢ 学习汽车外部清洗的项目和操作方法。

➢ 学习汽车发动机、底盘等部位的清洗方法。

【技能目标】

➢ 掌握汽车外部清洗的方法并能正确操作。

➢ 掌握汽车各内饰清洗的方法。

【素养目标】

➢ 培养学生不怕苦、不怕累的劳动精神。

➢ 培养学生的团队协作精神及精益求精的工匠精神。

一般来讲，洗车不仅仅是使汽车清新亮丽、光洁如新，其主要的目的在于保养，也就是说洗车是汽车保养最基本的一项工作。

任务2.1　汽车清洗概述

2.1.1　汽车清洗介绍

汽车清洗是汽车美容的首要环节，既是一项基础性的工作，也是一种经常性的美容作业。汽车在使用过程中，会受到风吹、日晒和雨淋等自然的侵蚀，使其表面逐渐沉积灰尘和各类污物。这些污垢不及时清除，不仅会影响汽车的外观，还会引起损伤。因此，汽车清洗对维护汽车的美观、延长汽车的使用寿命有着重要作用。

现今对汽车清洗也有了新的概念。汽车清洗指专业人员采用专业设备和清洁剂，对汽车车身内、外部及其附属设备进行清洁护理与美容，使汽车保持或再现原有状态的清洁护理过程。根据清洗的不同部件，汽车清洗大致分为汽车外部清洗、汽车内饰部件清洗、发动机清洗、底盘清洗和燃油系统清洗。

2.1.2　汽车清洗的主要设备

1. 一般清洗设备

一般简单的汽车清洗设备有高压洗车机、泡沫机、脱水机和吸尘器等。

(1) 高压洗车机

高压洗车机是新一代汽车清洗工具，如图2-1所示。它采用一种高压装置将水打成气，形成细小的水雾柱，对车体表面进行清理。高压洗车机机身体积不足 1 m^3，随机自备蓄电池，能够大范围内自由移动，耗水量小，每清洗一辆车只需要 5～6 L 水。它可以对汽车表面及内部进行全面清理，原有的洗车工具清洗不到位的地方，例如一些容易积灰却不好清理的角落，使用这种高压洗车机都能很好地完成作业。

（2）泡沫机

泡沫机是利用压缩空气在设备内部产生一定的压力，通过设备配置的系统，将设备内调配好的清洗液以泡沫状喷射到需要清洗的汽车上，如图 2-2 所示。采用气压把清洗液压缩成泡沫喷出，避免了微细砂粒损伤汽车漆面，保护汽车漆面光洁。泡沫机适用于汽车美容业、车队、公共汽车、火车、飞机以及酒店宾馆外墙、玻璃、地坪的清洗。

图 2-1　高压洗车机

图 2-2　泡沫机

另外，选择泡沫机时，需要选择与之相匹配的空压机一起使用。

（3）脱水机

脱水机主要用于汽车地毯、脚垫等清洗后的脱水。它利用滚筒高速旋转，把水分脱离，达到快速干燥的目的，如图 2-3 所示。

脱水机的主要部件是内胆，内胆四周布有小孔，待脱水的衣物放在内胆中。电动机通过传送带带动内胆高速旋转，产生很大的离心力，水分因此通过内胆上的小孔被甩出去，收集后统一排出。一般来说，对于潮湿的衣物，脱水机工作 2 min，达到的干燥效果差不多与烘干机工作 20 min 所达到的效果相同，但是，脱水机无法彻底干燥衣物。因此，一种节约时间和能源的做法是，对潮湿的衣物先进行脱水操作，脱完水后再进行烘干操作。

图 2-3　脱水机

（4）吸尘器

吸尘器主要由起尘、吸尘、滤尘三部分组成，一般包括串激整流子电动机、离心式风机、滤尘器（袋）和吸尘附件。一般吸尘器的功率为 400～1 000 W 或更高，便携式吸尘器的功率一般为 250 W 及以下。吸尘器能除尘，主要在于它的“头部”装有一个电动抽风机。抽风机的转轴上有风叶轮，通电后，抽风机会以 500 r/s 的转速产生极强的吸力和压力，在吸力和压力的作用下，空气高速排出，而风机前端吸尘部分的空气不断地补充风机中的空气，使吸尘器内部产生瞬时真空，和外界大气压形成负压差，在此压差的作用下，吸入含灰尘的空气。灰尘等杂物依次通过地毯或地板刷、长接管、弯管、软管、软管接头进入滤尘袋，灰尘等杂物滞留在滤尘袋内，空气经过滤片净化后，再由机体尾部排出，如图 2－4 所示。

图 2－4　车用吸尘器

2. 汽车清洗剂

(1) 车身漆面清洗剂

① 不脱蜡洗车液：这种洗车液是国内外汽车美容行业中广泛采用的一种水洗清洗剂，也是日常洗车的首选洗车液。它一般由多种表面活性剂配置而成，具有很强的浸润和分散能力。它能够有效去除车身表面的尘埃、油污，但又不会洗掉汽车表面原有的车蜡，防止交通膜的形成，保护车身不受各类有害物质的侵蚀，保持漆面原有光泽。因此采用不脱蜡洗车液洗车后不需要重新给汽车打蜡。

② 增光洗车液：它是不脱蜡洗车液的一种，但性能优于普通的不脱蜡洗车液，是集清洗、上蜡增光于一身的一种超浓缩洗车液。使用后能在车漆表面形成一层高透明的蜡质保护膜，令漆面光洁亮丽，给人焕然一新的感觉。

(2) 玻璃清洗剂

玻璃清洗剂主要用以去除玻璃上积累的白色雾状膜——各种内饰清洗剂、清新剂、烟等造成的静电油脂，同时可有效地去除鸟粪、油泥及尘土。因其含挥发剂，擦干后可很快风干，又因是水质，也可用于电镀、内饰(地毯、座椅)等的清洗。

(3) 内饰清洗剂

常用的内饰清洗剂是万能清洁剂，一般用于车身内部、外部高效清洁去污，有效清洁汽车表面上的油斑和重垢，可作为预处理剂预先清洁汽车内饰的污渍。这种清洗剂使用非常方便，将清洗剂直接喷涂到待清洁表面，毛巾擦拭表面后用布擦干即可。

(4) 汽车零部件清洗剂

汽车零部件清洗剂主要指发动机强力清洗剂。发动机作为汽车的心脏，如果油污长期附着在发动机机身，遇高温时很容易引起自燃等危险事故，为了确保车辆及人身安全，要进行清洁与保养。发动机清洗剂是通过特殊的去污成分，将发动机内部机油循环系统的胶质、油泥和积炭有效溶解清洗，随旧机油排出，抑制发动机内部酸性物质的生成，保护发动机不受腐蚀，恢复发动机功率，减少油耗及发动机磨损，延长发动机使用寿命。

(5) 发动机外部清洗剂

以煤油为基础料的去油剂,属生物不可降解型,是脱蜡能力最强的清洗剂。

(6) 轮毂清洗剂

轮毂清洗剂主要是去除轮毂上的金属氧化物、碳氧化合物及各种油污。将轮毂清洗液喷到表层后,油泥会自动溶解,往下流,只需要用布轻轻擦干即可恢复轮毂原有的光泽。

(7) 轮胎强力去污剂

轮胎强力去污剂为强碱型清洁剂。对带有白线圈的轮胎清洗效果尤其显明。

2.1.3 汽车清洗方法

洗车既可分为人工洗车、机械洗车和电脑洗车,又可分为无水洗车和蒸气洗车。人工洗车是指整个洗车过程全部人工操作,不使用任何机械设备即可完成的简单处理;机械洗车是指使用一些专用设备和工具进行快速清洁;电脑洗车是指用全自动的专业洗车设备对汽车外表进行清洁,最后由人工完成遗留部位水渍的去除;无水洗车是指使用专用的无水洗车药剂对不是很脏的车进行的清洁处理;蒸气洗车是汽车清洗美容馆护理服务,高压蒸气既可消毒又可除污,有独特的热分解功能,能迅速的化解泥沙和污渍的粘黏性质,让其脱离汽车表面达到清洗的目的,同时干蒸气不但可以将车内各种缝隙中的污垢、颗粒吹洗干净,而且蒸气的高温特性可以起到杀菌除螨去异味的作用。

1. 电脑洗车

人工洗车一般都会用洗涤剂、洗衣粉给汽车去污,虽然去除了表面的污垢,但车身漆面也同时受到了碱的侵蚀,同时由于人工操作使得车身残留的泥沙对车漆造成划痕,划痕多了,车身就会变得暗淡无光,甚至漆面爆裂、脱落。

电脑洗车是用大量的流动水冲洗车身,洗完后还会经过机器自动风干程序,可以把存留在车身所有缝隙里的水流全部吹出,起到了保护汽车内部部件的作用,同时完全避免了泥沙划伤车漆的现象。

电脑自动洗车房如图 2-5 所示。

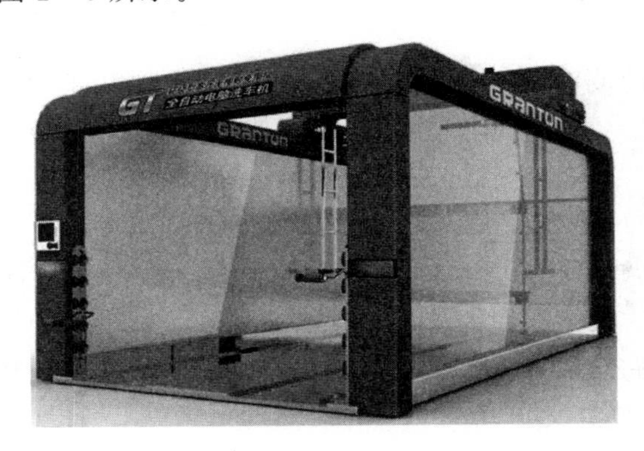

图 2-5 电脑自动洗车房

2. 无水洗车

无水洗车又称"汽车干洗",是把各种清洁养护材料喷在车上,用湿巾擦拭,干巾抛光,车辆就洁净如新。针对汽车的不同部位、不同材料使用不同的产品进行清洁、保养。其材料中含有多种高分子漆面养护成分、增光乳液、巴西棕榈蜡等，能有效保护车漆、防静电、防紫外线、防雨水侵蚀、防车漆老化。

无水洗车是化学清洗和物理清洗相结合的一种清洗办法，直接利用中性 pH 值的专业清洗剂进行去污、上蜡，整个洗车过程不需要用水来冲洗，也就不存在污水排放。两个工人操作 10 min 就可完成汽车外部油漆部分的操作。无水洗车仪如图 2－6 所示。

无水洗车所用洗涤产品由多种表面活性剂、乳化剂、渗透、上光、高分子聚合物等多种成分组成，具有集清洗、打蜡、上光、养护于一体的功效。其用水量仅为水洗的 1/10 左右，不浪费水资源，不会造成城市环境污染。

无水洗车针对车漆、玻璃、保险杠、轮胎、皮革、丝绒等不同部位、不同材料使用不同的产品进行保养，可以在彻底清洁污垢的同时使汽车得到有效的保养。相比之下，水洗则没有这个优势。无水洗车含有悬浮剂，喷上后会快速渗透，可使污渍与车漆产生间隙，在沙土颗粒和车漆之间形成保护层，同时棕榈蜡会包裹在污垢的周围使污渍与车漆隔离，再利用表面活性剂去除污渍，用湿毛巾轻轻一擦就掉了，不会划伤车漆，同时产品含有的多种高分子漆面养护成分、增光乳液、巴西棕榈蜡等保护车漆、防静电、防紫外线、防雨水侵蚀、防车漆老化，有效地抵挡雨、雪、风、沙等对车体的伤害，并保护车漆镜面光泽不受损坏。无水洗车效果如图 2－7 所示。

图 2－6　无水洗车仪

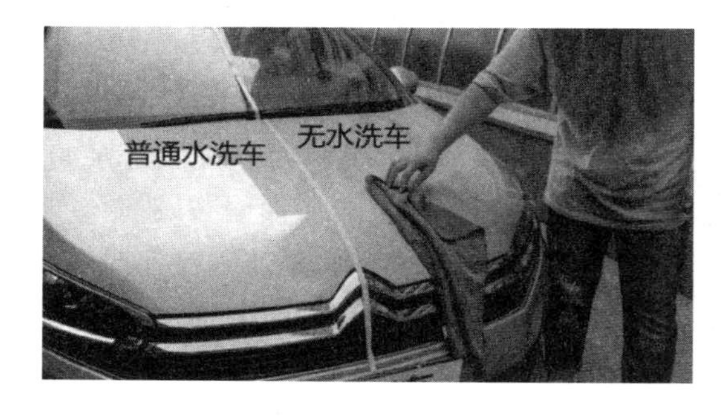

图 2－7　无水洗车效果图

无水洗车使用特别的玻璃清洁剂，可做到高效去污、抗静电、防雾、防冻，长期使用，可保持玻璃透明度，并防止反光。无水洗车所用的轮胎翻新剂，可以防止龟裂、延长使用寿命，使轮胎保持黑亮如新等。

3. 蒸气清洗

蒸气清洗集清洗、打蜡、保养于一体，旨在从根本上改变现有落后的洗车方式，从而给洗车行业带来一场新的变革。其优点如下。

① 无污染：洗车是在雾状下进行，洗完后原地干净整洁，是绿色环保产品，对保护市容市貌、改善生态环境具有重要意义。

② 节水、节能：蒸气洗车每辆车仅用水 0.5 L 左右，用水量是一般洗车的 1%，耗电量为 0.5 kW·h 左右。

③ 车容靓：采用特殊清洁剂、上光剂和高档车布，清洁、护理一次完成，避免用水洗车造成的车子磨花、车漆失去光泽，使汽车毁容等现象。

④ 体积小、质量轻，可流动作业，上门服务。

⑤ 不需要专用店面，不受场地限制；快捷方便，劳动强度低，只需 10 min 左右即可完成。

任务 2.2　汽车外部清洗

汽车外部清洁，也就是平时所说的洗车，通过清洁冲洗，去除汽车表面泥沙、灰尘及其他一些附着物，使汽车保持干净、整洁、美观。

2.2.1　汽车外部清洗工具与用品

1. 常用清洁工具

在进行汽车清洗作业时，由于汽车表面各部位的材料质地、形状的不同，宜选用合适的清洁工具。常用的清洁工具包括海绵、毛巾、麂皮和毛刷等。

① 海绵：由于海绵具有柔软、弹性好、吸水性强和较好的藏土藏尘能力等特点，有利于保护漆面及提高作业效率，清洗汽车时能使沙粒或尘土很容地吸入海绵的气孔之内，从而可以避免因擦洗工具过硬或不能包容泥沙而给车身表面造成划痕；使用前让海绵吸入适量已经配好的洗车液，可用于清除车漆上附着较强的污垢。

② 毛刷：主要适用于清除车裙以下，轮胎、保险杠、轮毂、挡泥板等部位的刷洗，由于这些部位泥土附着较厚，不易冲洗干净，所以要在洗车时有针对性地进行刷洗。板刷最好选用鬃毛板刷。鬃毛板刷不但具有较好的韧性和耐磨性，还可以减轻刷洗过程中对橡胶、塑料产生的磨损。在外部清洗时，不提倡使用塑料纤维板刷。

③ 毛巾：毛巾是人工清洗和擦洗汽车不可缺少的工具，专业汽车美容店须准备多块毛巾，包括大毛巾、小毛巾、湿毛巾、半湿毛巾和干毛巾等。大毛巾主要用于车身表面的手工擦拭；小毛巾主要用于擦洗车身凹槽、门边及内饰部件等处的污垢。湿毛巾、半湿毛巾和干毛巾在清洗、擦洗车窗玻璃时应结合使用。

④ 麂皮：麂皮质地柔软，韧性好，具有耐磨性好、防静电等特点，且吸水性强，擦出的车身不留任何的水迹，适用于擦洗车身漆面及玻璃。

⑤ 吹水枪：配合空气压缩机使用，适用于吹出藏于车身饰条、倒车镜、车身缝隙等处的水渍。

此外，除了上述的一些常用基本工具以外，还有水桶、漆刷、牙刷等必备的洗车工具。

2. 常用清洗用品

普通洗衣粉和洗洁精均含有比较强的碱性，对汽车面漆有很大的腐蚀作用，使面漆失去光泽，还会去除汽车表层的蜡膜，因而必须使用专用的洗车液、去污剂、泡沫洗车液和沥青/柏油清洗剂等。此类常用的外部清洁用品的特点是：具有超强的渗透清洗能力，能快速清除汽车油漆表面和轮胎表面的柏油、沥青、尘垢以及污点等顽固污渍，令汽车光洁如新。

2.2.2　汽车外部清洗的方法

1. 汽车外部洗车方法的程序操作

① 去除车体表面的泥沙：选用适当的水柱压力，将整车湿润一遍，使泥沙渗透水分，容易脱落，再从上往下和由前到后地冲洗。

② 喷上专用洗车液进行擦拭刷洗：将适量的清洁剂如泡沫清洗机内，接通电源，调好输出

压力，将泡沫清洗液喷洒在整个车身表面，等待1～2 min后分别用干净的麂皮、海绵或毛巾轻轻地擦拭。

③ 用清水冲去泡沫：用高压洗车机或自来水冲掉残留在车身表面的泡沫洗车液。

④ 用麂皮擦去车体表面水渍：先用麂皮吸去车身上的水渍，然后用空压机吹干车身外表。

洗车各工序都应遵循由上到下的原则，即按车顶、前后盖板、车身侧面、灯具、保险杠、车裙、车轮的顺序进行清洗。

2. 汽车清洗的注意事项

尽管汽车清洗作业简单易行，但必须按规范操作，在清洗过程中应注意以下几点。

① 注意水质：洗车时，水源的质量往往容易被忽视，用水质差的水清洗车辆时会造成损伤。如用高压水洗车时，危害最大的是水中的固体悬浮物，因为在高压力的冲击下，会对汽车漆面造成损伤；其次，水中的矿物油过多也会造成污染；同时要求水的pH值应保持在6～9之间，这样不会腐蚀车身；当然，也要注意水的色度和气味。

② 清洗剂的选择：只有采用pH值为7、含阴离子表面活性剂的清洁剂清洗车身，才能同时达到去除车身静电、油污和漆面保养的多重目的，pH值为7的清洗剂均为专业汽车美容用。严禁使用洗衣粉和洗洁精等洗车，因为这类用品碱性强，会导致漆面失光，局部产生色差，密封橡胶老化，还会加速局部漆面脱落部位的金属腐蚀。

③ 洗车前，须先检查车窗和前、后盖板是否关闭良好。

④ 使用高压清洗机洗车时，注意水压不宜过高，一般不高于0.7 MPa。对于可调压的清洗机，底盘冲洗时，水压可高一些，以便冲掉底盘上附着的污泥和其他附着物；车身清洗时，可将水压调低些，因为清洗车身的水压过高和水流过大，污物颗粒会划伤漆层。

⑤ 使用热水高压清洗机时，注意热水温度不宜过高，以免损坏漆层。

⑥ 不要在严寒中洗车，以防水滴在车身上结冰，造成漆层破裂。北方严寒季节洗车应安排在室内进行，车辆进入车位后，停留5～10 min，然后再冲洗。

⑦ 不要在阳光直射下洗车，如果阳光直射，车表水分蒸发快，车身上的水滴会留下斑点，影响清洗效果。

⑧ 车身上有鸟粪、树汁等杂质时，要及时清洁。时间越长，对漆面破坏性越大。

2.2.3 汽车清洗时机与注意事项

1. 汽车清洗时机

（1）依天气来判断

① 连续晴天时，只要用鸡毛掸子清除车身上的灰尘，再用湿毛巾或湿布擦拭前后玻璃及车窗与两旁的后视镜。一般先清除车顶，再清除前后挡风玻璃、左右车窗、车门，最后清除发动机盖及后备厢盖。如果一直为此种天气，大约一周做一次全车清洗工作即可。

② 连续雨天时，只要用清水先将全车喷洒，使车上的污物掉落即可。若再下雨，应用湿布或湿毛巾擦拭全车所有的玻璃。但当天放晴之后，就得全车清洗一番。

③ 忽晴忽雨时，如果遇到此种气候，就得常常清洗车身，虽然很累人，但为求车身清洁也是不得已。

（2）依行驶的路况来判断

① 行驶在工地或行经工地时，一般车子都会受工地的污泥扫溅，地上的水泥容易溅起。

如果车子受污应立即使用大量清水清洗，以免附着久了伤及烤漆。

② 行驶在海岸有露水或有雾时，如驱车在海边垂钓过夜，因海水盐分重且又有露水、雾气湿重，倘若回来没有用清水彻底清洗一番，则易使车身钣金因盐分而遭受腐蚀。

③ 行驶在山区有露水或有雾时，只要在停车后，用湿毛巾或湿布擦拭即可。

(3) 特殊情形

如停车在工地旁受到水泥粉波及，或行驶中受工程单位粉刷天桥、路灯的油漆波及，或行驶中受道路维修工程的柏油波及，或行驶中受前方载运污泥所掉的污泥溅及，除应立即用大量清水清洗外，还可在打蜡中进行对油漆、柏油类污渍的清洗。

2. 汽车清洗时的注意事项

① 盐、尘土、昆虫、鸟粪等杂物粘在汽车上时间越长，对汽车的破坏性就越大，应及时清洗。

② 如果将汽车送进自动清洗设备中清洗，装有车顶天线的汽车，最好将天线拆下。

③ 车身黏有沥青、油渍、工业尘垢时间过长会损坏油漆。要及时用沥青清除剂、昆虫去除剂等去掉污点。

④ 清洁车身油漆表面时，切勿使用刷子、粗布，以避免留下刮伤痕迹。

⑤ 清洗时，用分散水流喷射，使坚硬的泥土浸润而被冲去，再用海绵从上而下擦洗，最后用布擦掉水迹。

任务 2.3　汽车内部清洗

汽车在使用过程中，内室的各种部件会逐渐黏附上一层灰尘、油污及其他污渍，使仪表台、座椅、门板等处发霉、变硬、褪色甚至龟裂；丝绒材料则会收缩和脱落，并滋生细菌，甚至产生难闻的异味，影响到车内空气的清洁，既影响车主身心健康又不利于驾驶心境。为了给驾乘人员创造一个良好的环境，保持车内的清洁和做好各项护理工作就显得非常重要了。

2.3.1　车内清洁的主要项目

车内清洁项目如下：

① 全车内部吸尘；

② 仪表盘和方向盘的清洁；

③ 座椅的清洁；

④ 汽车顶棚及其他内饰面的清洁；

⑤ 空调系统的清洁等。

2.3.2　汽车内饰清洗的步骤

在专业汽车美容养护店进行内饰清洗，一般是按照除尘、清洗和上光护理 3 个步骤进行的。

1. 除　尘

除尘一般是用吸尘器清除内饰各部件上的灰尘。现在市场上常见的吸尘器主要有便携型、家用型和专业型 3 种。一般来说，专业型吸尘器的效果最好，使用较多，具有较好的防水性，而且集吸尘、吸水、风干于一体，配有适于内饰结构的专用吸嘴，操作简单，吸力大，并可与内饰蒸汽机配套使用。除尘前应首先将车内杂物如停车卡、座垫、脚垫等取出，然后按由上而下的顺序进行除尘操作，其中包括前仪表盘、烟灰缸、前窗口、后窗口、车门杂物箱、座椅、地毯、后备厢等。

2. 清　洗

除尘结束后，应该进行清洗。清洗按照使用设备的不同可以分为机器清洗和手工清洗。机器清洗最大的特点是使用内饰蒸气清洗机，配合多功能强力清洁剂进行清洗。蒸气清洗机可以清除内饰部件上很难清洗的污渍，利用温度极高的热蒸气软化污渍。此方法可用于丝绒、化纤、塑料、皮革等几乎所有内饰部件的清洗。机器清洗操作起来比较方便省事，主要是应能正确使用清洗机。操作时应根据不同材料的部件选择不同的温度，以免损伤部件，并用半湿毛巾包裹适合内饰结构的蒸气喷头。手工清洗要求配置合适的清洗剂。一般来说，清洗剂应使用负离子纯净水作为溶媒，采用 pH 值平衡配方。高效的去污配方主要由非离子性活剂、油脂性溶解剂、泡沫稳定剂和香料等组成，能迅速去除内饰表面的尘垢和各种污渍。

不同内饰的材质不同，清洗时应该区别对待。塑料制品清洗时，首先将清洗剂喷洒于塑料部件表面，如前仪表盘、天棚支架、座椅护围等。然后用毛刷稍蘸清水刷洗表面，直至细纹中的污垢完全被清除，再用半湿毛巾擦净刷掉的污垢。如果去污力不够强劲，可视油污轻重而定稀释比例，加大力度，但仍然应该由轻到重，以免出现失光白化现象。

橡胶制品清洗时，首先将清洗剂喷洒到半湿毛巾上，然后用毛巾直接擦洗橡胶部件，切勿使用毛刷，以免使橡胶件失去亮度，然后再用干净的半湿毛巾擦净表面的清洗剂。时间久了，车窗内侧会蒙上一层雾状污垢，影响到能见度，如果在车内吸烟，情况会更严重。车窗内侧清洗时，可用软硬适中的抹布来除尘。擦拭时用力不要过猛，以防损伤藏在玻璃内的电热丝。注意后挡风玻璃的除雾热线，一定要沿着线的方向左右擦拭，不可垂直擦拭，以免造成断线。前、后挡风玻璃的下端是用手擦不到的地方，可用尺等工具在前端包上纸巾或棉布后擦拭。

3. 上光护理

高档轿车上，有很多器件是用皮革包装或制造的，如转向盘及座椅等。清洗皮革制品时，可先用一块湿布擦去皮革上的污物，如果污物较重，可用一块蘸有稀释清洁剂的海绵擦拭，注意化学清洗剂是不能随便喷上去的，应选用碱性的清洗剂。但擦拭时不可将皮革弄得太湿，以免水顺着缝合处渗入机件。用清洁剂擦洗后，再用一块干燥的软布或毛巾将其擦干，然后再打开车门，让空气流通，彻底晾干皮革上的水分。必要时，可使用皮革保护剂（如皮革上光剂等），对即将晾干的皮革上光擦拭。

为了更美观、舒适，汽车内部大量运用了多种特殊的材料，其中较多的有乙烯塑料纤维等。对车内特殊材质的清洗而言，在其上面直接喷洒清洁剂，然后用抹布擦干净即可，最后喷涂一层乙烯塑料式橡胶保护剂，可防止其过早老化、变脆变硬，如图 2-8 所示。

图 2-8　汽车内饰清洗

2.3.3　座椅的清洁方法

座椅在车内占了大部分面积，沾上脏东西后会使乘坐人感到很不舒服。一般不是很脏的时候，建议使用长毛刷子和吸力强的吸尘器配合，一边刷座椅表面，一边用吸尘器把污物吸出来。对于不同材质的座椅使用此方法都有很好的清洁效果。

对于特别脏的座椅，首先用毛刷清洗较脏的局部，比如较大污渍、垃圾、污垢等。然后用干净的抹布蘸少量的中性洗涤液，在半干半湿的情况下，全面擦拭座椅表面，特别要注意的是抹布一定要拧干，以防止多余的水分渗入海绵中，因为坐潮湿的座椅很难受，同时更容易被灰尘污染脏，滋生细菌。最后用吸尘器对座椅清洁，以消除多余的水分，尽快使座椅干爽起来，投入使用。

座套一般分为织物和真皮两种。“织物座套忌湿，皮革座套靠养”。对于织物面料的座套，处置起来相对简单一些。建议新车在买回时就予以保养清洗，并要立即干燥，使车内不留水迹。在清洁绒布或其他织物面料的座椅时一定要细心，将高效泡沫清洗液喷到污处，稍停留片刻，待泡沫完全吸干后用洁净的干毛巾反复仔细擦拭，直至除去污迹。另外，车主平时应多用专业保护剂清洁保护座套，如不慎滴上果汁，要及时洗掉。为了保持清洁，车内可以备两套布质的座套，随时更换清洗。

皮座套舒适、华贵，倍受有车族的青睐；但皮座套更娇气，若清洁工作做不好，不出3个月，皮质表面就会出现细小的皱痕，一两年之后难免会褪色、龟裂，因此清洁皮座套一定要方法得当。目前，市场上所销售的中高档轿车中，真皮座套已是基本配置之一。据了解，对于真皮部件的清洁与保养，国内一直停留在使用泡沫清洁剂等化学药剂的水平上。化学清洁剂对于清除皮革污垢有很好的效果，但有腐蚀作用，皮革表面容易出现褪色、龟裂、变硬、变脆等现象。因此，在使用传统的皮革清洁剂清洁皮革时，一定要用清水除去清洁剂，然后用保养剂或上光剂均匀涂抹于皮革表面，目的是掩盖化学清洁剂对皮革表面带来的损伤。另外，清洗和滋润真皮座套不能过勤，每个季度一次就可以了。

2.3.4　地毯的清洗保养

汽车里最容易脏的就是地毯。汽车本身自带的地毯基本是和汽车是一体的，不容易拆下来清洁，因而最好在汽车里放置活动的脚垫。如果脚垫不脏的话，可以拿到车外拍打。如果使用毛刷头的吸尘器进行吸尘处理的话，可以使较脏的地毯看上去不那么脏。对于更脏一些的地毯，就只能使用专用洗涤剂。一般是在洗涤前先进行上述两项除尘工作，然后喷洒适量的洗涤剂，用刷子刷洗干净，最后用干净的抹布将多余的洗涤剂吸掉就可以了，这样可以使洗后的地毯既干净又柔软。在专业的清洗车间，工人们在用专业的洗涤剂进行洗涤前，要先拍打脚垫上的浮灰，然后再用吸尘器进行吸尘处理，等将地毯上的浮灰去掉后，就可在地毯上喷洒适量的洗涤剂，用刷子刷洗干净，最后用干净的抹布将多余的洗涤剂吸掉。这样可以使洗后的地毯既干净又像以前那样柔软。

需要强调的是，一定不要把地毯完全放入水中浸泡刷洗，这样会破坏地毯内部各层不同材质的粘接强度，使地毯在很长时间内不能干透而影响使用效果，从而引起车内潮湿。

2.3.5 仪表盘的清洁保养

仪表盘的清洁程度直接影响汽车内部的整洁与美观程度，由于仪表盘结构复杂，边角较多，其上镶嵌有各种开关仪表，清洁起来比较困难。

夏季人们经常会遇到这样的情况，在烈日下停车三四个小时以后仪表盘就会发干、发烫，有人就会用湿毛巾多擦几次。汽车仪表盘大多是由塑胶和皮革构成的，这两种物质在紫外线的长时间照射下，内含的有机成分会流失，导致仪表盘褪色、起皱。夏季加强对仪表盘保养的想法是对的，但不能用湿毛巾多次擦拭。用湿毛巾擦拭的过程也是把仪表盘上的保护剂擦去的过程，会加速它的老化。由于塑胶和皮革是构成汽车仪表盘的主要材质，因此在清洗保养仪表盘时，应用微潮的毛巾拭去浮灰，然后用皮革保养剂进行保养。要特别注意的是，仪表盘上要擦拭两遍皮革保养剂，才可以有效保湿，上光的效果也不错。

另外，由于仪表控制板结构复杂，只用抹布和海绵能够清洁的部位很少，因此，可以用各种不同厚度的木片或尺子片，把它的头部修理成斜三角、矩形或尖形等不同样式，然后把它包在干净的抹布里面清扫“沟槽”，这样既提高了清洁效果，又不会造成被清扫部位的损伤。在把各部分灰尘打扫干净以后，喷洒专用表板蜡，过几秒钟后再用干净的抹布擦拭，仪表盘就干净如新了。

2.3.6 汽车顶棚及其他内饰面的清洁

汽车顶棚经长期风吹使用，往往积存了很多灰尘，使车顶变得灰蒙蒙的。清洁方法通常是先用大功率吸尘管和刷子在大面积上清洁干净，然后用中性的洗涤液着重清洁污垢，再清洗全部顶棚，但必须注意的是车顶棚内填充物是辐热吸音的材质，吸收水分的能力强，清洁时抹布一定要干一些，否则湿抹布会使洗涤剂浸湿车顶材料，很难干燥，而且可能损坏顶棚填充物的辐热吸音效果，如图 2-9 所示。

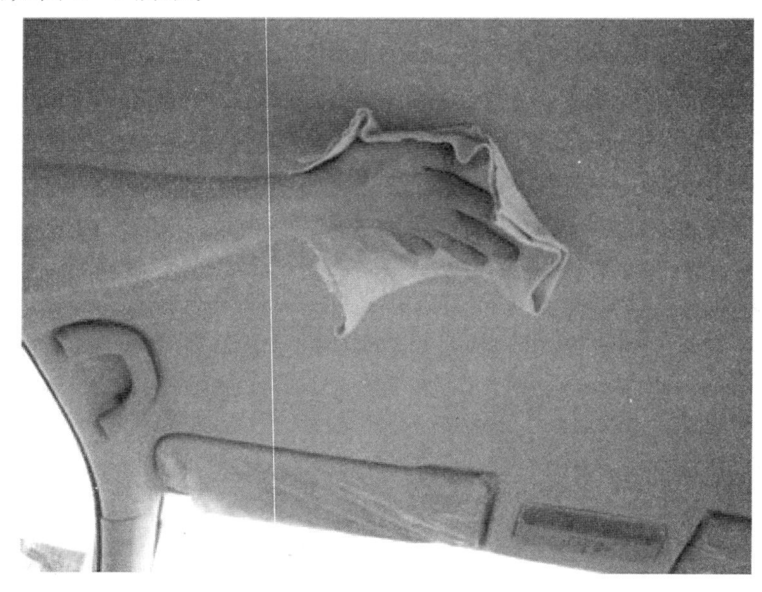

图 2-9 汽车顶棚清洁

① 清洗汽车的立柱。由于立柱距离车门较近，一般油污等较多，应使用浓度高一些的中性洗涤液进行清洗。

② 对于汽车内的方向盘和变速器、刹车等部件，可以用小牙刷或沾有洗涤液的抹布进行刷洗。要特别注意的是离合器踏板、刹车踏板、油门踏板要认真清扫，特别要清除上面的油脂类污垢，以便开车时有效防滑。

③ 前后挡风玻璃和夜间照明灯具，用软布沾上洗涤剂进行擦拭，并用干燥的布吸干净，最后再在挡风玻璃上喷涂一些长效防雾处理剂，为防止冬季行车产生水雾做好准备。

④ 车内特殊材质的清洁。

现代汽车内部为了更美观、舒适，大量运用了多种特殊材料，其中较多的有乙烯塑料纤维等。直接喷洒清洁剂在它们上面，然后用抹布擦干净即可；最后喷涂一层乙烯塑料式橡胶保护剂，可防止过早老化、变脆变硬。

⑤ 对于高中档车的皮革内饰件，应坚持定期进行清洁保养，以使其不干燥老化而裂开损坏；清洁皮革时采用专用清洁剂沾在抹布上清洁作业，完成后采用自然干燥为好，最后喷上专用皮革腊，用干布擦亮即可。只要保养定期得当，皮革饰品几乎是可以永久使用的。

2.3.7　空调系统的清洁

汽车空调清洗一般有两种方法，即传统拆洗和免拆清洗。

传统拆洗：首先把仪表台拆开，取出空调内部蒸发器、风机等部件进行清洗，再把空调重新装上。这种方法虽然洗得比较彻底，保持时间也要长些，但费工夫又费钱，拆洗一次需要 1 000 元以上，而且还很容易破坏零部件。

免拆清洗：不需要将空调拆下，直接将清洗剂从汽车空调入风口喷入清洗。它是目前国外清洗汽车空调最常用的方法，我国一些汽车服务店和维修厂也有这一工艺。现在市场上的清洗剂有喷雾状和泡沫状两种，10 min 左右即可除味杀菌，还可以恢复空调的制冷，延长空调的使用寿命。这种工艺操作简单，时间短，而且经济实惠，一次清洗的价格在 200 元左右。

免拆清洗操作流程如下：

① 空调进风口一般在前挡风玻璃下面，先把发动机盖掀开，然后拆下进风口最外面的盖子。

② 取出罩在空调滤清器外面的挡板，这个挡板能防止灰尘和水直接落在空调滤清器上。

③ 取出里面旧的空调滤清器，可以看到上面的灰尘和脏物，若灰尘较多，应及时更换。

④ 点火，发动车子。

⑤ 打开空调，关闭内循环，打开外循环。

⑥ 关闭通风口。

⑦ 把风扇调到最大风量。

⑧ 选用一种喷雾状的对空调无任何化学侵害的空调清洗剂，如图 2－10 所示。将清洗剂从进风口喷入，空调的外循环风会将其吸入风道内，对风道、空调蒸发器等进行清洗。

图 2－10　空调清洗剂

⑨ 喷完一次后，再加上清洗剂，进行第二次

喷射。

⑩ 直到清洗出的脏水从底盘的空调排水口排空，空调清洗便完成。

⑪ 更换新的空调滤清器。

⑫ 盖上挡板。

⑬ 把最外面的盖子装上。

⑭ 打开内循环，这时空调喷出的风已经很清新了。

原则上不提倡车主自己来操作，最好是到4S店或专业汽车美容维修站来清洗。

任务2.4　汽车其他部位清洗

2.4.1　汽车发动机清洗与维护

要使汽车能正常使用，不出现故障，延长使用寿命，最关键的是在使用期内加强对各个系统的养护。其中，汽车的心脏——发动机，无疑是最重要的。人们已十分熟悉传统的发动机养护，例如，在厂商规定保养里程更换机油、机油滤清器、空气滤清器、汽油滤清器。三滤的作用分别是过滤机油、空气、汽油中的杂质，保证机油、空气、汽油的清洁。但是，过滤后的机油、空气、汽油并没有改变原有的化学性质，也就是说并不是本质上过滤，而机油在汽缸内进行润滑时，会使机油的品质发生变化，这种化学变化不能简单地用过滤等物理方法解决，因此只能继续在一定期限内更换新机油。

1. 清洗发动机的原因

发动机工作时，汽缸内的高温会使燃气和润滑油燃烧后在汽缸内产生积炭，积炭与汽油中的一些添加剂混合在一起，粘在气门等燃气燃烧部位。高温排出的废气使这些物质黏附在排气系统的各个部位。这些物质占据进气门到排气管出口各个通道中的各个地方，使发动机的排放及性能下降，产生怠速或加速时发动机抖动、动力下降等故障。

2. 发动机清洗的方式

清洗发动机，一般由专业人员或车主操作皆可。其方法可分为柴油或煤油清洗、高压水枪清洗、高压空气清洗及一般简单的清洗。无论使用何种方法，在清洗发动机或发动机室时，应先将发动机熄火，使所有电器不工作，并使发动机室温下降，千万不可在高温下清洗。

(1) 柴油或煤油清洗法

① 将柴油和煤油装在压力容器内，再将其喷洒在发动机室内油污处。

② 在喷洒前先用布或纸将易受油变质的物品遮盖好，如高压线、电路线路等电系部位。

③ 油污处喷洗后应等油污溶解。

④ 油污溶解后再用干净布将其擦干净。

⑤ 擦拭污泥后可用空气枪吹干，如无此装备，可用车用打气机吹干。

(2) 高压水枪清洗法

① 打开发动机盖，将分电器、制动油壶、蓄电池加水盖用布遮盖。

② 打开高压喷水枪喷洗发动机及其污秽处。

③ 用高压枪喷洗前挡风玻璃下的道风口。

④ 喷洗前挡风玻璃与发动机室隔热空间内的树叶、污泥和灰尘。

⑤ 用高压水枪冲洗水箱、散热片及冷气冷凝器散热片上的树叶、蚊虫、灰尘，注意应先由内往外冲洗。

⑥ 用高压水枪冲洗左右车轮挡泥板、发动机室内侧排水孔，并将树叶、污物取出。

⑦ 用高压水枪冲洗发动机室内侧支撑条内的污物或灰尘。

⑧ 用空气喷吹枪或车用打气机喷除火花塞孔内的砂粒。

⑨ 取下遮盖布，并用清洁的布将发动机室各部件彻底擦拭干净。

(3) 高压空气清洗法

① 用高压空气枪吹除发动机空置内侧凸条的油污。

② 用高压空气枪吹除空气滤清器外壳上的灰尘，尤其是中央固定螺栓凹缘处。

③ 用高压空气枪吹除火花塞凹孔内的灰尘。

④ 用高压空气枪吹除发动机四周的附件，如蓄电池、下挡泥板等。

⑤ 用高压空气枪吹除冷凝器及水箱散热器上的污物。

⑥ 用高压空气枪吹除两旁排水孔的污物。

⑦ 用空气枪清除风扇上的污物。

⑧ 打开空气滤清器盖子进行清除工作。喷扫时要用布将化油器顶部塞住，以免进入灰尘。

⑨ 清除空气芯子内的灰尘。

(4) 一般简单法

① 将车用空气机接上吹气嘴。

② 将空气机电源接头插入点烟器中，或用直流变换器也可，但不可启动发动机。如蓄电池电压不足或太老旧时，可改用直流变换器或启动发动机。

③ 打开发动机盖的拉柄。

④ 使用空气机清洁发动机室盖内侧凸条及凹孔内的污物。

⑤ 吹除空气滤清器盖上及凹孔内的污物。

⑥ 吹除发动机室隔热槽内的污物。

⑦ 吹除火花塞凹孔内的灰尘及砂粒。

⑧ 吹除排水孔的污物。

⑨ 吹除水箱及冷凝器散热片上的污物。

⑩ 打开空气滤清器固定螺钉，取下空气滤芯。

另外，使用车用空气机清洁空气滤清器(由内往外)，外壳内如有灰尘可用湿布拭去；使用吸尘器清除空气滤芯外侧上附着的污物。

3. 汽车发动机免拆清洗方法

电喷汽车行驶到一定里程时，会出现缸内积炭、动力性能下降等问题，及时对发动机等部件进行清洗非常必要。对燃油系统的清洗，包括喷油嘴、进排气管、进排气门、燃烧室的清洗。

依照现在国内燃油质量，电喷车最好每 15 000 km 就清洗一次。免拆洗是其中的一种方法，这种方法除了可以减少拆卸零部件的劳动量外，还可适当改善油气混合比，提高发动机的动力性和经济性，并且能适当降低有害气体排放。

目前市场上的免拆清洗有三种：清洗剂清洗、免拆清洗机清洗和超声波清洗。

(1) 清洗剂清洗

把清洗剂直接加入油箱里进行清洗的方法简便易行，只需要将合适的清洗剂加入油箱即可。但是目前市场上的清洗剂品种繁多，且规格不一，质量差的清洗剂由于热值不同(一般都会偏大，燃烧时的温度和压力比汽油混合气燃烧时要高，部件承受的热负荷与机械负荷会增大)，在清洗过程中，容易对进排气门、活塞、缸壁产生损害。

(2) 免拆清洗机清洗

免拆清洗机清洗的原理就是利用发动机燃油系统的压力及循环网络，用清洗剂、燃油的混合物替代燃油，用清洗剂的清洁作用对缸内的积炭进行清洗，然后借排放系统排出。免拆清洗机的优点在于方便快捷，而且对于喷油嘴的清洗效果明显；缺点是进气道的前一段清洗不到，而且喷油嘴的好坏也检查不出来。对于新车而言，其清洗效果一般可以达到80%左右，“旧车”(没有按照一定里程进行经常清洗的)的效果稍差，但洗后百千米里程内的效果还是很明显的。

(3) 超声波清洗

超声波清洗的费用较高，与用清洗机不同，它要拆下喷油嘴。其优点在于，可以用超声波对喷油嘴有无雾化、响应程度、开关灵敏度、是否漏油等进行检测。但其同样也存在缺点，由于在清洗过程中喷油嘴的电磁阀不动，阀芯的针孔不容易被清洗到。目前新款的超声波清洗机，也可以给阀芯加上交流电，让其打开并通过眼芯做往复运动，对阀芯的清洗效果比较好。

免拆清洗时勿贪便宜，目前市场上普遍采用的是免拆清洗机清洗方式，对于电喷车而言，其清洗是按喷油嘴的数量进行收费的，一般一瓶清洗剂可以洗4个喷油嘴。需要注意的是，各种清洗剂的热值是不同的，另外由于其中化学添加剂的差异，劣质清洗剂在清洗过程中，会对喷油器的密封圈、三元催化剂造成一定损害，而且长时间清洗对发动机的相关零部件不利。

4. 燃油系统的清洁

燃油系统主要是由汽油与空气相混合形成可燃混合气的。汽油本身含有杂质，空气中有灰尘，汽油在高温高压燃烧并与大气氧化后产生积炭，这些积炭不及时清理会带来诸多问题，如冷车难启动、发动机抖、发动机无力、油耗增高、尾气排放超标等。

5. 润滑系统的清洁养护

润滑系统主要是靠机油来润滑的，机油除了有润滑的功能外，还有散热、密封、清洁等功能(附带一些“防泡防腐”等辅助功能)。机油在高温、氧化、机油质量等综合原因下，其性能逐步下降，给发动机带来的保护功能也越来越差(这就是常换机油的根本原因)。当机油未能有效保护发动机时，磨损、积炭、酸腐蚀会给发动机带来致命的伤害。

2.4.2 汽车底盘清洗与维护

汽车底盘由传动系、行驶系、转向系和制动系四部分组成。底盘的作用是支承、安装汽车发动机及其各部件、总成，形成汽车的整体造型，并接受发动机的动力，使汽车产生运动，保证正常行驶。

车辆的底盘出厂是经过良好的防锈处理的。但是，夏季高温的烘烤、冬季融雪剂的腐蚀、乡间公路上沙石的撞击、酸雨以及海边盐雾的侵袭，都将使钢筋铁骨的底盘伤痕累累、锈迹斑斑。废气、灰尘、噪声、湿气都会从底盘细小的孔洞中渗入车身，使车身锈蚀，以至于影响寿命。

对于汽车的养护，尤其是汽车底盘的养护经常被车主所忽略。但现代意义上的汽车养护，对底盘的保养也尤为重要，因为底盘损坏会影响全车架构。对于汽车来说，底盘能确保车辆和车主的安全。一般新车出厂时都会喷涂防锈底漆，但一段时间后还是会慢慢氧化。一旦底盘零部件生锈腐蚀，就会导致整车的架构松动，带来安全隐患，很多交通事故都由底盘松动所导致。有些生产厂家会给汽车发动机加装底护板，车主可以根据需求进行选装。

汽车底盘的清洗一般有人工清洗和汽车底盘自动清洗机两种方式。

1．人工清洗

一般步骤是将车用升降机升起，包扎汽车的排气管、线接头等，用高压水枪冲洗底盘，而后再用专用的清洗剂再次冲洗底盘，再用高压吹枪将底盘吹干，最后解开包扎的部位，降下汽车。

2．汽车底盘自动清洗机清洗

汽车底盘自动清洗机是一种清洗效果更好的汽车底盘清洗工具。通过旋转喷射出的水柱，使用可遥控控制水泵电机，力量均匀，清洗工作效率高，对汽车底盘的清洗全面，效率高，水压高且节约用水。

汽车底盘自动清洗机的喷头座上，设置有能够进行旋转动作的清洗喷头，在电动机等驱动设备的带动下被动旋转，进行清洗操作。

当汽车开过减速带时汽车会适当减速，从而可以较好地进行汽车底盘清洗，获得较好的效果。同时，输水管线也可以埋设在汽车减速带下，不用对其他地面基础设施进行改动。

2.4.3　汽车轮胎清洗与维护

汽车轮胎一般在汽车清洗过程中就已经清洗干净了。但为了使轮胎的使用年限更长，可以使用轮胎专门的清洗剂和保护剂进行护理。

轮胎关系到驾车的安全性，因此要注意保养，一般来说有以下几个要注意的事项。

1．经常检查轮胎气压

至少每月检查一次，检查所有轮胎在冷却情况下的气压（包括备胎在内）。如果气压减少过快，应查明原因（例如：有无扎钉、割破、气门嘴橡胶老化、开裂等现象）。正确的轮胎气压，各汽车制造厂都有特别的规定，应遵循车辆油箱盖内侧或车门上的标示。轮胎胎侧上标明了最高充气压力，千万不可超出最高值。气压必须在轮胎冷却时测量，而且测量后务必将气门嘴帽盖好，应经常使用气压表测量。每月至少检查一次气压（包括备胎），一般备胎的气压要相对高一些；通常在高速公路行驶时，轮胎气压应提高10%，以减少因屈挠而产生的热量，从而提高行车的安全保障；同一车轴上的两条轮胎应是花纹规格完全相同的，而且应该充同样的气压，否则会影响车辆的行驶和操控。

2．避免撞击障碍物

车辆高速行驶时，如轮胎撞击坑洞及其他障碍物会导致轮胎在障碍物与轮辋凸缘之间产生严重的挤压变形，这会造成胎体帘子布断纱，轮胎内部的空气则从断纱处顶起形成鼓包。严重的话，会造成轮胎胎侧破裂，轮胎突然泄气。

驾驶车辆时注意力应集中，如看到前方有障碍物，一定要提前做出反应并尽量避免撞击障碍物，若无法避免的话，要尽量减速通过。对于扁平比低的轮胎尤其需要注意。

3．轮胎磨损至磨损指示标志应停止使用

胎面花纹沟所剩深度1.6 mm位置处设有磨损指示标志，轮胎磨损至此时，轮胎必须替换。使用超过磨损指示标志的轮胎在湿地行驶时是很危险的，因为排水性能已大大降低，从而会严重影响湿地抓地力。

4. 车轮定位和平衡

如果轮胎磨损不均匀，例如，轮胎胎肩磨损快于胎面其余部分，或者发觉车辆过度抖动的话，此时车轮可能定位不良或不平衡。这些情况不仅会缩短轮胎寿命，而且影响车辆的操控性，可能会出现危险。

5. 防止阳光、油、酸、碳氢化合物损坏轮胎

由于轮胎是橡胶制品，所以在行驶、停车或存储轮胎时必须注意不要和油、酸、碳氢化合物等化学物品接触，否则会造成腐蚀、变形、软化等。停车时，建议将车辆停于阴凉处，以免阳光直射造成轮胎过早老化、损坏。

6. 轮胎调位

由于驱动轮的位置(前驱动或后驱动)和转向轮等因素，轮胎前后轮的磨损是不一样的。为了获得最佳的轮胎磨损状况及更长的使用寿命，轮胎调位是必需的。参考车辆制造商提供的使用手册有关轮胎调位的指导。如果车辆使用手册上没有说明的话，可以参考这样的标准：通常前轮驱动的车辆每行驶 8 000 km 时应做换位，而四轮驱动车辆则需要在每 6 000 km 时换位。做法很简单，只要左前/左后、右前/右后单边互相对调即可，若是车上的备胎是全规格轮胎，也不妨加入对换的行列，那么除了将左前/左后轮互相对调之外，可将备胎移至右前轮，右前轮移至右后轮，右后轮则成为备胎。

7. 轮胎充气

轮胎充气有空气充气与氮气充气两种，比起传统的空气充气，氮气充气在轮胎的保养、延长使用寿命上更胜一筹。使用氮气后，胎压稳定、体积变化小，大大降低了轮胎不规则摩擦的可能性，如冠磨、胎肩磨、偏磨，提高了轮胎的使用寿命；橡胶的老化是受空气中的氧分子氧化所致的，老化后其强度及弹性下降，且会有龟裂现象，这是造成轮胎使用寿命缩短的原因之一。氮气分离装置能极大限度地排除空气中的氧气、硫、油、水和其他杂质，有效降低了轮胎内衬层的氧化程度、减少橡胶被腐蚀的现象，不会腐蚀金属轮毂，延长了轮胎的使用寿命，也极大程度地减少了轮毂生锈的状况。

2.4.4 车窗玻璃的清洁

与其他大项的养护项目相比，汽车玻璃清洁的确是一个小细节。然而，玻璃恰恰是广大车主最容易感受到的，能够给车主带来一片清晰的视野、一个舒畅的驾车心情。冬天汽车玻璃上很容易结冰霜，夏天挡风玻璃上经常会有很多虫胶，春夏秋冬无数的灰尘有时会对驾驶员造成很多的麻烦。因此，它的清洁尤其重要。

1. 汽车玻璃清洗

(1) 玻璃清洗器清洗

玻璃清洗器清洗俗称刮水器。通过喷水、摆动刮水器即可自动清洗，达到清洗目的。刮水器要定期检查：水泵工作是否正常、喷嘴是否堵塞、洗窗液是否喷射到车窗正常的部位，冬天还要注意洗窗液是否有冰冻的情况。

(2) 选用玻璃清洁水

大多数车主认为清洗了玻璃之后就不需要再进行清洁了，但在汽车行驶中，汽车玻璃很容易变脏，这时就可以用车窗玻璃清洗液进行清洗。在汽车的保养中，玻璃清洗液的使用往往会被大家忽视。其实玻璃水的使用是非常关键的，它是前挡风玻璃通透明亮的保证。有些人在使用刮雨器时才发现没有玻璃水，就会用一般性的水或者自己制作的水来代替玻璃水，这对于挡风玻璃的保养非常不利。

有些车主图便宜，直接用清水代替，这些都存在隐患。洗衣粉等化学洗涤剂里有一些沉淀物，时间长了容易腐蚀橡胶管，而且会堵塞喷水口，严重时会损坏到电机。而一般的洗涤剂也会不断腐蚀橡胶管，加速催化刮雨器胶条的硬化。硬化的胶条刮擦挡风玻璃时，会加速挡风玻璃表面被刮毛、刮花。如果重新更换刮雨器，付出的费用将是玻璃水的几十倍。而普通的清水虽然很干净，但里面的化学残留物质也非常多，日积月累也会导致喷水口的堵塞，影响喷水。长期使用会增大镜面的摩擦力，使刮雨器清洗时容易给镜面留下轻微划痕。玻璃水增加了除虫胶成分，适合停放在室外的车辆使用，因此要保养自己的爱车，最好是用专用的玻璃水，而且按照季节的变化用不同的玻璃水。比如冬季的时候，可以选择含有防冻液的玻璃水。

2. 汽车玻璃护理

汽车玻璃护理必须要解决以下三个问题：

(1) 前挡风玻璃划痕

前挡风玻璃划痕实际是由于没有及时清洁刮雨器或更换刮雨器所造成的，每次洗车一定要清洁刮雨器上的尘土，同时每半年更换一次刮雨器，能延长前挡风玻璃的寿命。

(2) 雨天视线干扰

前挡风玻璃的油膜容易引起夜间光线的乱反射，车内外的温差引致雾气凝结，连同雨天的水珠一同干扰驾驶者的视线，使驾驶者无法看清路面情况而不能正确作出判断，是最大的行车障碍。

(3) 防止玻璃爆裂

汽车玻璃只在受到撞击的情况下才有可能爆裂，而一旦爆裂后果不堪设想，因此需要玻璃内侧贴防爆隔热膜。由于优质的防爆隔热膜能够有效隔热、阻隔紫外线，因此成为目前绝大多数车主的选择。

3. 汽车玻璃修补

(1) 修复的重要性

每年有成千上万辆小汽车的玻璃在公路上被飞来的小石子或其他杂物打破，或被其他尖锐物品所撞击，从而产生小洞或裂缝。如果置之不理，汽车行驶时的抖动以及风压又会让裂缝越扩越大，不仅影响美观，而且影响司机的视线，甚至影响行车安全，其结果就是更换整个玻璃。这样不仅大量浪费人们的金钱和时间，并且会污染环境，还可能因更换时设备与技术的欠缺，严重地影响到汽车的密封、隔音效果甚至整车强度。

(2) 修补方法

轻微玻璃裂痕的修补方法是在施工前，把玻璃进行简单的平整，然后把裂痕或弹痕内的空气用专业的设备抽出，以免在玻璃内形成气泡，接下来就是把树脂胶注射到裂痕或弹痕的缝隙中。由于这种树脂胶只有在紫外线的照射下才能迅速凝固，所以在注射完后，必须用紫外线灯进行烘干，最后用打光剂进行打磨抛光，经过修复后，一般会完好如初。

随着汽车美容业的发展，还出现了玻璃滑水镀膜，即在汽车前挡风玻璃及后视镜玻璃处涂抹一层镀膜液，从而增加挡风玻璃的防水性，使玻璃在雨中不挂水，特别是高速行驶时，增加安全性，减少刮雨器的使用。

2.4.5 后备厢的清洁

后备厢是一个“垃圾站”，可先用吸尘器吸去浮土，然后用地毯清洗剂清洁底部垫板，待其干透，再将东西放回后备厢。同时，还应清洗一下后备厢盖，汽车后备厢如图 2－11 所示。

图 2－11　汽车后备厢

实训 1　洗车及车内吸尘

1. 实训内容

① 洗车。

② 车内吸尘。

2. 实训目的

① 熟悉洗车、车内吸尘所用设备。

② 掌握洗车、车内吸尘的操作流程。

3. 实训设备

① 实训车辆。

② 清洗机、泡沫机。

③ 浓缩泡沫洗车液、海绵、内饰专用毛巾、玻璃专用毛巾、毛刷。

4. 注意事项

① 引导车辆到指定位置，避免阻碍交通及其他车辆的行驶。

② 用大毛巾从前到后拉水时，注意不要压损车顶天线。

③ 防止喷枪头水管剐蹭车身。

④ 擦拭车身时应从上至下依次擦拭。

⑤ 喷轮胎保护剂时，一次不可喷涂太多，防止沾染灰尘。

⑥ 车辆擦拭完毕后要进行检验，发现问题及时处理或沟通。

5. 实训方法及步骤

(1) 清洗前准备

打开空气压缩机，充至 10～12 个大气压，检查清洗机储水罐是否加满。泡沫机内加 0.5～0.75 L 泡沫洗车液，注入清水至视窗 3/4 满格位置，再充入 4～5 个大气压。

(2) 洗车内容

洗车内容包括引导车辆入位、冲车、洒泡沫、泡沫擦车、冲水、擦车、打扫内室、引导车辆离开。总共用时18～20 min。

(3) 洗车流程

① 洗车人员将车辆引入洗车位。

② 清洗员检查汽车的玻璃是否过热,车窗是否关严,车辆是否有划伤,并做出相应的处理。

③ 清洗人员手拿水枪站在车辆的左侧,首先从车顶开始冲洗。水枪冲洗车辆时,水枪依半弧状按顺序向右侧依次冲洗,车顶冲洗完毕后紧接着冲洗后挡风玻璃。

④ 冲洗后挡风玻璃时,同样依半弧状按顺序向同一个方向依次冲洗,同时冲洗后备厢。

⑤ 后备厢冲洗完毕后紧接着冲洗后保险杠,清洗员将水管移动在车辆的右后侧,随后由前到后依照由上到下顺序依次冲洗侧窗玻璃门板、后翼子板、轮胎钢圈。然后倒回至车辆的左侧由后到前依次冲洗左后翼子板钢圈轮胎、左侧窗玻璃门板保险杠至前挡风玻璃。

⑥ 冲洗前挡风玻璃同样从左侧向一个方向冲洗,水枪压力不宜过大,接着冲洗发动机盖。

⑦ 发动机盖冲洗完毕后再移动水管冲洗前翼子板、钢圈轮胎、前保险杠。

⑧ 打开泡沫机喷洒泡沫,使泡沫均匀地覆盖整个车身。

⑨ 分三块海绵擦拭车身。用第一块海绵以保险杠以上部分为界由前到后,由上到下依次开始擦拭。首先擦拭前发动机盖至前挡风玻璃→刮水器→车顶→后挡风玻璃→后备厢,倒转方向由后到前擦拭后叶子板→侧窗玻璃倒车镜→门板→前叶子板第一块海绵擦拭完毕后放回水桶。

⑩ 拿起第二块海绵擦拭保险杠部位,按由前到后顺序依次清洗,然后放回水桶。

⑪ 拿起第三块海绵同样按照由前到后顺序依次擦拭保险杠以下部位和钢圈轮胎,完毕后将海绵归位。

⑫ 手动打开清洗机,按从上到下方法进行冲水。

⑬ 擦水。首先从发动机盖开始用湿润的毛巾纵横大弧度擦拭前挡风玻璃,擦拭时应左右擦拭不宜上下擦拭。同时拿起刮水器用毛巾轻轻擦拭顶棚至后挡风玻璃及后备厢,同时将毛巾多余水分拧干,从后叶子板开始向前擦拭至侧窗玻璃门板、前翼子板,再从前保险杠由前到后开始擦拭,在外部水分擦干后紧接着打扫内室。

⑭ 打扫内室。打开前车门和后车门,将脚垫放置到清洁区。

⑮ 拿起擦内室的毛巾依次擦拭,顺序为仪表盘→方向盘→变速杆→前内侧门板→后内侧门板。室内擦拭完毕后,换门边专用毛巾,从上而下擦拭,包括后备厢内。

⑯ 换玻璃专用毛巾将全车玻璃(包括倒车镜)全部擦拭一遍。注意:前挡风玻璃应左右擦拭。

⑰ 吸尘。将吸尘管夹在两腿之间,吸座椅时用手掌拍打几下再去吸,吸管在地毯上要来回吸,一定要把灰尘与沙粒吸干净,吸后备厢时,用左手把吸管抬起,右手拿着吸嘴把沙粒与灰尘吸干净。备一条手巾,在吸完地毯然后吸座椅的时候要先擦吸尘器吸嘴,然后再在座椅表面吸尘。吸嘴禁止刮伤桃木,不要忘记清洁烟灰缸等。禁止吸尘机刮碰到车漆。如车内有物品和钱币,一定要先取出来。吸尘完毕后,一人负责脚垫清洗和归位,另一人负责将缝隙的水吹干,同时保养轮胎和擦拭钢圈。

⑱ 清洗员检查车辆清洗是否干净。

⑲ 清洗员引导车辆离开清洗区。

6. “洗车、车内吸尘”评分标准

“洗车、车内吸尘”评分标准如表 2－1 所列。

表 2－1 “洗车、车内吸尘”评分标准

序 号	考核项目	分 值	扣分标准
1	安全事项		造成人身、设备重大事故，或恶意顶撞考官，严重扰乱考场秩序，立即终止考试，此项目记 0 分
2	工具的选择及正确使用	10 分	1）不能正确选择工具设备，每次扣 2 分 2）不能正确使用工具设备，每次扣 3 分
3	车面冲洗	6 分	漆面、轮胎、翼子板内侧及车身有泥沙及其他污染物，每处扣 3 分
4	喷沫	10 分	1）泡沫未均匀覆盖车身，扣 2 分 2）未按从上到下的顺序擦涂车身，扣 2 分 3）上下海绵未分开，扣 2 分 4）轮胎轮毂清理未用毛刷刷洗，扣 4 分
5	二次清洗	6 分	漆面有残余泡沫及未清理掉的脏污，一处扣 3 分
6	擦水	14 分	1）漆面有残余水痕，扣 6 分 2）各钣金缝隙内有余水，扣 2 分 3）行车滴水，扣 2 分 4）玻璃不干净明亮，扣 4 分
7	内室清洗	15 分	1）内室有浮尘，扣 5 分 2）脚垫有积沙，扣 5 分 3）地胶有砂砾，扣 5 分
8	外饰清洗	14 分	1）轮胎、塑件、轮毂不干净有残余油泥，每处扣 2 分 2）灯罩不干净，扣 2 分 3）金属镀件不明亮，每处扣 2 分
9	玻璃清洗	15 分	1）挡风玻璃不干净明亮，扣 3 分 2）挡风玻璃有脏污、油膜、烟膜、油渍、水痕等污染，每处扣 3 分
10	安全文明作业	10 分	1）不穿工作服、工作鞋、工作帽，各扣 1 分 2）工具零件摆放凌乱，每次扣 2 分 3）工具设备表面未及时清理，每次扣 1 分 4）考试结束后未清理场地，扣 3 分 5）不服从考官、出言不逊，每次扣 3 分
11	合计	100 分	

7. “洗车、车内吸尘”操作工单

“洗车、车内吸尘”操作工单如表 2－2 所列。

表 2－2 “洗车、车内吸尘”操作工单

班 级：__________ 姓 名：__________ 得 分：__________

<table>
<tr><td colspan="2">一、场地及设备的检查</td></tr>
<tr><td>1. 工具检查准备</td><td>备注</td></tr>
<tr><td>2. 工具设备检查准备</td><td rowspan="2">项目1～3不用做记录</td></tr>
<tr><td>3. 材料检查准备</td></tr>
<tr><td colspan="2">二、操作过程</td></tr>
<tr><td colspan="2">洗车、车内吸尘操作步骤</td></tr>
</table>

实训2　发动机室清洗护理

1. 实训内容

发动机室清洗护理。

2. 实训目的

掌握发动机室清洗护理方法。

3. 实训设备

实训车辆一台、清洗剂、保护液、保护膜、外部清洁剂、免拆清洗机、喷水壶。

4. 实训方法及注意事项

(1) 实训方法

每班分成若干个小组,每次同时进行三个小组实训,其他小组在教室复习实训的内容,依次进行。实训时以老师讲解、演示,学生操作、考核为主,学生完成实训报告及考核。

(2) 实训注意事项

① 听从安排,不要随意走动。

② 不要随意操作车上的各个系统。

③ 操作熟识的系统时,也必须在指导老师的指导下完成。

④ 注意保持教学场地卫生。

⑤ 操作所学系统时不能野蛮操作。

5. 发动机室清洗及护理方法

(1) 发动机零件的清洗

在清洗发动机外部时,应先将发动机熄火,使所有电器不工作,并使发动机室温度下降,千万不可在高温下清洗。清洁方法和步骤如下:

① 用塑料薄膜包裹电器元件。

② 喷洒发动机外部清洗剂,如图 2-12 所示。

③ 高压水冲洗。

④ 去除顽固油污。

⑤ 清除锈蚀。

⑥ 清洁空气滤清器。

⑦ 清洁电器元件。

⑧ 清洁蓄电池。

⑨ 清洁流水槽。

⑩ 喷施发动机保护液,如图 2-13 所示。

(2) 发动机部件免拆清洗

1) 燃油系统清洁

现代汽车发动机燃油系统的清洗可使用专业设备及专用清洗剂,在发动机不解体的情况下进行,也称为发动机的免拆卸清洗。

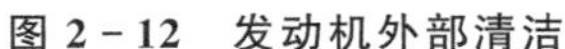
图2-12　发动机外部清洁

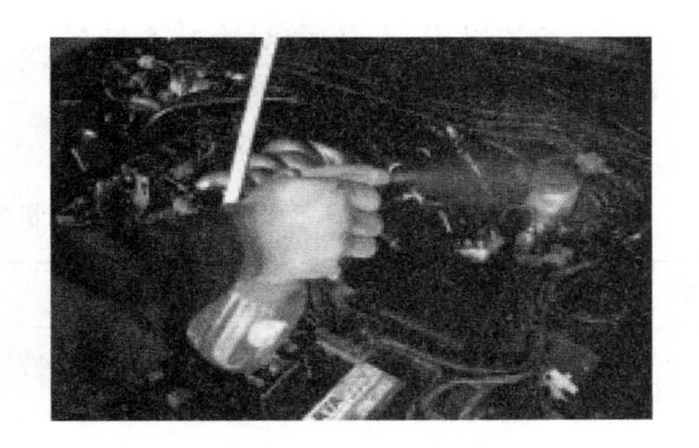

图2-13　喷施发动机保护液

① 用专用清洗机对燃油系统进行免拆卸清洗。首先配制好清洗剂与燃油的混合液，将清洗机的进、回油管接到汽车的燃油系统中，启动清洗机和发动机进行燃烧清洗。在发动机运转的同时，混合物燃烧将分布在系统中的胶质和积炭溶解脱落，并随废气排出。

② 用专用清洗剂对燃油系统进行免拆清洗。使用时将汽车燃油系统专用清洗剂按说明书要求直接加入油箱，专用清洗剂能随燃油流动自动清除、溶解燃油系统中的胶质、积炭等有害物质。

2）润滑系统清洁

发动机在运行过程中，润滑系统的润滑油处在高温高压的条件下工作，容易产生油泥、胶质等沉积物，不但影响润滑油的流动，而且加速运动零件的表面磨损。因此，必须对润滑系统定期进行清洗，以保证润滑系统的正常工作。

① 机器清洗。先排出发动机油底壳的润滑油，取下机油滤清器，接好发动机润滑系统清洗机的进出油管，启动开关进行定时清洗；到时间后清洗机会发出报警声，提示已经完成清洗。然后拆下进出油管，装好机油滤清器和放油塞，重新加注润滑油。

② 专用清洗剂清洗。发动机高效清洗剂能有效地清洗润滑系统各部油道及运动部件表面，将油泥、胶质等沉积物溶解。这种清洗一般在更换润滑油时进行。清洗时先将清洗剂按说明书的要求加注到曲轴箱中，启动发动机运转半小时后，将脏污的润滑油放掉，然后按要求加注新的润滑油。

3）冷却系统清洁

汽车冷却液中会不同程度地含有碳酸钙、硫酸镁等盐类物质。冷却系统长时间工作后，这些物质会从冷却液中析出，一部分形成沉淀物，另一部分沉积在冷却系统的内表面形成水垢。由于水垢层的导热性能很差，发动机容易出现过热现象，使发动机润滑条件恶化，运动部件表面不能形成良好的润滑油膜，同时也使燃烧室内积炭增多，容易产生爆燃，使功率下降、油耗增大。因此，当汽车行驶一段时间后，应及时对冷却系统进行清洗。

① 清洗机清洗。可利用散热器清洗机来清洗冷却系统。散热器清洗机是清洗水垢的专业设备，它利用气压产生脉冲，在清洗剂的作用下快速清洗冷却系统内的水垢。

② 专用清洗剂清洗。冷却系统高效清洗剂具有超强的清洗能力和高效的溶解性，能在发动机运行中彻底清除冷却系统内的水垢，恢复冷却系统内各管道的流通能力，确保散热性能。使用时按说明书的要求将适量的清洗剂加入冷却液中，拧好散热器盖，启动发动机运行10 min后，排出冷却液；清洗完毕后再重新加注冷却液即可。这种专用清洗剂对水垢的去除

率至少在85%以上，且不会对冷却系统造成腐蚀。

6. “发动机室清洗剂护理”评分标准

“发动机室清洗剂护理”评分标准如表2-3所列。

表2-3 “发动机室清洗剂护理”评分标准

序号	考核项目	配分	扣分标准(每项累计扣分不能超过配分)
1	安全文明否决		造成人身、设备重大事故，或恶意顶撞考官，严重扰乱考场秩序，立即终止考试，此项目记0分
2	安全文明生产	10分	1) 不穿工作服、工作鞋、工作帽，各扣1分 2) 工具混放，每次扣1分 3) 油、水落地或零部件表面未及时清理，每次扣1分 4) 考试完后不清理工具、材料或场地，各扣3分 5) 不服从考官、出言不逊，每次扣3分
3	准备与检查	10分	1) 设备每少准备一件，扣2分 2) 设备选择不当，每次扣2分 3) 未检验设备，每次扣2分
4	准备工作	10分	作业前不安装5件套，一项扣2分
5	发动机零件的清洗	35分	1) 未停止发动机运转，扣5分 2) 未用薄膜包裹电器件，扣3分 3) 未喷洒发动机外部清洗剂，扣3分 4) 未用高压水冲洗，扣3分 5) 未取出顽固油污，扣3分 6) 未清除锈蚀，扣3分 7) 未清洁电器元件，扣3分 8) 未清洁空气滤清器，扣3分 9) 未清洁流水槽，扣3分 10) 未清洁蓄电池，扣3分 11) 未喷施发动机保护液，扣3分
6	发动机内部清洗	25分	1) 清洁错误，扣5分 2) 倒入清洁剂错误，扣10分 3) 未放掉机油，扣5分 4) 未更换机油，扣5分
7	记录	10分	1) 维修记录字迹潦草，扣2～5分 2) 填写不完整，每项扣2分
8	合计	100分	

7. “发动机室清洁及护理”操作工单

“发动机室清洁及护理”操作工单如表2-4所列。

表2-4 “发动机室清洁及护理”操作工单

班 级：__________ 姓 名：__________ 得 分：__________

车 型		发动机型号	
一、准备工作			
1. 工具准备与检查			
2. 维修手册准备			
3. 车辆准备			
二、操作过程			
发动机外部清洁	记录：		
发动机内部清洁	记录：		
整理工作场地			

思考题

1. 什么是汽车清洗？
2. 电脑洗车的优势有哪些？
3. 为什么汽车内饰各部件要分别进行清洗？
4. 为什么汽车发动机需要清洗？如何进行清洗？
5. 汽车底盘的清洗方法有哪些？比较其优缺点。
6. 汽车玻璃的修补方法有哪些？

项目3　汽车外部装饰

【知识目标】

- 了解空气动力学及汽车风阻的组成。
- 掌握车身大包围和汽车尾翼的作用、工作原理及具体加装方法。
- 学习汽车天窗的选装方法。
- 掌握汽车防爆膜的作用及工作原理。
- 学习汽车底盘装甲和发动机护板的功用及安装方法。
- 了解汽车其他局部装饰内容。

【技能目标】

- 掌握车身大包围和汽车尾翼的加装方法。
- 掌握汽车防爆膜的安装方法。
- 掌握底盘装甲和发动机护板的安装方法。

【素养目标】

- 培养学生实训中不怕苦不怕累的劳动精神。
- 培养学生实操中的团队协作精神。

随着社会的发展和人民生活水平的不断提高,汽车已经成为人们生活中重要的组成部分,无论是工作、学习还是生活,汽车都扮演着非常重要的角色。当然,许多车主对买来的车并不是非常满意,因为未加装饰的汽车无法突出个性。因此如何在众多林立的汽车中,凸显自己的个性,使得座驾更美观、更舒适、更贴合自己的生活呢?汽车装饰是最好的办法。汽车装饰分为外部装饰和内部装饰,本项目介绍汽车外部装饰。

一般汽车外部装饰项目有安装车身大包围、加装汽车天窗、加装扰流板和导流板、加装装饰条、加装底盘装甲和护板。但汽车外部结构和汽车造型除了美观以外,更重要的是要符合汽车空气动力学的基本原理。因此,在进行汽车外部装饰时,要了解关于空气动力学的基本知识。

任务3.1　汽车空气动力学

从日常生活的经验可知,当风吹向一个物体时,就会产生作用在物体上的力。力的大小与风的方向和强弱有关。比如说轻风吹来,人们的感觉是轻柔舒适(力量很小);飓风袭来,房倒屋塌,势不可挡(力量很大)。这说明当风速达到某种程度时,就不能忽视它的影响。对车来说,是车运动,大气可视为不动。一般在车速超过 100 km/h 时,气流对车辆产生的阻力就会超过车轮的滚动阻力。这时就必须考虑空气动力的影响。其实空气动力对车的影响,不只与行车阻力有关,还有对发动机的进、排气,车辆行驶的稳定性,过弯速度,以及刹车距离,甚至轮胎温度控制等。

3.1.1 汽车空气动力学的任务

空气动力学是力学的一个分支，它主要研究物体在同气体做相对运动情况下的受力特性、气体流动规律和伴随发生的物理化学变化。它是在流体力学的基础上，随着航空工业和喷气推进技术的发展而成长起来的一门学科。

20世纪30年代，德国和法国就开始做这方面的研究工作。随着车辆速度的提高，车辆空气动力学的研究逐渐受到各国主要车辆生产厂家和有关研究机关的重视，研究的结果对车型设计产生很大影响，对改进车辆的空气动力性能（如降低空气阻力系数）有着显著效果。

3.1.2 汽车受到的气动力

汽车行进时所受阻力大致可分为机械阻力和空气阻力两部分。随着车速的提高，空气阻力所占比例迅速提高。以美国20世纪60年代生产的典型轿车为例，车速为60 km/h时，空气阻力为行驶总阻力的33%～40%；车速为100 km/h时，空气阻力为行驶总阻力的50%～60%；车速为150 km/h时，空气阻力为行驶总阻力的70%～75%。

空气阻力 F_w 是空气对前进中的汽车形成的一种反向作用力，计算公式为

$$F_w = 1/16 \cdot A \cdot C_w \cdot v^2$$

式中：v 为行车速度，单位为 m/s；A 为汽车横截面面积，单位为 m^2；C_w 为风阻系数。

空气阻力跟速度成平方的正比关系：速度增加1倍，汽车受到的阻力会增加3倍。因此高速行车对空气阻力的影响非常明显，车速高，发动机就要将相当一部分的动力，或者说燃油能量用于克服空气阻力。换句话讲，空气阻力小不仅能节约燃油，在发动机功率相同的条件下，还能达到更高的车速。空气阻力的大小除了取决于车的速度外，还跟汽车的截面积 A 和风阻系数 C_w 有关。

风阻系数 C_w 是一个无单位的数值，它描述的是车身的形状。根据车的外形不同，C_w 值一般在0.3（好）～0.6（差）范围内。光滑的车身造型（最理想为水滴型）使气流流过车身后的速度变化小，不会形成旋涡，C_w 值就低；相反，如果车身外形有棱有角又有缝，C_w 值就高。一般赛车将车轮设计在车身之外，自成一体。理论上每辆车的 C_w 可以在模型制作阶段测得，但准确的 C_w 值都必须在出了成品之后，通过做风洞试验来获得。

空气流速越快，压力越小；空气流速越慢，压力越大。例如，飞机的机翼是上面呈正抛物形，气流较快；下面平滑，气流较慢，形成了机翼下压力大于上压力，产生了升力。如果轿车外形与机翼横截面形状相似，在高速行驶中由于车身上下两面的气流压力不同，下面大，上面小。这种压力差必然会产生一种上升力，车速越快压力差越大，上升力也就越大。这种上升力也是空气阻力的一种，汽车工程界称为诱导阻力，约占整车空气阻力的7%。虽然比例较小，但危害很大。其他空气阻力只是消耗轿车的动力，这个阻力不但消耗动力，还会产生承托力危害轿车的行驶安全。这是因为当轿车时速达到一定的数值时，升力就会克服车重而将汽车向上托起，减少了车轮与地面的附着力，使汽车“发飘”，造成行驶稳定性变差。

通过改善汽车的空气动力学性能，比如变化尾翼、底盘罩、前部进风口和轮毂帽，都能降低风阻系数。而降低车身高度，等于减小了截面积，或使车身更多地盖住车轮，也有利于降低空气阻力。

3.1.3 汽车风阻的组成

车身造型设计是一门很大的学问，其中重要的内容就是风阻问题。

平常说的风阻大多是指汽车的外部与气流作用产生的阻力。实际上，流经汽车内部的气流也对汽车的行驶构成阻力。研究表明，作用在汽车上的阻力是由外形阻力、干扰阻力、内部阻力、高速行驶产生的升力所造成的阻力和空气相对车身流动的摩擦力五个部分组成的。

1. 外形阻力

外形阻力是指汽车前部的正压力和车身后部的负压力之差形成的阻力，约占整个空气阻力的58%。

2. 干扰阻力

干扰阻力是指汽车表面突出的零件，如保险杠、后视镜、前牌照、排水槽、底盘传动机构等引起气流互相干扰产生的阻力，约占整个空气阻力的14%。

3. 内部阻力

内部阻力是指汽车内部通风气流、冷却发动机的气流等造成的阻力，约占整个空气阻力的12%。

4. 升　阻

升阻是指由高速行驶产生的升力所造成的阻力，约占整个空气阻力的7%。

5. 摩擦力

摩擦力是指空气相对车身流动的摩擦力，约占整个空气阻力的9%。

针对第一、二种阻力，轿车车身应该尽量设计成流线型，横向截面面积不要太大，车身各部分用适当的圆弧过渡，尽量减少突出车身的附件，前脸、发动机舱盖、前挡风玻璃适当向后倾斜，后窗、后顶盖的长度、倾角的设计要适当。此外，还可以在适当的位置安装导流板或扰流板。通过研究汽车外部的气流规律，不仅可以设计出更加合理的车身结构，还可以巧妙地引导气流，适当利用局部气流的冲刷作用减少车身上的尘土沉积。

针对第四种阻力，要设法降低行驶中的升力，包括使弦线前低后高、底板尾部适当上翘、安装导流板和扰流板等措施。

一部分外部气流被引进汽车内部，可能会在一定程度上减少了外部气流对汽车的阻力，但气流在流经内部气道时也产生摩擦、旋涡损失。研究汽车内部的气流规律，可以尽量减少内部气阻，有效地进行冷却和通风。利用气流分布规律，还可以巧妙地把发动机的进气口安排在高压区，提高进气效率，减少高压区附近的涡流，同时把排气口安排在低压区，使排气更加顺畅。

随着各大汽车制造厂商技术实力的趋同，大厂商竞争的重点由性能的提高转移到了汽车的外形上。虽然总体上都符合当前人们对审美的需求，但竞争的加剧也使得厂商开始重视突出自身的个性——优雅流畅的车身曲线或富有创新意义的散热格栅就成了关键。

3.1.4 减小气动升力的措施

1. 汽车气动阻力的原因分析

(1) 车头造型对气动阻力影响因素

影响汽车升力的因素很多，主要有车头边角、车头形状、车头高度、发动机罩与前风窗造型、前凸起唇及前保险杠的形状与位置、进气口大小、格栅形状等。车头边角的影响：车头边角主要是车头上缘边角和横向两侧边角；对于非流线型车头，存在一定程度的尖锐边角，会产生有利于减小气动阻力的车头负压区；车头横向边角倒圆角，也有利于产生减小气动阻力的车头负压；车头形状的影响；车头高度的影响：头缘位置较低的下凸型车头气动阻力系数最小，但不是越低越好，因为低到一定程度后，车头阻力系数将不再变化。

(2) 汽车前端形状对气动阻力的影响因素

汽车前凸且高不仅会产生较大的阻力，而且还将会在车头上部形成较大的局部负升力区；具有较大倾斜角度的车头可以达到减小气动升力乃至产生负升力的效果。

(3) 轿车尾部对气动阻力的影响因素

车身尾部造型对气动阻力的影响主要因素有后风窗斜度、尾部造型式样、车尾高度、尾部横向收缩。

后风窗斜度(后风窗弦线与水平线的夹角)对气动阻力影响较大，对斜背式轿车，斜度等于30°时，阻力系数最大；斜度小于30°时，阻力系数较小。后挡风玻璃的倾斜角控制在25°以内。尾窗与车顶的夹角为28°～30°时，车尾将介于稳定和不稳定的边缘。

尾部造型式样：典型的尾部造型有斜背式、阶背式、方(平)背式。由于具体后部造型与气流状态的复杂性，故一般很难确切断言尾部造型式样的优劣。但从理论上来说，小斜背(角度小于30°)具有较小的气动阻力系数。

车尾高度：流线型车尾的轿车存在最佳车尾高度，此状态下，气动阻力系数最小。此高度需要根据具体车型以及结构要求而定。

车尾形状：车尾最大离地间隙越大，车尾底部的流线越不明显，则气动升力越小，甚至可以产生负升力。

(4) 轿车底部对气动阻力的影响因素

车身底部离地高度：一般车身底部离地高度的增加气动阻力系数上升，但高度过小，将增加气动升力，影响操作稳定性及制动性。另外，离地高度的确定还要考虑汽车的通过性与汽车中心高度。

车身底部纵倾角：车身底部纵倾角对气动阻力影响较大，纵倾角越大，气动阻力系数越大，故底板应尽量具有负的纵倾角。

2. 减小气动升力的附加装置

扰流板的作用主要是为了减少车辆尾部的升力。如果车尾的升力比车头的升力大，就易导致车子转向过多、后轮抓地力减小、高速稳定性差。利用扰流板的倾斜度，使风力直接产生向下的压力，如图3-1所示。

图3-1　尾翼扰流板

前扰流器：前扰流器的位置和大小对气动升力至关重要。目前多将前保险杠位置下移，并加装车头下缘凸起唇，以起到前扰流器的作用，如图3-2所示。

后扰流器：通过对流场的干涉，调整汽车表面压强分布，以达到减小气动升力的目的。

一般车体尾部增加后扰流器，天线外形设计成扰流器，装在后风窗顶部，如图3-3所示。

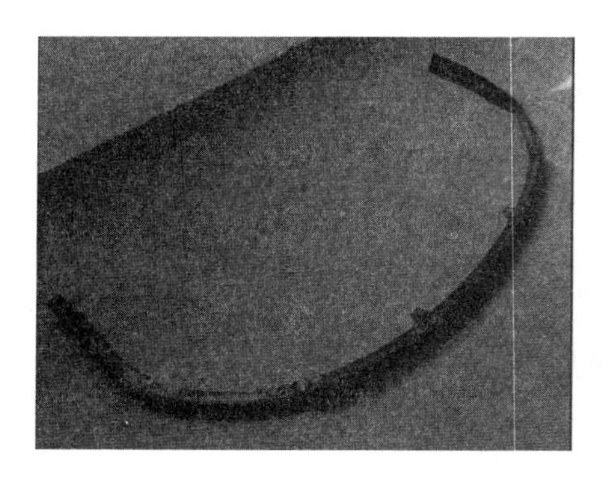

图 3-2 前扰流器配件

图 3-3 后扰流器

任务 3.2 车身大包围和尾翼

3.2.1 车身大包围

1. 车身大包围概述

车身大包围又叫汽车车身外部扰流器，指车身下部宽大的裙边装饰，源于赛车运动，用于改善车身周围气流对运动中车身稳定性的影响，一般由前包围、侧包围和后包围组成，在一些车型上还包括轮眉、挡泥板和门饰板等。

大包围的主要作用是减小汽车行驶时产生的逆向气流，同时增大汽车的下压力，使汽车行驶时更加平稳，从而减少耗油量；但是有些大包围只考虑了美观性，没有考虑到空气扰流方面的设计，不但让汽车没有减少油耗，反而更加耗油，多数安装汽车大包围的汽车还是从美观的角度考虑的。

一般的车身大包围是由生产厂家根据不同的车型设计而成的，通常会有多种型号，每一种型号包含几个车身不同部位的组件；选用大包围时根据车型及汽车的具体情况（如颜色），按照与车身协调并且不影响汽车安全性的原则进行，通用性不高。随着人们对汽车消费理念的提高，现在有一些大型的汽车装饰店已经具有为顾客专门制作大包围的能力，迎合了消费者要求汽车外形独一无二的需求。

2. 汽车大包围的分类

汽车大包围基本分为泵把款和唇款两大类：泵把款类的包围就是将原来的前后杠整个拆下，然后再装上另一款泵把；而唇款类的包围则是在原来的保险杠上加上半截下唇，此款包围的质量与安装技术要求极高。图 3-4 所示为车身大包围示意图。

唇款对不包围件的质量和安装技术要求很高，包围件和车身缝隙不能超过 1.5 mm，否则会影响外观，而且可能在高速行驶时脱落；但其优点是不用改变原车，易于拆下包围件并恢复原有外观。因为保留了原车的保险杠，所以安全性有保障。

泵把款可以大幅度改变原车外观，更易于造型，也更加有个性，而且安装相对容易。但由于拆除了原车的保险杠，故安全性会受到所安装大包围件的质量和材料性能的制约。

3. 如何为自己的汽车选择合适的大包围

① 发动机盖：质量轻、强度好，同时能承受高温，最好能把发动机的热量带走。

图 3-4　车身大包围

② 主翼与车身的缝隙距离在 2 cm 以下，如果超过，主翼两端长度与车门沙板要预留 16.5 cm(每边)。

③ 裙边：装上包围后的车高与地面距离最低不能少于 9 cm，而催化遮热板与地面距离不能低于 5 cm。

④ 选用材料韧性要好，有抗扭能力，耐热不变形，表面处理平滑，质量轻，与车身密合度要好等特点。

4. 车身大包围制作材料

在国内车身大包围套件的材料主要有以下几种。

(1) ABS 塑料

此类产品是以真空吸塑成形，所以厚度较薄，韧性一般，强度较差，所以此类材料不能做泵把款的包围，只能做唇款的包围。

(2) PU 塑料

此类产品因为是在低温下注塑成形的，所以有极高的柔韧性与强度，同时与车身的密合度亦是最佳的，寿命也较长。PU 塑料汽车大包围已成为国际汽车装饰界公认的最适合做汽车装饰板的原材料。同时 PU 大包围由钢模制成产品，规格标准；安装非常容易，两名工人约 10 min 就可以安装一台车。但 PU 材料价格极高，一般消费者很难承受。

(3) ADP 合成树脂材料

此类材料收缩性较少，韧性较好，耐热不变形，所以制作出的产品表面极为平滑，同时扩扭力较强，密合度较高。但此类产品造工技术要求极高，比玻璃纤维的价格要高一些。

(4) 玻璃钢

此类产品价格较低，但韧性极差。由于这种材料制作时收缩性较大，因此制造出的包围表面很容易起波浪，在阳光下照射一段时间后会出现裂缝。

5. 车身大包围的安装方法

① 先根据车身颜色进行调漆，对校好车身颜色后，再将包围部件逐一喷上面漆，然后放在烤漆

房通风处烘干，通常情况下放置12小时。等面漆干了之后，再进行装车作业，如图3-5所示。

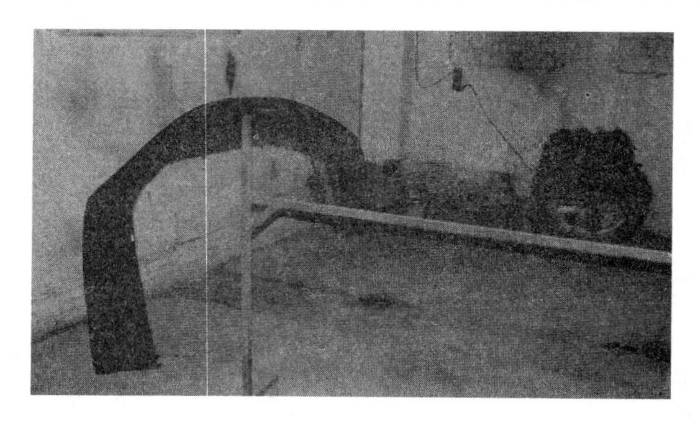

图3-5 喷涂面漆

② 在进行包围安装作业前，最好先洗车。在需要安装包围的车身位置，再用干净、无纤维脱落的布或纸巾擦拭干净，再把不伤车漆的专用胶水用干净、无纤维脱落的布或纸巾擦拭在要与产品上的3M胶黏合的车身位置，如图3-6所示。

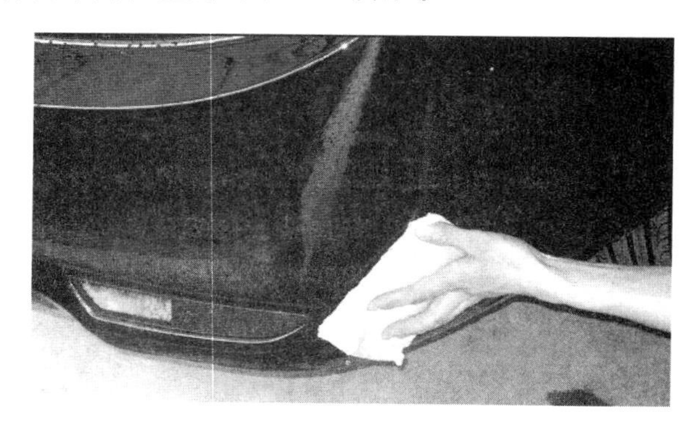

图3-6 擦拭车辆

③ 将预贴在产品上的3M胶的保护膜撕开一头(约5 cm)，以便安装过程中撕除保护膜。同时，在有必要的情况下，用风筒的热吹风将3M胶均匀加热至20 ℃左右，如图3-7所示。

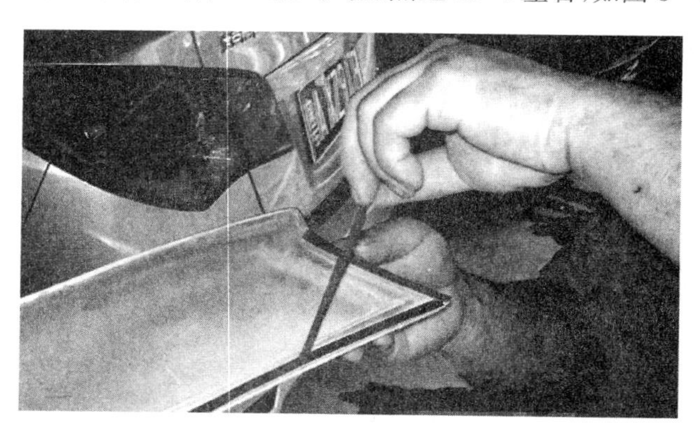

图3-7 保护膜撕开预留

④ 把包围或侧裙由下而上轻轻地合到车身上，对比包围与车身的密合度，注意不要擦伤

车身面漆，如图 3－8 所示。

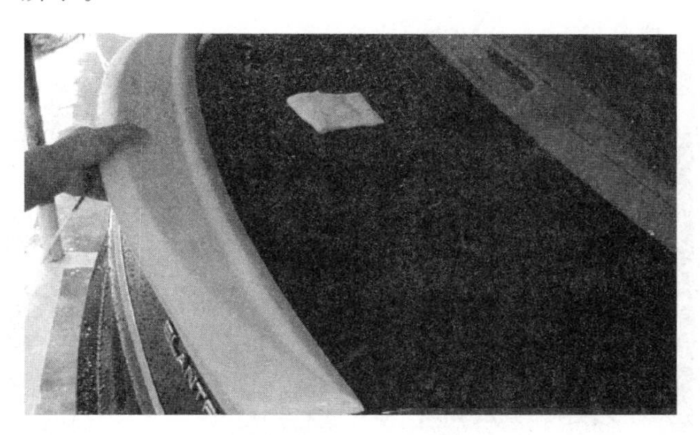

图 3－8　定　位

⑤ 对密合度进行最后的调教，目测（最好用尺子测量）并调准包围左右两边、底部与地面及车身的距离，确保距离一致，如图 3－9 所示。

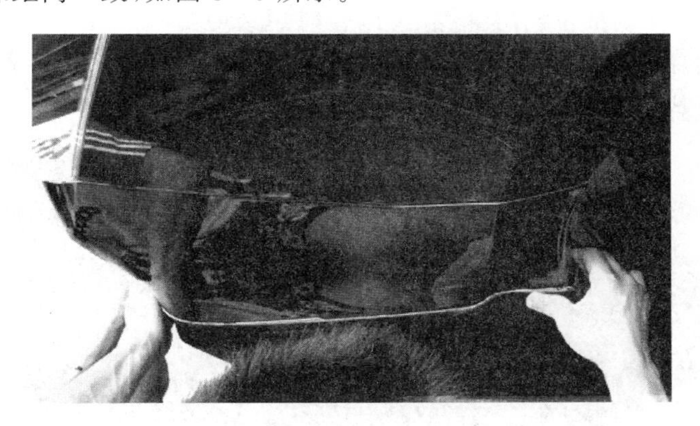

图 3－9　调　校

⑥ 确保两边距离相对车身位置准确后，把 3M 胶纸的保护膜撕除，同时用力按紧包围，确保其紧贴在车身上（15～20 min），如图 3－10 所示。

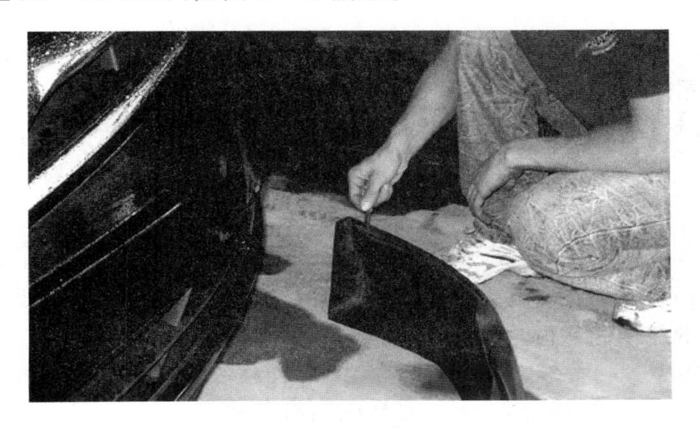

图 3－10　安装包围

⑦ 在前唇、后唇、侧裙两边(底部和侧面)钻孔,上螺丝,并检查安装是否稳固及与车身的吻合程度,如图 3-11 所示。

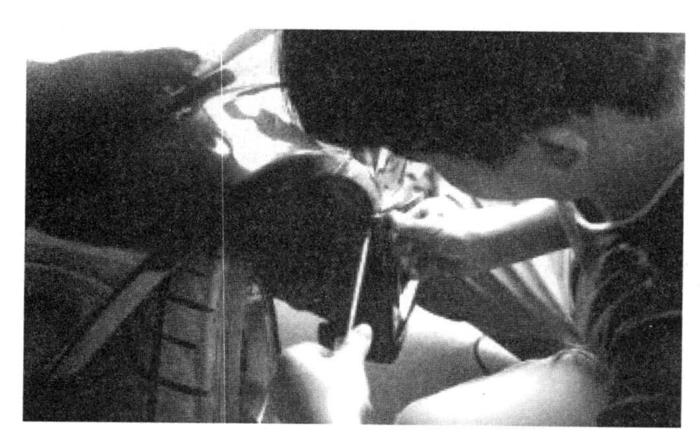

图 3-11 固 定

⑧ 若因 3M 胶黏紧的部位出现缝隙,可以暂时用透明封箱胶在外面将包围压紧,如遇下雨,则可用透明胶封住包围与车身黏合的间隙处,防止进水。待胶全部干透后(24 小时),除去透明胶,包围安装完成,如图 3-12 所示。

图 3-12 安装完成

6. 加装大包围的注意事项

① 应选用高质量的产品:大包围安装在车上,也就与车成为一个整体,日常的磕碰就在所难免,如果包围材质脆弱,刚性过大,就很容易碎裂,那样不仅增加更换成本,也增添了不少麻烦。

② 最好不要选用需要拆掉原车保险杠才能安装的大包围,因为包围所用的材料抗撞击能力较差。因此,选用将原杠包裹其中的大包围不会影响车辆的牢固性,但如果一定要选用拆杠包围,可将原杠中的缓冲区移植到玻璃钢包围中,以起到保护作用。

③ 加装大包围应该到有经验的改装店去,因为这些改装店有制作各种包围能力,大都会免费为车主修复不慎碰坏的包围,令车主免于因为包围的一点小损伤就要花钱重换的麻烦。

3.2.2 尾 翼

1. 汽车尾翼概述

汽车尾翼(见图 3-13)是指安装在汽车后备厢盖上,后端所装形似鸭尾的突出物。国外一些人根据它的形状形象地称它为“雪橇板”,国内也有人称它为“鸭尾”或“定风翼”。其专业名称为“扰流板”,属于汽车空气动力套件中的一部分,主要作用是为了减小车辆尾部的升力,如果车尾的升力比车头的升力大,就容易导致车辆过度转向、后轮抓地力减小以及高速稳定性变差。目前安装尾翼已经成为年轻车主彰显时尚个性的一种方式。

图 3-13 汽车尾翼

2. 尾翼的工作原理

根据空气动力学原理,汽车在行驶过程中会遇到空气阻力,围绕汽车重心同时产生纵向、侧向和垂直上升的三个方向的空气动力,其中纵向为空气阻力。

为了有效减少并克服汽车高速行驶时空气阻力的影响,人们设计使用了汽车尾翼,其作用就是使空气对汽车产生第四种作用力,即产生较大的对地面的附着力,它能抵消一部分升力,有效控制汽车上浮,使风阻系数相应减小,使汽车能紧贴在道路地面行驶,从而提高行驶的稳定性能。目前大多数汽车尾翼都是根据车身的宽度,经过精确计算用玻璃纤维或碳素纤维制成的,既轻巧又坚韧,不宜过大也不宜过小,不然会增加轿车的行车阻力或起不到减阻节能的作用。一般情况下,不同形状的车身和不同的行驶速度,造成空气动力压值的差异,故其空气阻力系数也不同。

3. 尾翼种类

(1) 玻璃钢尾翼

玻璃钢尾翼造型多样,有鸭舌状的、机翼状的,也有直板式的,比较好做造型,不过玻璃钢材质比较脆,韧性和刚性都不大,价格比较低。

(2) 铝合金尾翼

铝合金尾翼导流和散热效果不错,而且价格适中,不过质量要比其他材质的尾翼稍重些。

(3) 碳纤维尾翼

碳纤维尾翼刚性和耐久性都非常好,不仅质量轻而且也是最美观的一种尾翼,现在广泛被F1赛车采用,但价格较高。

4. 尾翼优缺点

(1) 提高高速行驶稳定性

安装尾翼除了美观的作用外,更大的作用是高速行驶时可以为车辆提供必要的稳定性。尤其对大功率的车来说,在高速过弯或通过复杂路段时,尾翼可以起到一定的平衡作用。

(2) 城市路况行驶增加油耗

汽车表面的凸出物越少,线条越流畅风阻越小。增加尾翼毫无疑问会增大风阻,由于大多数轿车以城市道路行驶为主,车辆根本达不到尾翼能够发挥作用的时速,这样体积越大,低速阻力就越大,再加上车身整体质量的增加,也势必会导致油耗的上升。

5. 汽车尾翼的安装

汽车尾翼能有效改善行车稳定性,是运动型汽车的必需品之一,由于花钱不多,很受年轻车迷的欢迎。汽车尾翼的安装方式主要有粘贴式和螺栓固定式两种,前者可避免破坏后备厢盖且不会漏水;后者固定牢固,但因要钻孔会破坏后备厢盖的面貌,且安装不好时会发生漏水现象。

螺栓固定式的汽车尾翼安装方法如下:

① 在后备厢盖上找到适合的位置,再与尾翼上的螺栓孔配合,并做好记号。

② 用手电钻在后备厢盖上做记号处钻穿孔。

③ 在钻孔位置与尾翼结合处注上硅胶以防漏水。

④ 锁紧固定螺钉,锁紧时由行李舱内侧向外操作。

⑤ 为了减少漏水的概率,固定后还要在固定架周围注入透明硅胶。

任务3.3 汽车天窗的选装

汽车天窗安装于车顶,能够有效地使车内空气流通,增加新鲜空气进入,为车主带来健康、舒适的享受。同时汽车车窗也可以开阔视野,也常用于移动摄影摄像的拍摄需求。汽车天窗大致分为外滑式、内藏式、内藏外翻式、全景式、窗帘式等,主要安装于商用SUV、轿车等车型,如图3-14、图3-15所示。

图3-14 全景式天窗

图3-15 电动式天窗

3.3.1　汽车天窗的优点

汽车天窗的优点主要有以下六个方面。

1. 时尚美观,突显档次

毋庸置疑,带有天窗的车辆不但提升了汽车内部环境的舒适性,也为车主带来了惬意的生活享受。在使车辆更加时尚美观的同时,也提高了车辆的档次。

2. 亲近自然,沐浴阳光

装有天窗的车辆的最大好处就在于能亲近自然,沐浴阳光。试想,如果是一般车辆,当车外阳光明媚,车内却昏暗阴霾,车厢内的压抑感不言而喻。此时如果是装有天窗的车辆则视野开阔,坐在车里就能感受汽车外面的缕缕清风,沐浴丝丝温柔的阳光。同时,打开天窗换气,可使车内空气新鲜,尤其是驾驶舱上层的清新空气,可使司机头脑保持清醒,使驾车更安全可靠。

3. 经济性和实用性

冬季,天窗能将车内憋闷的空气转换成轻松、舒适的自然空气;炎热的夏季,天窗作为空调的辅助装置能让人感受多倍的清爽。在盛夏,车厢内温度过高时,打开天窗比开空调降温速度快2～3倍。同时自然空气的循环可预防因使用空调引起的头痛;停车时利用天窗打开功能能排出热气,防止车内温度上升。

4. 抽风换气,改善车内环境

经常开车的人都知道,一旦车内人多或者有人吸烟时,车舱里的空气就会变得浑浊不堪,这时天窗的好处可就显现出来了。风从天窗吹进来会形成一股气流,将车舱内的浑浊空气抽出去。当车辆高速行驶时,空气分别从车的四周快速流过,此时打开天窗,车的外面就形成一片负压区。由于车内外的气压不同,故车内污浊的空气可被抽出,达到换气的目的,让车内始终保持清新的空气,消除车内产生的异味,有利于身体健康。需要说明的是,由于天窗换气利用负压原理,因此打开天窗换气时不会卷入灰尘和杂物。

5. 降温节能

炎炎的夏日里,长时间在烈日下停靠的车辆,车舱内的温度很容易达到60～70 ℃。面对车内的高温,打开天窗其实比开空调降温更有效的做法。这样不但可以降低油耗,而且可以加强制冷效果,降温速度也可提高2～3倍。

6. 降噪除雾

行驶中开侧窗通风时会产生较大风噪,且驾驶者直接受强风吹袭,增加疲惫感觉。汽车天窗利用空气力学设计降低风噪,开启时几乎没有通风噪声。在一般情况下,车速达到100 km/h时,打开侧窗通风而引起的噪声可高达110 dB,而打开汽车天窗却仅为69 dB,而且车速不受任何影响。隆冬的清晨,启动车辆后,往往由于车内外温差,会在挡风玻璃上产生很多雾气,不利于驾驶的安全性。虽然大多数车都配备了防雾装置,但有的效果并不那么明显。若此时打开天窗,很快就会降低车内外温差,使挡风玻璃变得洁净如初。

3.3.2　天窗换气原理

汽车天窗换气是利用负压原理,依靠汽车在行驶过程中气流在天窗顶部的快速流动,而形成车内的负压,将车内污浊空气抽出,向外排出异味(烟、酒、腐蚀气味)等,把车辆内部空气换为自然空气,从而提供清爽和湿润感,减轻驾驶者疲劳,并且解决打开侧窗时所带来强风灌入及灰尘扑面的问题。在潮湿的天气和寒冷的季节,使用天窗亦可防止车窗结雾。

3.3.3 汽车天窗的类型

汽车天窗按驱动方式的不同可分为手动式和电动式;按开启方向不同可分为内藏式、外倾式和敞篷式等。

① 手动天窗主要有外倾式和敞篷式,此类天窗结构比较简单,价格也较便宜;电动天窗主要有内藏式、外倾式,此类天窗档次较高,价格较高。

② 外倾式天窗在开启后向车顶的外后方升起,分电动和手动两种形式,具有防夹功能和自动关闭功能,配有可拆式遮阳板。此类天窗主要安装在中小型轿车上。

③ 敞篷式天窗在开启后天窗完全打开,使用高品质的特殊材料组合而成,具有防紫外线、隔热的效果。此款天窗非常前卫,适合年轻人的品位。相对于前两款天窗,敞篷式天窗的密闭防尘效果要略差一些。

④ 内藏式天窗在开启后可以保持不同的弧度,具有防夹功能和自动关闭功能,配有独立的内藏式太阳挡板。此类天窗多用于大中型轿车上。

3.3.4 汽车天窗的结构

电动天窗是最受车主欢迎的汽车天窗,现以电动天窗为例说明天窗的基本结构。电动天窗主要有滑动机构、驱动机构、控制系统和开关等组成。

1. 滑动机构

电动天窗滑动机构主要由导向块、导向销、连杆、托架和前、后枕座等构成。

2. 驱动机构

电动天窗驱动机构主要由电动机、传动机构和滑动螺杆等组成。

(1) 电动机

电动机通过传动装置向天窗的开闭提供动力。电动机能双向转动,即通过改变电流的方向以改变电动机的旋转方向,以实现天窗的开闭。

(2) 传动机构

传动机构主要由蜗轮蜗杆传动机构、中间齿轮传动机构(主动中间齿轮、过渡中间齿轮)和驱动齿轮等组成。齿轮传动机构接受电动的动力,改变旋转方向,减速增矩后将动力传给滑动螺杆,使天窗实现开闭;同时又将动力传给凸轮,使凸轮顶动限位开关进行开闭。主动中间齿轮与蜗轮固装在同一轴上,并与蜗轮同步转动;过渡中间齿轮与驱动齿轮固装在同一输出轴上,被主动中间齿轮驱动,使驱动齿轮带动玻璃的开闭。

3. 开　关

电动天窗的开关由控制开关和限位开关组成。

(1) 控制开关

控制开关主要包括滑动开关和斜升开关。滑动开关有滑动打开、滑动关闭和断开(中间位置)3 个挡位。斜升开关也有斜升、斜降和断开(中间位置)3 个挡位。通过操作这些开关,令天窗驱动机构的电动机实现正反转,使天窗实现不同状态下的工作。

(2) 限位开关

限位开关主要是用来检测天窗所处的位置,犹如一个行程开关。限位开关是靠凸轮转动来实现开关的断开和闭合的,凸轮安装在驱动机构的动力输出端。当电动机将动力输出时,通过驱动齿轮和滑动螺杆减速以后带动凸轮转动,于是凸轮周缘的突起部位顶动开关使其开闭,以实现对天窗的自动控制。

4. 控制系统

控制系统 ECU 是一个数字控制电路,并设有定时器、蜂鸣器和继电器等,其作用是接受开关输入的信息,通过数字电路进行逻辑运算,确定继电器的动作,以控制天窗开闭。

3.3.5 天窗安装的注意事项

1. 选择天窗的类型和品种

一部车可以安装任何一款天窗,专业天窗安装店会根据汽车的售价和车内空间、车顶尺寸帮助车主选择天窗。一般来说,外掀式的手动天窗多用于经济型轿车,而内藏式的电动天窗则多用于商务车、高档车。

目前市场上的天窗质量参差不齐,有的会带有“先天缺陷”。世界各国的天窗市场基本都由五个品牌占据,包括德国/荷兰生产的韦巴斯特豪华牌、德国的美驰、荷兰的伊纳帕、意大利的奥泰克以及美国的 ASC。

2. 不要影响车辆的安全性

据车管所介绍,车辆在定型、出厂时都经过试车和碰撞试验,经过国家质量技术监督部门检验合格,如果私改天窗,会改变车辆原车的整体结构和设计的安全技术参数。而出厂时带有天窗的机动车在设计时加装了横、纵梁龙骨,以保证车辆的安全技术性能,并且也是经过有关部门检验的产品。另外有的机动车辆在加装天窗后,由于密封性不好,造成车内漏水、车顶严重腐蚀,会影响车辆行驶安全。

3.3.6 天窗的使用和保养

很多车主以为装上天窗就一劳永逸了,其实天窗同样需要车主的精心保养与呵护。一般来讲,天窗的寿命很长,有的甚至在车辆报废后仍然可以使用。但随着时间的推移,风、尘土和阳光会对天窗产生腐蚀,如果不及时保养,则会对天窗的密封性产生很大的威胁。车主在使用天窗时应注意以下问题。

① 天窗使用久了,在其滑轨、缝隙中一般会有不少砂粒沉积,如不定期清理,则会磨损天窗部件。应经常清理滑轨四周,避免砂粒沉积,延长天窗密封圈的使用寿命。一般在使用 2~3 个月时,把密封胶条或滑轨用纱布沾着清水清洗一下,待擦干净后涂抹少许机油或黄油即可。

② 开启天窗前应注意车顶是否有阻碍玻璃面板运行的障碍物。天窗面板的设计有隔绝热能和防紫外线的功能,可用软布和清洁剂清洗,切勿用黏性清洗剂清洗。

③ 使用天窗最大的顾虑就是漏雨、漏水,天窗的正确使用和保养能有效避免漏水。在进入雨季之前,除了清理滑轨、密封条缝隙里的沙尘,还应在密封条等部件上喷涂少许塑料防护剂或滑石粉。

④ 冬季在雪后或者洗车后,天窗玻璃与密封胶框可能被冻住,这时如果强行打开天窗,易使天窗电机及橡胶密封条损坏。正确的做法是:在雪后或者洗车后,将天窗打开,擦干边缘残留的水分。

⑤ 在极为颠簸的道路上最好不要完全打开天窗，否则可能因天窗和滑轨之间振动太大而引起相关部件变形甚至使电机损坏。此外，下雨或清洗车辆时严禁开启天窗。

任务 3.4　汽车防爆膜

3.4.1　汽车防爆膜概述

1. 含　义

汽车防爆膜，是指采用金属溅射工艺，将镍、银、钛等高级金属涂于高张力的天然胶膜上，有色彩涂层并经过防爆特殊处理能阻隔紫外线的透明薄膜。

2. 防爆膜结构

汽车防爆膜的结构一般由聚酯膜层、金属涂层、胶着层、耐磨层、超薄涂层和两个安全基层组成。

① 耐磨层：由耐磨聚氨酯组成，硬度高达 4 HB，防止玻璃爆裂飞散。

② 安全基层：由高强度、高透明的 PET 聚酯膜组成。安全基层的目的是把金属层夹在中间，防止金属氧化，延长金属膜的寿命。其具有非常好的抗冲击性和抗撕裂性。

③ 金属涂层：在 PET 膜上通过真空蒸镀或真空磁控溅射金属铝、银、镍等会红外线有较高反射率的纳米级金属层，可有效实现隔热、隔紫外线功能。

④ 聚酯膜层和超薄涂层：能有效降低刺眼眩光，单向透视，自动调适车内光线，适合任何天色阴暗变化，视野清晰，驾车安全舒适。

⑤ 胶着层：非常重要的层面，整个膜与汽车玻璃结合为一个整体就是通过胶着层。不但能实现膜的综合性能，还能有效地提高汽车玻璃的强度和刚度。

3.4.2　汽车防爆膜的原理

玻璃安全防爆膜是利用一种高精度的电解质溅射喷涂法，在由 PET 提炼而成的透明强度高的复合聚酯纤维膜内嵌入金属原子层，具备高强度的黏结力、抗张力、160% 高伸张度、强抗酸/抗碱性，在高温下也能保持物理性质的良好状态。通过各种金属镀层反射 99% 的紫外线，同时阻隔不同波长的热能量，从而达到阻隔紫外线和可见光带来的热能，同时又可保持良好的透光率。

提高玻璃防爆性能的关键是缓解外部冲击力，主要通过以下两方面来实现：

① 充分利用粘胶层和金属镀层提高玻璃刚性，将冲击力在表面分解。金属镀层的延展性和强韧度可有效抵消和分解冲击；即使玻璃破碎，膜中金属材料会产生拉伸力与粘胶层的胶质共同作用牵拉住玻璃碎片，防止飞溅，可有效保护人身及财产安全。

② 通过膜独有的叠层间相互滑动的微位移，缓解穿过玻璃作用到安全膜的冲击力，形成独特的抗撞击性，据测算可增强 5～7 倍的玻璃强度，有效阻止因外力撞击所导致的玻璃破碎伤人事件。

3.4.3　汽车防爆膜的选择与鉴别

选择汽车贴膜要从隔热率、透光率和紫外线过滤率三方面综合考虑，专业的汽车防爆膜是经过特殊工艺制成的高科技产品，好的防爆膜金属层可以多达7层。对于一般的产品来说，透光率和隔热率是一对矛盾体，但是一些比较知名的品牌在隔热率、透光率和吸收紫外线方面均能达到一定的指标，而且贴在车上不容易变色、脱落。车贴膜可以较好地阻隔阳光直射车内升温，另外还可阻隔紫外线，美化车窗颜色和防爆等作用。

1. 透光度和清晰度

车膜的透光度和清晰度是关乎行车安全最重要的性能，优质膜其透光度可达90%，基本完全透明，而且不论颜色深浅，清晰度都很高。车窗膜尤其是前后两侧窗的膜，选择透光度在70%以上较为适宜，后窗膜无须挖孔而且不影响视线。夜间行车能将后面来的车大灯照射到后镜的强烈眩光反射减弱，使眼睛舒服一点。此外在雨夜行车、倒车、调头也能保证视线良好。

2. 隔热率

太阳光谱里，红外线是主要的热量来源。质量好的汽车防爆膜能反射红外线，因此车内的温度就相对低很多，继而降低空调负荷，节省燃油。一些车膜只有透明度，没有隔热率。虽然太阳没有那么刺眼，但是车内的温度却依然极高。因此在挑选防爆膜的时候要留意其隔热性能，这不仅使评价一个贴膜好坏的主要标准，同时也是决定价格高低的关键。

3. 防爆性

一般车贴膜的材质膜片很薄手感发软，缺乏组合的韧性，不耐紫外线照射，易老化发脆，当遇意外碰撞或外物打击时，膜片就很容易断裂，不能把玻璃粘牢在一起，而好的防爆膜由特殊的聚酯膜做基材，膜本身有很强的韧性，并配合特殊的压力敏感胶，当玻璃遇意外碰撞时，玻璃破裂后被膜粘牢不会飞溅伤人。

4. 紫外线阻隔率

紫外线虽然看不到但对人体有一定的伤害，过量的紫外线还很容易造成仪表盘等各种车内装饰加速老化。因此，高质量的膜对紫外线的阻隔率一般不低于98%，高的可达99%。

5. 膜片防刮层

优质膜片表面有一层防刮层，在正常使用时能保护膜面不易刮伤，低档膜容易被刮伤导致膜面不清晰。

6. 颜　色

优质膜的颜料熔合在车膜中，经久耐用，不易变色，在粘贴过程中经刮板涂刮也不会脱色。而劣质膜的颜料在胶中，撕开车膜的内衬后用指甲刮一下，颜色就掉了，膜片被指甲刮过的地方会变得透明；在贴膜过程中，当刮板涂刮时，有时颜色会自行脱落，这种膜使用不到1年就会变色，一年后褪色更加明显。而且好的防爆膜从外观上看色泽均匀柔和，无波浪深浅不匀的色差，从车内往外看景色自然不变色。

7. 味　道

一般而言，劣质膜的胶层残留溶剂中，苯含量高，会有异味；而质量好的膜在出厂前，已经过专业的处理，异味较小。长时间接触劣质膜会严重影响到车主的身体健康。

8. 起　泡

在撕开车膜的塑料内衬后，再重新复合时，劣质膜会起泡，而优质膜复合后完好如初。

9. 保质期

选购隔热防爆膜时还应看其是否有质量保证卡，质量好的膜保质期通常为5年，长的可达8年。在保质期内正常使用，隔热膜不褪色，金属层不脱落，膜层不脱胶。

3.4.4 汽车防爆膜品牌

1. 3M

3M 公司创建于 1902 年，总部设在美国的圣保罗市，是世界著名的产品多元化跨国企业。3M 公司素以勇于创新著称于世，汽车防爆膜产品繁多，在其一百多年历史中开发了六万多种高品质产品。百年来，3M 汽车防爆膜的产品已深入人们的生活，从家庭用品到医疗用品，从运输、建筑到商业、教育和电子、通信等各个领域。现代社会中，世界上有 50%的人每天直接或间接地接触到 3M 公司汽车防爆膜的产品。

2. 雷　朋

雷朋汽车防爆膜的特点如下：

① 雷朋所有的产品都是由美国和日本两家隔热膜工厂生产制造。坚持采用美国和日本进口的隔热膜，等于提供了雷朋产品在质量与效能上的良好保障。

② 雷朋在中国各地采用的是直营分公司的形式，而不是像其他汽车防爆膜品牌采用区域代理商的形式，在对终端消费者服务的即时性和全面性方面，提供了更好的保障。

③ 在科技含量方面，雷朋的 LB－895 和 LB－915 并不以金属为隔热材质，所以完全不会屏蔽手机、汽车遥控器、卫星导航、ETC 等光学信号的接收，做到了高隔热又不含金属成分。还有它的内反光率非常低，并有着极佳的单向透视性。目前，全国“雷朋”特约经销商已突破 10 000 家，并先后成为各大名牌汽车 4S 店的指定贴膜品牌。凭着卓越的质量与效能，雷朋在汽车防爆膜十大品牌排名中跃至第二。

3. 强　生

美国强生(Johnson & Johnson)公司，是世界贴膜协会的倡导者和重要成员，自 20 世纪 50 年代开始，就致力于发展超安全、超设计的汽车防爆膜，每年的生产量以 50%的惊人速度增长，其汽车防爆膜的品质一直处于世界领先地位。

享誉世界的美国强生玻璃贴膜，自 1997 年由国家政府部门(国家建材局)正式组织直接引入中国，就以其非凡的品质迅速赢得了广泛的用户。随着人们生活品质的提高，对于生存环境的要求也更加苛刻，安全和舒适将成为人们衡量生活质量的重要标准。而在美国等发达国家，强生汽车防爆膜早已成为汽车的最佳伴侣，是安全、舒适和漂亮的代名词。

4. 威　固

威固汽车防爆膜产品的制造商是来自于美国加州帕罗阿托市的纳斯达克上市公司——韶华科技(长期从事军用和空间技术所需的光谱选择性薄膜的开发)。光谱选择技术(XIR)的应用不仅为威固汽车防爆膜赢得了声誉，还为消费者带来了福音。高可见光及选择性的热阻隔避免了车友炎炎夏日在车内的闷热感。

这一技术也因威固汽车防爆膜产品的逐渐推广而深受欧洲名车，如奔驰、宝马、奥迪、沃尔沃、大众、雷诺、欧宝和雪铁龙等原产地制造商的青睐，并成为这些厂家应用于汽车玻璃窗上的隔热技术。

威固隔热产品不同于其他产品，自品牌诞生以来即立足于隔热膜高端市场，并结合市场的实际情况开发出一系列产品，囊括高端、中端市场，成为世界汽车隔热膜市场最具竞争力的品牌之一。

3.4.5　汽车防爆膜与普通太阳膜、安全膜的区别

1. 汽车防爆膜与普通太阳膜的区别

汽车防爆膜与普通太阳膜的区别如下：

① 材料：防爆膜是在基层膜上电镀金属、紫外线吸收剂等，而太阳膜只是在基膜涂层上涂了一层颜色；还有些普通防爆膜则是铝粉镀膜，故在反光材料上有很大区别。

② 防爆性：防爆膜能起到防爆作用。某些车主认为和自己利害相关的前挡风玻璃已是双层结构，不需要“画蛇添足”了。一旦事故发生，不少车主仍然会被细小的玻璃碎片扎伤。由于防爆膜是多层塑料胶合而成的，黏张力极强，因此能大大减少玻璃破碎的机会。而一般太阳膜多为单层结构，因此防爆性较弱。

③ 抗紫外线：目前市场上多数品牌的防爆膜，其抗紫外线达到了 98%以上，而普通太阳膜则对抗紫外线率极低，仅有防爆膜的十分之一。

④ 隔热率：这是车主最易感受得到的防爆膜的功能，因此它是车主鉴别防爆膜质量好坏的标准之一。一般太阳膜的隔热能力很有限，防爆膜的隔热率却达到了 80% 。

⑤ 透视性：透视性高的防爆膜，能见光度高，车主安装后根本无须为视线不佳而烦恼。优质车膜在夜间的清晰度在 6 m 以上，而劣质膜的清晰度差，尤其在夜间，两侧及后挡风玻璃视线不清。

⑥ 耐磨：在经常洗车的情况下，一般的太阳膜很容易留下刮痕，而好的防爆膜由于经过硬化处理，耐磨性强，因此不易被刮花。

⑦ 颜色：两种汽车贴膜由于材料不同，在使用过程中有不同的表现。铝粉镀膜易氧化、变黑，而金属膜能够在较长的时间内保持颜色相对稳定。

2. 汽车防爆膜与安全膜的区别

汽车防爆膜与安全膜的区别如下：

首先，从材料的结构和厚度上来说，安全膜的厚度为 100～175 μm；而汽车防爆膜是采用特殊工艺压制而成的多层聚酯复合膜，厚度在 250 μm 以上。厚度是区分安全膜与防爆膜的硬指标。

其次，防护等级和防护理念相比较，安全膜的设计可防止或降低玻璃意外破碎时可能对人身造成的伤害，其只能简单阻止类似玻璃自爆引起的玻璃飞溅问题，防护等级较低。而防爆膜的设计可以吸收爆炸冲击波，抵御较强能量的冲击，高端防爆膜与玻璃组合，甚至可以达到防弹等级，其防护功能涵盖安全膜效果的同时达到安全防爆的级别。

最后，安全膜与防爆膜在执行标准上有明显的区别。安全膜一般能够达到的标准是以防止玻璃破碎为基础，比如德国标准 DIN53337、英国标准 BS6064、意大利标准 ANSIZ97.1、欧洲标准 EN12600 等国际标准和国家标准。这些标准大多是防止“玻璃破碎”，举例来说，安全膜是在车窗玻璃受到较低能量冲击时要防止其破碎；如果玻璃发生破碎，其残片仍需大面积黏连在安全膜上，防止玻璃脱落带来的二次伤害；而防爆膜的检测标准是以防止穿透为基础的，比如德国标准 DIN52290、美国标准 UL972、英国标准 BS5544、欧洲标准 EN356 等相关标准。也就是说，当玻璃受到打击时，玻璃可以被击碎，但防爆玻璃膜层不能被穿透。

通过以上三个方面的判别，可以清晰地区分防爆膜与安全膜。

任务3.5 车身局部装饰

3.5.1 轮眉和灯眉

轮眉是安装在车轮胎上边、翼子板上的一种不锈钢或塑料套件。主要是在汽车发生擦剐时起保护作用的；也可以凸显车身线条，具有装饰作用。不同的车辆按照不同规格和颜色应选择合适自己的轮眉。轮眉的安装，一般有卡扣固定式和粘贴式两种方式。

1. 卡扣固定式

在轮眉上一般会有一个卡扣孔（常见于不锈钢材料的轮眉），将卡扣扣在孔中，再将轮眉固定在翼子板上，注意缝合位置。在安装的接合处，最好注入硅胶以防止漏水。本身轮眉部分就会阻挡一部分轮胎溅起的污水，因此接合处如果不够紧密，长期有污物停留，会腐朽轮眉，如图3-16所示。

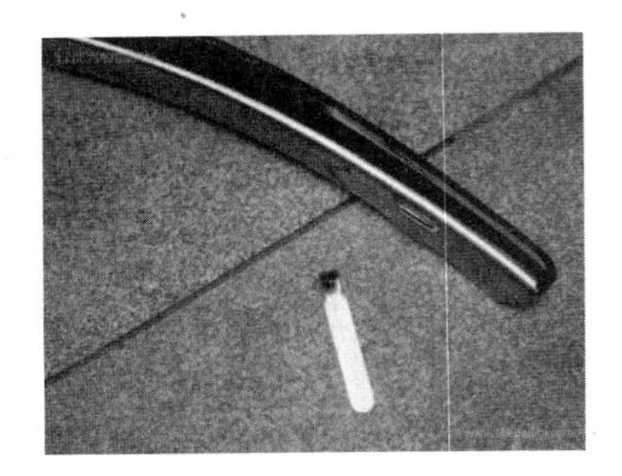

图3-16 轮眉卡扣安装

2. 粘贴式

粘贴式不是用普通的胶粘贴就可以，最好使用3M的双面不干胶。将安装轮眉的部分擦拭干净，先比较一下合适的位置，再用吹风将轮眉部分烘热，以便让粘贴更牢固，如图3-17所示。撕去不干胶的保护层，按照比对好的位置安装粘贴即可，最后检查一下位置是否准确。这种方法多用于塑料材质的轮眉。

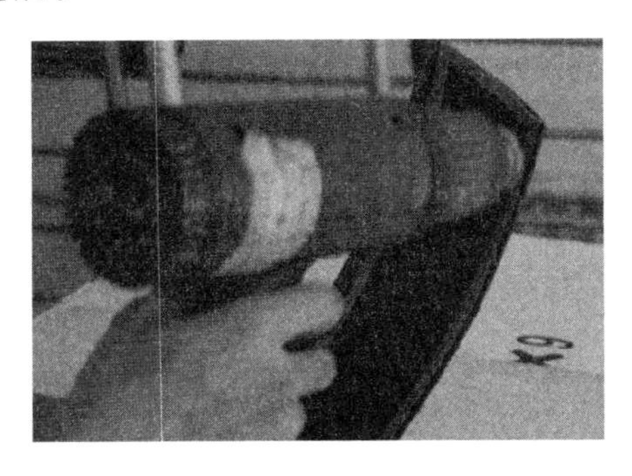

图3-17 加热粘胶

灯眉安装在汽车车前灯上沿部分。灯眉安装就像给汽车做了个“双眼皮手术”，看起来更动感，更具有层次感。

灯眉的材质一般都是塑料。选择合适自己车型的颜色和样式，直接进行粘贴即可。如果是冬季，则建议最好烘热后粘贴。

3.5.2 车身贴花装饰

有些车主不想给爱车“动手术”（即做比较多的装饰），那车身贴花就是最好的选择。车身贴花就是在车身各部分粘贴不同的具有装饰图案的不干胶。这个方法不需要改变车身任何部件，只需要将贴花粘贴在需要的部位。而且可以随着喜好的改变来变化不同的贴花款式。从引擎盖到后备厢盖，从车门到轮毂，都是车身贴花可粘贴的空间。

现今车身贴花市场良莠不齐，车主在选择贴花时，最好选择较好的贴花，以免胶质伤害车漆。市场上较好的贴花，在贴花上还会有一层保护膜，可以使贴花更持久耐用。很多贴花还有反光涂层，在夜晚引人注目，起到一定的安全作用。

去除车身贴花时，最好先进行加热，再撕除贴花，最好到专业的汽车美容店进行清除。对于比较难清除的贴花，可用专门的除胶剂进行清除。

3.5.3 散热格栅装饰

散热格栅就是汽车前脸格栅部分，因为发动机循环水的散热器和空调散热器都装在那里，利于行车时空气从那里进去，再到底盘散出来，所以散热格栅能帮助循环水散热器和空调散热器散热。

对一辆车而言，散热器格栅即起着散热作用，又体现该车的特性与韵致，并成为某个品牌的显著标志。比如“玛莎拉蒂”式大嘴鱼的散热器格栅配上罗马神话中的海神波塞冬手中的三叉武器，相得益彰，既显示出突出巨大无比的威力，又突出了意大利品牌的传奇色彩，如图3-18所示。而宝马自20世纪30年代起，它的各种车型都无一例外地采用俗称“双肾形”的散热器格栅，随着岁月的变迁，这样的设计只有大小的变化，而没有外形的改变，这既体现了宝马悠久的历史，又反映了宝马公司无论在何时都要以创新、前卫、时尚来满足消费者最大的愿望。

图3-18 玛莎拉蒂散热格栅

3.5.4 汽车行李架

汽车行李架指安装在车顶便于携带大件物品的支架。

汽车行李架兼具审美与实用功能，既可让车的造型更酷，也可在出游时派上大用场。它能承载后备厢放不下的东西，比如体积大的行李、自行车、折叠床等。只要车主将货物固定到位，特别是在货物上加装上行李绳网，则可以携带更多的东西。

1. 汽车行李架的类型

按尺寸的大小和特点，汽车行李架可分为单层行李架、双层行李架、澳式行李架、豪华行李架等。按适用车型不同可分为专业行李架和通用行李架；按安装不同则可以分为简易行李架和组合式行李架。

2. 汽车行李架的安装

汽车行李架的安装要根据自己的车型而定，有些汽车在出厂时就已经安装了行李架。如果不喜欢，则可以换装上自己喜欢的类型或者拆卸下来。有的汽车出厂时没有配装行李架，但在车顶上为车主后期加装行李架预留了位置。车主只要看看车顶上是不是预留支座安装空位和支座支承位置，一般上面都已经配有预留的螺丝。行李架防漏、防锈工作比较复杂，对于那些没有预留安装位置的汽车，车主最好不要自行安装，以免影响了后期的车辆使用，而且行李架的安全性也没有事先就预留位置的那些车型好。

加装汽车行李架后，要注意以下事项：

① 定期检查螺丝的紧固程度，最好10天左右检查一次；

② 货物要在行李架上绑紧或固定好，摆放均匀，没有伸缩性，要加装行李网；

③ 行驶过程中，尽量避免紧急制动；

④ 货物不能超过行李架的设计承重，承重设计一般为30～50 kg。

3.5.5 汽车后视镜

汽车后视镜位于汽车头部的左右两侧，以及汽车内部的前方。汽车后视镜反映汽车后方、侧方和下方的情况，使驾驶者可以间接看清楚这些位置的情况，它起着“第二只眼睛”的作用，扩大了驾驶者的视野范围。

汽车后视镜属于重要部件，它的镜面、外形和操纵都颇有讲究。后视镜的质量和安装都有相应的行业标准，不能随意更改。

1. 后视镜的分类

以安装位置划分，后视镜有外后视镜、下后视镜（卡车或客车上更常见，即均用组合后视镜，其中就包括下后视镜；普通轿车因为体积较小，一个后视镜就足够了）和内后视镜三种。就用途而言，外后视镜反映汽车侧后方，下后视镜反映汽车前下方，内后视镜反映汽车后方及车内情况。用途不一样，镜面结构也会有所不同。

一般后视镜镜面主要有两种，一种是平面镜，顾名思义镜面是平的，用术语表述就是“表面曲率半径 R 无穷大”，这与一般家庭用镜一样，可得到与目视大小相同的映像，这种平面镜常用做内后视镜。另一种是凸面镜，镜面呈球面状，具有大小不同的曲率半径，它的映像比目视小，但视野范围大，好像相机“广角镜”的作用，这种凸面镜常用作外后视镜和下后视镜。汽车广角后视镜如图3－19所示。

图3－19　汽车广角后视镜

另外还有一种菱形镜，菱形镜的镜表面平坦，但其横截面为菱形，通常用作防眩目型的内后视镜。安装镜面角度的调节方式，后视镜又可以分为手动后视镜和电动后视镜，前者的调节需要人工完成，后者内部装有驱动部件，驾驶员可以在车内操纵按钮以调节后视镜的角度。

2. 后视镜的指标

① 视界：指镜面所能够反映的范围。视界三要素即驾驶者眼睛与后视镜的距离、后视镜

的尺寸大小和后视镜的曲率半径。这三要素之间具有一定的关系，当后视镜的距离和尺寸相同时，镜面的曲率半径越小，镜面反映的视界越大。当镜面的曲率半径相同时，镜面的尺寸越大，镜面反映的视界越大。但是，事物总有两重性，虽然镜面的曲率半径越小视野范围越大，但同时镜面反映的物体变形程度也越大。从形成行车安全的角度出发，存在一个映像失真率的问题。

② 反射率：反射率越大，镜面反映的图像越清晰。反射率的大小与境内表面反射膜材料有关。汽车后视镜反射膜一般用银和铝作为材料，它们的最小反射率为80%。高反射率在一些场合会有副作用，例如夜间行车在后面汽车前大灯的照射下，经内后视镜的反射会使驾驶员产生眩目感，影响安全。因此内后视镜一般采用菱形镜，虽然镜面也是平的，但其截面形状是菱形，它利用菱形镜的表面反射率与里面反射率不一样的特点，达到无眩目要求。

③ 驾驶员眼睛与后视镜的距离：也就是后视镜的安装位置，此参数直接影响后视镜的视界、清晰程度和汽车轮廓尺寸，对行车安全很重要。因此，后视镜的安装位置要求达到行业标准的视界要求；后视镜应尽可能靠近驾驶员的眼睛，应方便驾驶员观察，头部及眼球转动尽量小；后视镜应安装在车身上下振动最小的位置上。

④ 外后视镜外形轮廓：不但影响车身外观，也影响车身尺寸。行业标准规定轿车外后视镜的安装位置不得超出汽车最外侧250 mm。同时，由于一般轿车的速度较高，风阻和噪声是设计者要考虑的重要问题，因此外后视镜外形轮廓要符合空气动力学，使用圆滑的线条以尽量减少风阻及风噪。

3. 后视镜的调节

正确的后视镜位置和角度可以保证最大的后视范围，减小后视盲区，提高行车安全。那么，该如何调整后视镜呢？

(1) 调整中央后视镜

左、右位置调整到镜面的左侧边缘正好切至自己在镜中影像的右耳际，这表示，在一般的驾驶情况下，从中央后视镜里是看不到自己的，而上、下位置则是把远处的地平线置于镜面中央即可。

中央后视镜调整要领：水平摆中间、耳际放左边。远方的水平线横置于中央后视镜的中线位置，然后再移动左右，把自己右耳的影像刚好放在镜面的左缘。

(2) 调整左侧后视镜

处理上、下位置时把远处的地平线置于中央，左、右位置则调整至车身占据镜面范围的1/4。左侧后视镜调整要领：把水平线置于后视镜的中线位置，然后再把车身的边缘调到占据镜面影像的1/4。

(3) 调整右侧后视镜

因为驾驶座位于左侧，因此驾驶人对车右侧情况的掌握不是那么容易，再加上有时路边停车的需要，右侧后视镜在调整上、下位置时地面面积应留得较大，约占镜面的2/3。而至于左右位置，则同样调整到车身占1/4镜面面积即可。

右侧后视镜调整要领：把水平线置于后视镜的2/3位置，然后再把车身的边缘调到占据镜面影像的1/4。

(4) 如何尽量消除视线死角

很多人以为，要消除视线死角，尽量把左、右后视镜往外调或往下调。另外，有研究显示，或许是为了能随时维持整齐的仪容，或许是爱美心切，也有很多驾驶员把中央后视镜调整到把自己都能照进去，而这些都是错误的做法。

正常的驾驶人在仅转动眼球而不回头的情况下，约可以看到前方200°左、右的范围，换句话说，还有约160°的范围是看不见的，这就要靠三片小小的镜子就能涵盖这剩下的160°，实在太强"镜"所难了。事实上左、右后视镜再加中央后视镜，只能再提供额外约60°的可视范围，那么剩下的这100°该怎么办呢？很简单，多回头看看。

4. 新型汽车后视镜

目前一些汽车的外后视镜还具有除霜除雾功能和洗涤功能。由于外后视镜最外端面是汽车最宽的位置，因此有些车上外后视镜前端还增加了侧面转向灯，可以醒目提示汽车转弯方向。至于内后视镜的附加功能就更加多了，在内后视镜后面装置集成芯片，利用液晶显示可将倒车雷达、来电显示、内外温度、汽车速度、胎压、CD及GPS显示等信息在内后视镜上反映出来。新型汽车后视镜如图3-20所示。

图3-20 新型汽车后视镜

任务3.6 底盘装甲和护板

3.6.1 汽车底盘装甲

1. 概 念

汽车底盘装甲的学名是汽车底盘防撞防锈隔音涂层，一种高科技的黏附性橡胶沥青涂层。它具有无毒、高遮盖率、高附着性，可喷涂在车辆底盘、轮毂、油箱、汽车下围板、后备厢等暴露部位，快速干燥后形成一层牢固的弹性保护层，可防止飞石和沙砾的撞击，避免潮气、酸雨、盐分对车辆底盘金属的侵蚀，防止底盘生锈和锈蚀，保护车主的行车安全，同时弹性保护层能够减轻驾驶时的汽车噪声和轮胎的噪声，提高车主的加速舒适度。

2. 安装意义

俗话说"烂车先烂底"，终年不见阳光，历经无数坎坷的汽车底盘，腐蚀和损坏的隐患是很大的。现在汽车的底盘都很低，在行驶过程中一些被飞溅起来的沙石不停地撞击底盘；在凹凸不平的路面行驶，汽车底盘还有可能被拖底；雨雪天汽车底盘易黏结泥块，受到雨水、雪粒的锈蚀；雪后道路上布满具有极强腐蚀的融雪剂，更是对汽车底盘造成致命的摧残，大大缩短车辆的使用寿命。

现在很多汽车制造商旨在降低成本,在新车出厂时,只给汽车底盘喷了一层薄薄底盘涂料(有些是 PVC 材料的),有的车甚至连这样的涂料也只是简单地喷一下局部,大部分把防锈漆和镀锌层暴露在外。像这样的简单的防锈漆和镀锌层在理想的环境下也许是可以对汽车底盘起到防锈作用,但是在日常行驶过程中这样的处理根本不起作用,所以在买车后给车辆穿一件底盘装甲是非常必要的。

3. 作　用

底盘防锈产品到目前为止已经发展到了第四代产品,第一代产品为"单分子溶剂漆",包括沥青型、橡胶型、油漆型 3 种;第二代产品为"合成溶剂漆";第三代为"高分子型水性漆";第四代为"复合高分子树脂型"。

① 底盘防腐蚀:汽车的锈蚀均从底板开始,只跑了三五年的汽车边梁已经开始泛出锈斑。南方本来多潮湿天气,加上每次洗车污水会残留在底部,长久下去就会形成潜在的腐蚀因素,对爱车造成伤害。汽车底部养护后,即便是酸雨、融雪剂、洗车碱水都无法侵蚀透这层防护膜。

② 防石击:车辆在行驶的过程中,会溅起小石子,石子冲击底板的力量与车速成正比,一般 10 g 的小石子在时速达 80 km 时冲击力会达到自身重量的 30 000 倍,也就相当于用石头碰鸡蛋,足以击破 30 μm 以下的漆膜,漆膜一旦被击破锈蚀便从疵点开始并从铁板内部缓慢扩大。汽车底部养护后,那么即便砾石以 300 kg 的力冲击都不能击破它。

③ 防振:发动机、车轮均固定在汽车地板上,它们的振动在某一频率上会与底板产生共鸣,使人产生不舒适的感觉,底部防护会消除这种共鸣。

④ 隔热省油:进入夏季,打开车内空调冷气向下沉,而车外的地面热气向上升,冷热空气大多集中在车辆的地板上进行交换,车辆底部防护效果如何,直接决定着车辆的制冷能量利用的效果如何,汽车底部养护后,其膜内的蜂窝状组织吸音因子将冷热彻底隔离。

⑤ 隔音降噪:车辆行驶在快速路上,车轮与路面的摩擦声与速度成正比,车辆具有完好的底部防护能大大降低车内的噪声。

⑥ 防拖底:底部养护材料的厚度可达 1.5～2.5 mm,当底部被路面突起剐蹭时,将减轻对底盘的伤害;特别是在高速公路上时,路面摩擦很大,声音听起来也很吵,底盘使噪声变得很小,而且由于隔热效果好,即使关闭暖风仍能在较长时间保持温度。

⑦ 省维修成本,汽车保值:因为底盘支承着汽车四大系统,保护底盘等于保护了上面的各个系统,节省了为此而产生的一系列维修费用。通常新车使用三年左右,就会发生锈蚀。而与之相对应的一个事实是:车辆保养越好,价值越高。经过一段时间的行驶之后,无论自己使用还是准备换新车,经过底盘防护处理的车肯定能够拥有更高的价值。

4. 安装方法

① 升高汽车,用高压水枪冲洗底盘,先涂上发动机外部清洗剂或发动机去油剂,去除底盘上黏结的油泥和沙子,或用特制砂纸打磨掉原防锈层。

② 用吹水枪将缝隙中的水吹出,并用毛巾将水擦干。

③ 准备喷涂防锈处理层,必须先用遮盖纸(多用报纸)和胶带,将轮胎和排气管周边遮盖,尤其注意车身上的传感器和减振器要遮盖好。

④ 将底盘装甲各组分材料依次喷涂到底盘,至少喷 3 层,厚度约为 4 mm。

⑤ 涂层局部修补,保证遮蔽性越强越好。

⑥ 去除周边遮蔽物,用专用清洁剂清洗周边非喷涂部位,等待风干,新车大约 1 h 就弄好

了，旧车就要根据车况而定了。

3.6.2 汽车发动机护板

1. 概　念

发动机护板是根据各种不同车型定身设计的引擎防护装置，其设计首先是防止泥土包裹发动机，导致发动机散热不良；其次是为了行驶过程中防止由于凹凸不平的路面对发动机造成撞击而造成发动机的损坏，通过一系列设计达到延长发动机使用寿命，避免出行过程中由于外在因素导致发动机损坏的汽车抛锚。

2. 功　用

汽车护板主要是保护发动机，目前很多品牌车型的新车都已经装了发动机护板，但也有一些没有安装，可见汽车底盘护板并非汽车必需品。从汽车底盘护板的功能来说，如果车子经常出城走坑洼路面，那还是很有必要的；如果长期都在城区道路开，就未必要装了。

① 防止雨雪天气污水进入发动机舱，这一点对于住在北方的用户特别重要。在气候冷和容易下雪的地区，建议要安装发动机护板。

② 防止车辆行驶过程中卷起的细小硬物敲击发动机，和避免或减轻底部的障碍物对发动机造成损伤。

3. 材　料

发动机护板的材料选择标准是尽量选择韧度好一些，质量要轻，常见材料有：

① 硬塑树脂　价格较为低，生产工艺简单不需要大量资金及高价值设备的投入，生产此类护板进入门槛较低。

② 钢质　选择这种保护板时，注意其设计款式与车的匹配性及配套附件的品质，一定要选用正规厂家的产品。

③ 铝合金　需要注意的是不少美容店力推这种产品，看中的是其高价格背后的高利润，但其硬度远远不如钢质的保护板。破损修复难度较大，合金材质极端复杂很难断定其特性。

④ 塑钢　主要的化学成分是改性高分子聚合物合金塑钢，也叫改性共聚 PP。该材料性能优良、加工方便、用途广泛。由于其物理性能如刚性、弹性、耐腐蚀、抗老化性能优异，通常是铜、锌、铝等有色金属的最佳代用品。在车辆发生碰撞时不会阻碍下沉功能。

4. 汽车底盘护板的安装

汽车底盘护板的安装比较简单。一般车辆的底盘都预留了安装护板的螺丝孔，所以安装起来也比较方便。选择大小合适的护板，将车举起，将护板用螺丝固定好即可，如图 3－21、图 3－22 所示。

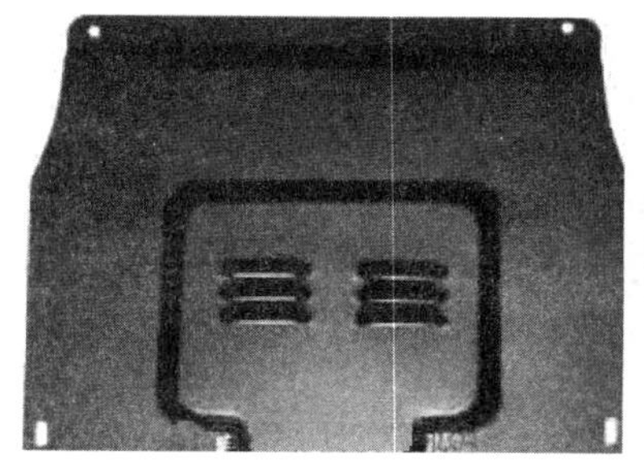

图 3－21　汽车底盘护板

图 3－22　安装好护板的汽车底盘

实训 1　安装汽车车身大包围

1. 实训内容

① 选择大包围装饰件。

② 安装汽车车身大包围。

③ 玻璃钢大包围制作。

2. 实训目的

① 熟悉车身大包围安装使用工具和设备。

② 熟练掌握车身大包围的选用原则。

③ 了解使用玻璃钢制作大包围。

3. 实训设备

① 车身大包围组件 3～4 套。

② 符合改装的车辆 3～4 台。

③ 电钻、玻璃钢、手套、口罩、砂纸、螺钉若干、常用手动工具(包括一字、十字螺钉旋具、锤子、活动扳手、钳子等)。

4. 实训方法及注意事项

(1) 实训方法

进入实训室前先集合，首先把班上同学分成 3～4 个小组，每组 10～12 人，并说明安全注意事项，其次说明本次实训的目的。再次强调进入实训室的要求及安全事项。

课内实训时以指导老师讲解、演示为主，最后由各位指导老师带领各自小组进入实训室实训。在拆装过程中要有拆装步骤和讲解，学生实训并提问进行教学互动。课外时间开放实训室，各位同学可以主动来强化实训，学生根据实训报告及考核要求，完成实训内容。

(2) 实训注意事项

① 听从安排，不要随意走动。

② 不要随意操作车上的各个按键。

③ 操作所学的内容时必须在指导老师的指导下完成。

④ 注意保持教学场地卫生。

⑤ 操作所学内容时不能野蛮操作。

5. 实训内容与步骤

（1）选择大包围装饰件

1）按车型选择

目前装饰件生产厂家生产的大包围总成件，基本上都是以特定的车型为准而设计制作的。在制作中，又根据制作的材料和工艺而分为标准型和豪华型。在为车型配套大包围时，还要考虑车身的颜色，因此有多种类型和颜色可供选择。

2）选择的标准

选择大包围总成件的标准，主要是要达到装饰后好看、协调、总体平衡协调、外形美观大方、前后包围和侧包围融为一体以及简洁、赏心悦目等。

3）按个人需求选择

① 发动机盖：质量轻、强度好，同时能承受高温，最好能把发动机的热量带走。

② 前侧大包围：前侧大包围使车外形改观较大，但在选择安装时，尽量避免尖锐形状和太突出的款式，否则容易引发一些不必要的事故。

③ 后侧大包围：安装后侧大包围时不应选择一些离地面低的款式，同时应考虑排气管产生的热量影响以防变形。

④ 侧面裙边大包围：装上侧面包围后的车高与地面距离最低不能小于 9 cm，催化遮热板与地面距离不能低于 5 cm。

（2）安装大包围

① 安装前，检验大包围。由两人各持大包围一端向相反方向用力使其产生变形，然后缓慢松开，看其是否能恢复原来状态。若不能恢复原来的形状，则说明大包围的强度、韧性不够。若检验合格，即可做下面的工序。

② 首先打磨掉大包围上的毛刺及易划伤漆面的杂质，并用吹尘枪吹掉车身表面的磨屑。为避免安装大包围时划伤原车漆面和影响喷涂操作，在原前保险杠的边缘粘贴遮盖纸，保护原车漆面，为后续操作做好防护措施。

③ 拆下原车前保险杠，原车前保险杠螺钉统一放好，然后将前侧大包围放到车上对位试装，试装时注意观察与车身的贴合度，同时不能碰到车身。对位试装如图 3－23 所示。

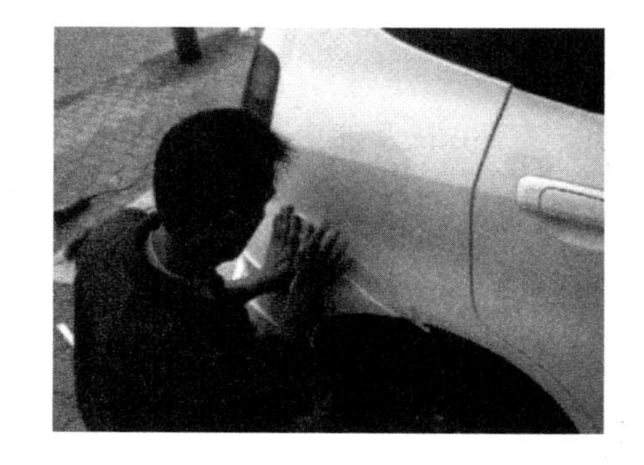

图 3－23　对位试装

④ 若试装吻合，在大包围与车身贴合部位做好标记，为后续安装做准备。

⑤ 清洁除油并擦干，之后在大包围的内侧涂胶，方便与车身贴合。

⑥ 将处理好的前部大包围粘在前保险杠外面，并用双面纸胶带粘贴固定，固定时纸胶带应伸出大包围 3 cm 左右，以便于去除。固定应从双侧开始，两边固定后向中间位置推平。

⑦ 观察固定好的大包围相对车身上下的位置，若不合适应将其调整至合适位置，并用电钻进行钻孔，如图 3－24 所示。在钻好的孔内安装紧固螺钉，并将大包围完全固定。

⑧ 对安装的大包围进行涂装作业，使其与车身颜色一致。如果后唇上有灯具，则连接灯

具电线,这样一款泵把款的前包围安装完成。安装后的效果如图3-25所示。

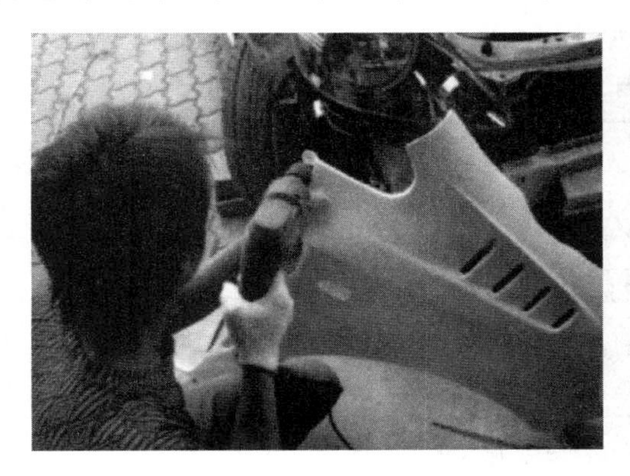

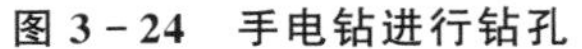

图3-24 手电钻进行钻孔

图3-25 大包围安装后效果

⑨ 侧裙和后侧大包围的安装与前侧大包围安装方法相同。

(3) 玻璃钢大包围制作的步骤与方法

很多车主追求个性化,希望自己的爱车能够与众不同,下面以制作玻璃钢材料的大包围为例,讲述大包围的制作步骤。这里必须注意玻璃钢倒模中的玻璃纤维具有一定的毒性。

1) 做 模

大包围的雏形也称为“做模”。先用玻璃钢根据安装车型制出基本形状,用玻璃纤维在靠模上套出想要的模型。对靠模须作进一步的处理,去除毛刺后,便可以投入生产和使用,经这种方法制出的模型称为主模。

2) 在主模上喷涂胶衣

在制作好的主模上均匀喷涂一层胶衣,这层胶衣能起到方便脱模的作用,而且产品表面胶衣的颜色最后决定了成品的毛坯件的颜色。

3) 铺纤维

待胶衣晾干后,将事先裁好的纤维布附着在主模上,这时产品的形状基本完成。玻璃钢的车身大包围一般需要附着3~5层,确保每个大包围都有足够的刚度。1~4小时后,等玻璃钢干透,即可将大包围取下,即脱模完成。

4) 打磨喷漆

对制作好的大包围表面进行打磨,主要去除制作过程中产生的表面缺陷,如瑕疵和气泡等,若去除缺陷,则不能保证使用的安全性。之后需用水砂纸进一步打磨,使其表面的保护漆层易于吸附,喷涂保护层干燥后则大包围制作彻底完成。

(4) 大包围安装注意事项

① 在安装大包围时要注意轻拿轻放,注意安全。

② 在进行玻璃钢倒模时必须戴上手套和口罩,防止中毒。

③ 在安装大包围时要正确使用工具。

④ 在安装大包围前注意车身的保护。

⑤ 在实训时要随时保持场地卫生,不得将纸屑随地乱扔。

⑥ 在实训室不要乱动其他的实训设备,如有损坏照价赔偿。

⑦ 在实训过程中出现问题要及时告诉指导老师。

6. “安装汽车车身大包围”评分标准

“安装汽车车身大包围”评分标准如表 3-1 所列。

表 3-1 “安装汽车车身大包围”评分标准

序　号	考核项目	配　分	扣分标准(每项累计扣分不超过配分)
1	安全文明否决	1 分	造成人身、设备重大事故,或恶意顶撞考官,严重扰乱考场秩序,立即终止考试,此项记为 0 分
2	工具的选择及正确使用	20 分	不能正确选择与使用工具,每次扣 2 分
3	安装包围的检查	20 分	1) 包围材质的判断不正确,扣 2 分 2) 包围款式的选择不正确,扣 10 分
4	泵款大包围的安装	25 分	1) 新包围的瑕疵处理不到位,扣 5 分 2) 原车车漆的保护不到位,扣 5 分 3) 试装时与车身不匹配,扣 5 分 4) 固定大包围的钻孔位置不合理,扣 5 分 5) 安装完后与原车不贴合,扣 5 分
5	玻璃钢包围的制作	30 分	1) 做主模不正确,扣 10 分 2) 胶衣喷涂不到位,扣 5 分 3) 颜色选择不正确,扣 5 分 4) 玻璃纤维铺的厚度不一致,扣 5 分 5) 打磨喷漆不到位,扣 5 分
6	安全文明生产	15 分	1) 不穿工作服、工作鞋、工作帽,扣 5 分 2) 设备、材料乱放,扣 2 分 3) 零部件材料表面未及时清理,扣 3 分 4) 实训完后不清理现场,扣 5 分
7	合计	100 分	

7. “安装汽车车身大包围”操作工单

“安装汽车车身大包围”操作工单如表 3-2 所列。

表 3-2 “安装汽车车身大包围”操作工单

班　级:________　姓　名:________　得　分:________

<table>
<tr><td>信息获取</td><td>大包围款式:</td><td>大包围材质:</td></tr>
<tr><td colspan="3">一、场地、设备及材料的准备检查</td></tr>
<tr><td colspan="2">1. 车辆的准备检查</td><td rowspan="2">备注:项目 1、2 不用做记录</td></tr>
<tr><td colspan="2">2. 施工材料、施工器具的准备检查</td></tr>
<tr><td colspan="3">二、操作过程</td></tr>
<tr><td colspan="3">1. 大包围的安装</td></tr>
<tr><td colspan="3">2. 玻璃钢包围的倒模、安装</td></tr>
</table>

实训2　全车玻璃贴膜

1. 实训内容

① 侧窗防爆太阳膜的粘贴。

② 前、后窗防爆太阳膜的粘贴。

2. 实训目的

① 熟练掌握侧窗玻璃的施工方法。

② 熟练掌握前、后风窗玻璃的施工方法。

③ 了解施工中减少沙粒的方法。

3. 实训设备

① 实训车辆数台

② 防爆太阳膜若干。

③ 裁膜台、大小毛巾、人造麂皮、小刀、喷水壶、贴膜安装液、贴膜硬刮、贴膜水刮、热风枪、插电板。

4. 实训方法及注意事项

(1) 实训方法

每班分成若干个小组，每次同时进行三个小组实训，其他小组在教室复习实训的内容，依次完成。实训时以老师讲解、演示，学生操作、考核为主，学生完成实训报告及考核。

(2) 实训注意事项

① 听从安排，不要随意走动。

② 不要随意操作车上的各个按键。

③ 操作所学的内容时必须在老师的指导下完成。

④ 注意保持教学场地卫生。

⑤ 操作所学内容时不能野蛮操作。

5. 防爆太阳膜的粘贴方法

汽车车窗玻璃主要有前风窗玻璃、后风窗玻璃和侧窗玻璃，其贴法大同小异。

(1) 侧窗贴膜基本

侧窗贴膜的基本步骤如下：

① 外部清洗。汽车每块玻璃的外表面应该好好清洗，潜在尘埃控制在最少，轻微下降每块玻璃以擦洗玻璃的顶部，此处容易积很多尘埃。

② 轮廓裁切。窗玻璃外表面上喷洒少量的窗膜安装液，把窗膜覆盖在上面，剥离膜朝外，经过小心地滑动定位后，开始沿边框四周裁剪窗膜的大小。裁切操作期间使汽车膜牢牢地贴在玻璃上。熟练的安装者能利用边框直接徒手裁剪，裁剪时切勿损坏边框。安装者常常先进行窗膜的裁切、修剪和安装所有的边窗玻璃，然后着手安装后窗玻璃。在理论上，先易后难是最好的安装次序。

③ 热定型。在裁切窗膜尺寸后，在玻璃上的任何弯曲将是显而易见的。几乎所有后窗玻璃和许多边窗玻璃都有球形的弯曲，妨碍窗膜在玻璃上铺平。在窗膜上的这种现象称为皱褶。采用便携热风枪可把窗膜精确地收缩定型于大部分车窗的复合曲面上，消除在曲面上出现的皱褶。

热风枪热定型方法在装贴之前进行，不但可节省许多处理皱褶的时间，而且使窗膜更舒适漂亮。对加快安装工艺和产生最专业的安装效果，热整形是贴膜最重要的工序之一。

④ 玻璃内表面清洗。裁切和任何所需要的热整形完成后，玻璃的内表面必须采用强力液体清洗剂清洗处理。大部分表面可用铲刀刮铲污物，再用尼龙软擦片擦洗油剂。窗玻璃最后刮擦干净，边框用软布和擦洗纸擦干净，使玻璃表面处于干净状态。在清洗后窗玻璃(特别是那些带有除雾金属线和边部有黑色装饰釉点)时，需要特别谨慎。

⑤ 剥离保护膜。在玻璃清洗完成后，窗膜的保护膜被撕去，在窗膜的粘胶表面喷洒安装液后，玻璃内表面也同样喷洒安装液。

⑥ 挤水。在每片窗膜固定于最终位置后，应立即在窗膜表面再次喷洒安装液，以润滑挤水的表面。用专用的挤水工具排除所有气泡和尽可能多的安装液。几天后驻留的水分慢慢地透过窗膜而排除，窗膜干燥的时间随气候、湿度、窗膜的结构和挤水后残留水分的多少而变化。

⑦ 边部检查、密封边缘。检查窗膜的所有边缘，并用特氟隆硬片(或其他同系列工具)挤兑。所有边缘必须挤封，以免固化期间空气、水分、灰粒从边部渗入窗膜底下。通常，这些挤兑工具边部需要薄吸水材料(纸巾或棉布)包覆，以便吸吮挤出的水分。

⑧ 最后的清洁和检查。当安装工作完成后，所有的窗玻璃仔细地擦洗(内表面和外表面)，去除条纹水迹和污迹，给整个汽车光亮的外观。查看问题区域：膜内是否有水泡，是否有毛发边缘，是否有气泡或沙粒。专用硬质挤水片能排除大部分的问题。把汽车擦净后驶到室外，进行最后的视觉检查。

(2) 前、后风窗玻璃太阳膜的整张粘贴技巧

① 裁膜。选择膜的型号，在原车玻璃上量出玻璃下边的长度，从中间量出玻璃的宽度(加长 5～10 cm)，注意膜的方向性，把玻璃的长度对应膜的长边，玻璃的宽度对应膜的宽边方向裁膜，膜长边有收缩性，而宽边没有收缩性。

② 贴膜前准备。清洗玻璃壶内加二、三滴指头大小的柔性无有害物质的清洁剂(主要起清洁和润滑的作用)，加水摇匀。在需贴膜玻璃的外面喷上适量的水，用钢刮板或塑料刮板仔细把整块玻璃清洗一遍，去除玻璃上的脏东西，再喷上水，用前后风窗玻璃专用刮水板再次清洗玻璃。如果在不干净的玻璃上烤膜，当膜加热发软后，用刮板刮膜玻璃上的东西会在膜上留下印迹。这些印迹即使膜贴上去也无法消除，从而影响贴膜的质量，美观和清晰度。

③ 烤膜准备工作。用牙咬开膜的边角，从而分清有保护膜的一面。把保护膜的一面朝上，并均衡地铺在玻璃上，裁掉多余的部分(以过玻璃黑边为标准)。从中间把膜向上下两边平均分开，两条宽边的气泡也一起向上下两边平均分开。用刮水板把中间部分的水刮干，注意不要刮到气泡上，以防把膜刮折，中间部分先刮水，作用在于定型，使太阳膜不会移动，且使膜的气泡平均向两边分开，有利于烤膜。

④ 烤膜。从易到难，小气泡先烤，烤好小的气泡后，再把大的气泡分成小的来烤，烤膜时注意烤枪的温度及膜的受热程度，可用距离远近或速度快慢来调节温度。烤气泡时应使气泡受热均匀，膜边可适当把烤枪停留 1～2 min，使膜边也收缩，才可以刮平。一边烤膜一边注意膜的收缩程度，当膜出现皱纹状收缩时，用刮板一刮到底，如果气泡太大没有把握，可用手把膜抚平，再用刮板刮平。烤膜时不能在一个气泡上停留时间太长，以免温度过高。当温度过高时，轻则把膜烤焦，重则爆炸玻璃。烤完膜时，不能往车玻璃上喷水，防止玻璃承受不了刺激而爆裂。

⑤ 轮廓裁切。烤好一块膜后要把多余的边裁掉，前风窗玻璃有后视镜，要割开离黑边2 mm不透光就可以了。前风窗玻璃防爆太阳膜裁边要求：直、平、齐。前后风窗玻璃的粘贴方法跟侧窗玻璃方法一样，但前风窗玻璃最好两人合作加快进度，减少贴膜时间和防爆膜撕去保护膜后在空气中暴露的时间。

(3) 避免膜内沙粒方法

① 水。有很多施工人员直接使用自来水，这是不正确的，因为自来水管路里有许多杂质或沙粒，有时更换水管管路时也会影响水质，所以贴膜时所用的水一定要经过过滤或沉淀。

② 灰尘。许多店面没有专门的贴膜室，在路边贴膜时汽车呼啸而过激起很多灰尘，有时风速较大也有灰尘，因此没有贴膜室时，在贴膜期间需关闭所有车门进行粘贴。

③ 工作衣服。拆开隔热膜透明部分时会产生大量静电，贴膜时就不合适穿毛料或是有棉絮的衣服，因为衣服上的棉絮或羊毛会被静电吸到膜上面。

④ 膜表面。裁剪好的膜经常放置于汽车脚垫上、椅套上，或放于车顶、发动机盖上，造成内外不干净，亦因静电关系拆开膜时附着在表面的灰尘亦会吸到膜上面，因此，在未拆开透明膜时，必须洗净或表面喷一些水，可防止灰尘及沙粒。

⑤ 椅套或物体。同样是静电原因，有些椅套是兔毛、狐狸毛或棉絮太多，拆开膜时亦应注意，而且拆开膜时勿太靠近物体，以免物体上灰尘被静电所吸。

⑥ 拆开膜时有人开门。玻璃洗好之后或拆开膜时不可让车外人员开车门，有时用力开门会造成空气快速流通带入大量灰尘或沙粒。

⑦ 冷气风速过大。夏天是隔热膜旺季，大太阳下或车内气温非常高，在车内开冷气贴膜在所难免，但在拆开膜时冷气风速调到最低，待拆完膜、贴上玻璃之后再开大风速，以免车内物品的灰尘到处快速飞动。

⑧ 喷水器底部不干净。使用喷水器时多数放在地上、脚垫上或椅套上，底部往往不干净，当拆开膜时，若喷水器在膜上方晃动，底部沙粒小石子会掉在膜上，所以当使用喷水器时先拭净底部。

⑨ 手捏部分。拆开透明膜后必须以两个指头去捏住隔热膜，手捏的部分会有指纹和沙粒，技巧在于尽量捏少一点。

⑩ 刮水器方式不正确。刮水器清洗玻璃时有固定方式，若随便刮水或刮水断断续续或不知收尾都会带来沙粒。

⑪ 冲水。旁边或底部刮水器无法完全到达必须冲水，若用卫生膜清理时注意使用脱脂卫生膜才不会有灰尘。旧车或三角窗更应注意冲水，但顶部不可冲水，以免赃物随水下滑。

⑫ 注意车内物体。拆完膜，喷好水欲贴上玻璃时，尽量准确，若贴上去之后发现位置差很多，再移动会粘走玻璃四周杂物。

⑬ 赶水方向。刚贴上去后下一个动作是赶水，水可以由上往下赶，由右往左赶或由左往右赶，但不可将大量水由下往上赶，以免水往下流动过程中带下来沙粒。

⑭ 不能再掀起膜。膜已贴上玻璃尽量不再掀起，掀起次数越多，沙粒尘粒越多。

⑮ 玻璃清洗不干净。有些旧车拆旧换新，附着的灰应刮干净，任何标签、赃物应及时清理，否则技术再好都于事无补。

⑯ 水没推干。贴膜的最后一个动作是推水，一般技师80%以上无法将大部分水推出来，若遇冬天蒸发慢时往往一个半月还不干。将拆下的透明膜洗净后再贴上玻璃，以硬质刮板将水挤干，此种方式不但不会刮伤、刮破膜并且可以将膜上的沙粒挤到隔热膜的胶里面。

⑰ 空气带抽入沙粒。旧车子四周泥槽内、橡皮内暗藏很多看不到的沙粒灰尘，膜贴上去之后有些玻璃弧度大，会有空气带成三角状，此时若不快速将水赶出，沙子会不断抽进水里。

⑱ 车窗。清洗车窗时应先将车窗摇下来，才可清洗到顶端，刮完水，玻璃往上摇之后，上端不可再刮水。

（4）贴膜的验收标准

1）前风窗玻璃专用膜的验收标准

① 整张安装，不能拼凑。

② 不能有气泡、折痕（以刮水器有效使用范围为准）。

③ 水必须刮干净（从玻璃的左右两侧分别观察，可以看得很清楚）。

④ 坐在驾驶位，透过前风窗玻璃看车外的景物不存在模糊、色差现象。

⑤ 查看前风窗玻璃有没有强烈的反光现象（外侧）。

⑥ 膜材的边缘是否粘贴完好，无起边现象。

⑦ 膜材的边缘与玻璃的小黑点连接，检查是否平滑，有无明显的凹凸不平。

⑧ 检查玻璃是否完好，并在施工单上签字。

2）侧风窗玻璃用膜的验收标准

① 检查每块玻璃有无明显的漏光现象。

② 驾驶座两侧的贴膜应先整张装贴，从驾驶座上看两侧后视镜有无影响视线的感觉，存在这类现象，必须通知车主，并采取挖孔处理，孔型按照车主的要求做好精裁工作。

③ 看车窗玻璃的上缘线是否与膜材的边缘保持基本平行，刀线是否平滑。

④ 无较集中的沙粒夹在玻璃与膜材之间，有无气泡折痕。

3）后风窗玻璃用膜的验收标准

① 整张粘贴时不能有漏光现象。

② 最下沿的膜材粘接必须仔细检查，不得出现残留水夹在膜材与玻璃之间。

③ 不得有密集的沙点及气泡。

6. 粘贴防爆隔热膜的注意事项

① 贴膜前，必须先对玻璃进行彻底清洁，可用不起毛的毛巾将玻璃及玻璃边擦拭干净。

② 必须在室内清洁环境下施工。

③ 刮水器和牛筋硬刮板工具表面不能有毛刺或缺口。

④ 裁膜刀片要保持锋利，如果刀片钝了要及时更换，防止将玻璃划坏。

⑤ 选用的清洁液和安装液应是专业产品，不能有腐蚀性。

7. “全车玻璃贴膜”评分标准

“全车玻璃贴膜”评分标准如表3-3所列。

表 3－3　“全车玻璃贴膜”评分标准

序　号	考核项目	配　分	扣分标准(每项累计扣分不能超过配分)
1	安全文明否决		造成人身、设备重大事故,或恶意顶撞考官,严重扰乱考场秩序,立即终止考试,此项目记 0 分
2	工具的选择及正确使用	10 分	不能正确选择与使用工具,每次扣 2 分
3	汽车车辆功能及清洁的检查	15 分	1) 车辆原车功能使用不正常,扣 10 分 2) 汽车车身清洗不干净、不干燥,扣 5 分
4	侧窗玻璃太阳膜的施工	30 分	1) 侧窗玻璃打膜板不正确,扣 5 分 2) 裁膜手法不正确,扣 4 分 3) 内玻璃清洗不干净,扣 3 分 4) 刀线不平滑,漏光,扣 10 分 5) 贴完膜后,检查是否有折痕、灰尘、气泡,否则每次扣 3 分 6) 膜内水分收干,无多余积水,否则扣 5 分
5	前后风窗玻璃太阳膜的施工	30 分	1) 烤膜方法未正确掌握,10 分 2) 前后风窗玻璃裁切未达到要求,扣 10 分 3) 有气泡、折痕、灰尘,扣 5 分 4) 膜内安装液未刮干,扣 5 分
6	安全文明生产	15 分	1) 不穿工作服、工作鞋、工作帽,扣 5 分 2) 设备、材料乱放,扣 2 分 3) 零部件材料表面未及时清理,扣 3 分 4) 实训完后不清理场地,扣 5 分
7	合计	100 分	

8. “全车玻璃贴膜”操作工单

“全车玻璃贴膜”操作工单如表 3－4 所列。

表 3－4　“全车玻璃贴膜”操作工单

班　级:____________　姓　名:____________　得　分:____________

信息获取	汽车车型:	膜的种类:
一、场地、设备及材料的准备检查		
1. 车辆的设备检查		备注:1、2 不做记录
2. 汽车贴膜工具及材料的准备检查		
二、操作过程		
1. 侧窗玻璃防爆太阳膜的施工		
2. 前、后挡风玻璃防爆太阳膜的施工		

实训3　底盘装甲

1. 实训目的

① 熟悉底盘装甲所用工具设备。

② 掌握底盘装甲操作方法及步骤。

2. 实训内容

底盘装甲

3. 实训工具、设备、材料

① 实训车辆

② 喷嘴口径为 2 mm 以上的喷枪一把。

③ 用于遮盖不施工部位的遮盖纸、胶带若干。

④ 用于涂刷不宜喷涂部位的排刷一把。

⑤ 用于清洁工作区的毛巾、钢刷、高压水枪、除油剂、除尘枪等。

⑥ 施工人员适用的防护手套、防护帽、防护镜、口罩等。

⑦ 举升机和 0.4 MPa 压力以上的气源。

4. 实训注意事项

① 温度低于 5 ℃或湿度大于 85%时切勿进行施工，天气晴朗时施工效果最好。

② 施工前，利用报纸或塑料薄膜遮盖不能喷涂的部位。

③ 施工过程中，喷枪施工气压为 4～5 bar，喷涂距离为 15～20 cm，喷涂速度 10～15 cm/s，施工过程中可采用十字形喷涂法，两次以上喷涂效果最佳。

④ 底盘装甲的厚度是通过多次喷涂逐渐加厚的，下一次喷涂在前一次涂层表面半干时进行效果最好。

⑤ 喷涂过程中不慎粘在车身及其他地方的胶液立即去除。喷涂后即刻将喷枪清洗干净。

⑥ 一般对于塑料材质的部件不用喷涂。

⑦ 施工后，等待 30 min，用手触摸底盘表面，如表面干燥不粘手，则将报纸、塑料薄膜进行清除即可。

⑧ 一周内不要用高压水枪冲洗底盘。

5. 实训步骤

(1) 清洗底盘

① 在洗车区按一般洗车程序对车辆进行首次清洗，重点冲去底盘下部、轮胎上方等部位的大块泥沙。

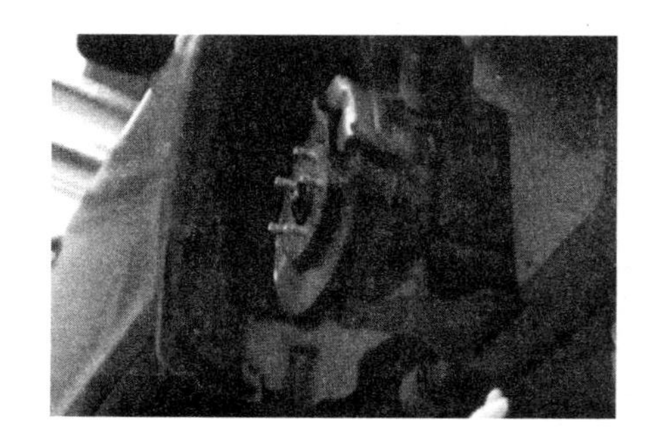

图 3-26　拆卸轮胎

② 用举升机把车辆升起，拆掉 4 个轮胎，配合专用清洁刷及专用清洁剂对车辆底盘进行彻底清洗，如图 3-26 所示。将 4 个轮内衬里面、底板下面的死角用铁铲刀、钢丝刷、砂纸配合高压水枪进行彻底清洁，起皮、脱落涂层用铲刀去除，生锈的部位用砂纸抛光，再用高压水枪冲洗，确保

无尘土、无锈。

(2) 风干及遮蔽

① 配合气动风枪对底盘清洁位置进行风干。

② 使用遮蔽纸及胶带对底盘不必施工的位置进行严密遮蔽，尤其是排气管、传动扣制动盘、减振器等部位，同时须对车辆整个漆面进行全面遮蔽，如图3-27所示。

(3) 开始喷涂

① 按不同型号材料的要求，用专用的稀释剂进行调配。

② 施工人员佩戴好专用防护服及防护设备。

③ 连接专用喷涂工具，使用标准气压对需施工的部位均匀喷涂，达到整体覆盖的效果，隔20 min后，进行第二次喷涂，如图3-28所示。

④ 底盘大梁两侧至下裙位置及4个轮弧位置需加强喷涂，使防锈及隔音效果更明显。

图3-27 遮蔽重要部件

图3-28 喷 涂

(4) 检查清除遮蔽纸

① 喷涂完毕后，使用照明灯对施工位置进行仔细检查，以保证施工效果。

② 拆除遮蔽纸，检查并清洁污染的位置。

③ 装上4个轮胎，并紧固轮胎螺钉。

6. “底盘装甲”评分标准

“底盘装甲”评分标准如表3-5所列。

表3-5 “底盘装甲”评分标准

序 号	考核项目		配 分	扣分标准(每项累计扣分不能超过配分)
1	安全文明否决			造成人身、设备重大事故，或恶意顶撞考官，严重扰乱考场秩序，立即终止考试，此项目记0分
2	工具的选择及正确使用		10分	1) 不能正确选择工具，每次扣2分 2) 不能正确使用工具，每次扣3分
3	底盘装甲	清洗底盘	15分	1) 底盘下部、轮胎上方等部位有大块泥沙，一处扣2分 2) 清洗后若有尘土、铁锈，每处扣3分
		风干遮蔽	15分	1) 未配合气动风枪对底盘清洁位置进行风干，每处扣5分 2) 未使用遮蔽纸及胶带对底盘不必施工的位置及车辆整个漆面进行严密遮蔽，每处扣5分

续表 3－5

序 号	考核项目		配 分	扣分标准(每项累计扣分不能超过配分)
3	底盘装甲	喷涂	35 分	1) 未按不同型号材料的要求,用专用的稀释剂进行调配扣 5 分 2) 施工人员未佩戴好专用防护服及防护设备,扣 5 分 3) 未使用标准气压对施工部位均匀喷涂,每处扣 5 分 4) 达到整体覆盖,间隔 20 min 后,未进行第二次喷涂,扣 5 分
		检查清除遮蔽纸	15 分	1) 喷涂完毕后,未使用照明灯对施工位置进行仔细检查,扣 2 分 2) 未拆除遮蔽纸,检查并清洁污染的位置,每处扣 3 分 3) 装上轮胎,未禁锢轮胎螺栓,每处扣 5 分
4	安全文明生产		10 分	1) 不穿工作服、工作鞋,不戴工作帽,各扣 1 分 2) 零件乱放,每次扣 2 分 3) 设备或工具表面未及时清理,每次扣 1 分 4) 考试完后不清理场地,扣 3 分 5) 不服从考官、出言不逊,每次扣 3 分
5	合计		100 分	

7. “底盘装甲”操作工单

“底盘装甲”操作工单如表 3－6 所列。

表 3－6 “底盘装甲”操作工单

班　级:＿＿＿＿＿＿　姓　名:＿＿＿＿＿＿　得　分:＿＿＿＿＿＿

一、车辆、工具、设备的检查:	
1. 车辆检查准备	备注:1～3 不用做记录
2. 工具、设备检查准备	
3. 材料检查准备	
二、操作过程	

思考题

1. 汽车空气动力学的任务是什么?
2. 汽车受到的阻力主要是什么?
3. 要减小空气升力,应采取什么样的措施?
4. 汽车天窗的优点是什么?
5. 为何要给汽车加装汽车装甲?
6. 为何要给汽车加装汽车护板?
7. 简述汽车贴膜的步骤。

项目4　汽车内部装饰

【知识目标】

➢ 了解汽车内部装饰的具体项目。
➢ 了解汽车顶棚内衬装饰原则及注意事项。
➢ 了解汽车常用隔音材料及具体各个部位隔音处理方法。
➢ 掌握汽车内饰部件的选用原则。

【技能目标】

➢ 掌握安装真皮座椅、儿童座椅及座椅垫的方法。

【素养目标】

➢ 实训操作中培养学生互相协作的团队精神及精益求精的工匠精神。
➢ 培养学生不怕苦、不怕累的劳动精神。

车身内部装饰主要是对汽车驾驶室和乘客室进行装饰，简称内饰。其目的是为司乘人员营造一个温馨、舒服的车内环境，增加内室的舒适度，满足车主的审美需求。汽车内饰的主要项目有汽车顶棚内衬装饰、汽车座椅装饰、贴汽车防爆膜、汽车隔音及汽车精品等。

任务4.1　汽车顶棚内衬装饰

4.1.1　汽车顶棚内衬的概述

顶棚内饰是汽车整车内饰的重要组成部分，它的主要作用是提高车内的装饰性，同时还可提高与车外的隔热、绝热效果；降低车内噪声，提高吸音效果；提高乘员乘坐的舒适性和安全性。由于太阳直射车顶，汽车顶部温度较高，因此顶棚内饰的耐热性和耐候性指标要求较严。

对不同档次的顶棚内饰在材料上、结构上有所不同，为提高隔音、隔热、降低噪声等效果，多采用各种纤维毡、聚氨酯泡沫、聚乙烯泡沫等与其他材质黏合在一起的结构作为衬垫，并与蒙皮材料（如无纺布、针织物等）通过一定的方式黏合形成一体。汽车顶棚如图4-1所示。

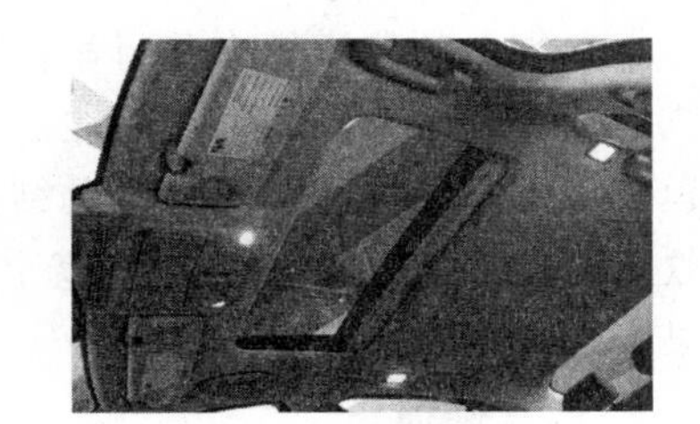

图4-1　汽车顶棚

4.1.2　汽车顶棚内衬的装饰原则

汽车顶棚内衬是车厢内部表面积最大的部分，对于整车的形象有很大的影响。选用优质的顶棚内衬能够有效提升车辆内饰的水平，从而提高汽车的整体形象。在进行汽车顶棚内衬的装饰时，要遵循以下几项原则。

1. 装饰风格的统一

一款汽车车型是经过设计师长时间讨论与设计才最终确定出来的，面市时汽车的内外饰已经经过了千锤百炼，为了提高汽车的整体质量与美感，其内外饰的风格也是统一的。因此，对顶棚内衬件的装饰和改装一定不能破坏原车的整体协调感，在材料选取和颜色选择上要尽量与原车保持风格一致，坚持原车的风格。

2. 装饰与原车的兼容

由于不同车型之间的顶棚内饰件的安装方法不同，因此在装饰件的选择上要有针对性。不能选择与原车不匹配的顶棚内衬件做装饰，否则即使能够安装上去，顶棚内饰件的安装质量也无法保证。

3. 保证装饰施工质量

由于顶棚内衬与车内成员密切相关，所以对其施工过程中进行监管是很重要的。只有控制好施工质量，才能保证安装的顶棚内衬符合行业标准，且不会对驾乘人员造成人身安全还经得起时间考验。

4.1.3 汽车顶棚内衬的分类

汽车顶棚内饰主要有两种：软顶和硬顶。汽车顶棚内饰材料的发展趋势是高强度模塑基材。

1. 汽车软顶

软顶一般由面料和泡沫层用层压法或火焰法复合在一起。面料多数为无纺布机织布或PVC膜等材料制造。泡沫层用聚氨酯或交联聚乙烯泡沫制造。面料起装饰作用，其颜色及质地要与车身内饰颜色和质地相协调。泡沫层起隔热、隔音、吸音、减振作用。

软顶的安装一般分两种：粘贴型和吊装型。此类方法用于货车、面包车和低档轿车上。

软顶的粘接有滚涂法和预涂法两种。用于滚涂法的黏结剂是氯丁橡胶，在施工现场，工人手持蘸满胶的胶滚或胶刷，将胶均匀涂在顶盖的内表面上，晾置几分钟后，将软顶粘贴在指定位置上。用于预涂法的压敏黏结剂是在生产软顶时，预涂在软顶的背衬上，用隔离纸将胶膜覆盖，以便包装和运输。在施工现场，工人揭去隔离纸即可将软顶粘贴在指定位置上。其优点是操作简单，成本低。

软顶饰面的背面缝有几行吊挂用的布袋或细绳，并同时配备软顶安装用的细杆，该细杆弯曲成与金属顶盖断面相似的曲线。安装时，先将细杆穿过软顶背面的布袋，再将这些细杆固定在顶盖横梁上。饰面的周边用黏结剂粘到内护板和前风窗胶条上。其优点是质量小，成本低，但软顶与金属顶盖间隙大，占用室内空间；布袋与饰面连接处上凸，行车时软顶震颤，整体装饰效果不理想。

2. 汽车硬顶

随着我国汽车工业的发展，软顶已逐渐被成形硬顶所替代。成形硬顶主要由饰面、泡沫层和基材三层组成，利用大型成套生产设备，用热压成形法将它们复合成一个整体，成为具有一定刚性和立体形状的内饰件。

成形硬顶的安装分为粘接式与镶嵌式两种。成形硬顶的粘接是在施工现场，工人手持喷枪，直接将粘接胶均匀地喷涂在硬顶背面的粘接区域内，根据工艺要求晾置一段时间内，再粘贴在金属顶盖上。镶嵌式安装分前、中、后及周边四部分。一般情况下，前部的安装点靠左右遮阳板和驾驶员灯固定装置实现，中部靠左右乘员把手和乘员灯安装点实现，后部则用塑料卡扣固定在顶盖后横梁上。

3. 常用的硬顶材料

(1) 热塑性基材

此材料经烤箱加热软化后，在常温模具中受压冷却后成形，面料可在成形前与基材复合好，也可在成形时复合面料。

(2) 聚苯乙烯材料

聚苯乙烯(PS)泡沫板材两面各复合上一层 HIPS 后，可得到的有较高刚度的复合材料。PS 基材质量轻，成本低，成形自由度高。但其隔音效果差，且热变形温度较低。另外 PS 泡沫基材内残余物在加热过程中生成的气体可聚集于 HIPS 下，形成气泡，形成次品。

由于 PS 受多种溶剂溶解，因此不利于使用溶剂型黏结剂与表皮面料粘接，它的较低软化温度也不利于使用热熔敷，而水基胶强度较低。

(3) 聚氨酯材料

汽车用硬质聚氨酯结构泡沫是指高密度、光滑而坚韧的外表皮与低密度泡沫芯同时形成整体的泡沫塑料。这种材料具有良好的强度与硬度，低密度泡沫芯使它保留质量轻、导热系数小等优点。

聚氨酯基材是指无纺布/玻纤/胶膜/热塑性聚氨酯泡沫/玻纤/胶膜复合成的多层复合材料。该材料的压形工艺与压形模具与 PS 材料基本相同，但软化温度较 PS 高，加工温度范围较 PS 宽，工艺性能较稳定，压形出模后回弹和收缩率极低。PU 基材由于比强度高，面密度小，耐热性好，尤其是隔音隔热效果好，已得到广泛应用。

(4) 聚丙烯

用于汽车顶盖内饰的聚丙烯要求具有较高的耐热性、耐划伤、耐冲击、刚性高(超高流动性——不翘曲、不变形)、耐老化性能好的特点。

(5) 聚丙烯蜂窝材料

聚丙烯(PP)蜂窝材料是一种中空板材，与其他板材相比，其比强度大大提高，保温隔音效果明显改善。PP 回收再利用方便，从环保及资源再生上讲优势较大。其缺点是出模后收缩率达 1.4%，且回弹较大。

(6) 聚丙烯/玻纤材料

用玻璃纤维填充 PP 薄板，它与 PP 基材压形工艺基本相同。复合面料可利用热熔敷。

(7) 热塑性聚烯烃弹性体 TPO

TPO 作为汽车内饰表皮材料，具有以下优点：密度小，比 ABS/PVC 轻且量化 22%～28%；不含增塑剂，不含氯元素，因此无污染；材料耐热性比 ABS/PVC 好，使用温度可达 130 ℃；耐候性、耐老化性好；有利于材料回收利用。

(8) 热固性基材

热固性基材是以酚醛树脂为基材，其成形为热模压型，即将酚醛树脂、填料按比例混合后，放入高温模具中，交联固化成形。热压成形时能耗较大，而且有较刺激的气味。

填料：天麻纤维、木纤维、回收的棉纤维与回收的化学纤维等。

其优点是形状稳定，耐热性好，强度高，又可以回收利用。但它的价格太高，投资大，成形周期较长，应用前景将更广阔。

由于顶棚材料难于回收利用，因此轿车的成形硬顶考虑用PP瓦楞板＋PP发泡片材＋TPO层压成一体。面包车和低档轿车的成形硬顶可采用GMT片材冲压成形后植绒。

4.1.4 汽车顶盖内饰的隔音隔热设计

在现在的汽车设计中，安全环保是两大主要需求。噪声是公认的环保杀手，汽车行驶过程中，车顶的噪声主要来源如下：一是车外噪声声波作用于金属顶盖，激发金属顶盖振动，并向车内辐射，这种辐射强度与顶盖的隔声能力有关；二是金属顶盖与硬顶之间相互颤动。

当直接从声源上治理噪声受到限制时，相对于以上两种噪声情况，在车身设计时通常采用隔声、吸声和阻尼相结合的办法降低车内噪声。对传入车内的噪声可以采用吸声处理，利用车身内饰做吸声材料，吸收辐射到其上的声能，减弱反射声能，从而降低车内噪声。

采用多孔吸声材料，其机理是当声波射到材料表面的空隙，引起空隙内空气中材料微小纤维振动，由于内摩擦和黏滞阻力，使相当一部分声能转化为热能，开孔壁吸声材料，这种材料的特点是在小孔背面保持一定的空气层，主要吸收中、低频率噪声使其产生共振而消耗能量，通常与多孔性材料配合使用，如：汽车顶盖内饰，背面常粘有泡沫或再生毡、废纺毡。

4.1.5 顶棚内衬装饰的注意事项

汽车顶棚要注意顶棚内饰材料的抗静电性、抗污染性和阻燃性等。

抗静电性非常重要，顶棚内饰必须进行防静电处理，把静电减少到最低标准，要求在使用过程中，不得产生静电作用，不允许产生起毛、起球、吸灰等现象。

对于顶棚内饰材料的阻燃性，即水平燃烧特性，国家标准中有明确的规定，内饰材料必须达到以下要求：

① 不燃烧；

② 可以燃烧，但速度不大于100 mm/min，燃烧速度不适用于切割试样所形成的表面；

③ 如果从试验计时开始，火焰在60 s内自行熄灭，且燃烧距离不大于50 mm；

④ 抗污染性是指在使用过程中遇油、水的污染时，不易扩散。

任务4.2 座椅的装饰

座椅是汽车的主要功能件之一，不仅为车内驾乘人员提供了乘坐的位置，它还影响着车辆的平顺性和驾驶的安全性与舒适性，同时对汽车的室内装饰起着美观性的作用。因此，对汽车座椅的装饰应从安全性、舒适性及美观性等方面考虑。

4.2.1 座椅的结构

1. 轿车座椅的典型结构

目前，轿车座椅的典型结构为复合型结构，由骨架、填充层和表皮三部分组成。

① 骨架：座椅的骨架主要用金属材料制作。其主体是金属焊接结构，起到座椅的定型和支撑人体的作用；靠背和座垫处的基本形体，有的是用薄钢板冲压而成，根据人体工程学的原理设计，使乘客乘坐时可以获得最舒适的形体要求为准则。

② 填充层：为了增加人们乘坐时的舒适感，在座椅的骨架上增加填充物。以前多用棉花

等植物纤维来充当填充物，但易变形，造型不佳，而且对人体躯干支撑不足，不符合人体工程学要求。现在大多使用发泡塑料制作定型的填充物，具有柔软舒适、不易变形、造型美观、弹性良好等优点。

③ 表皮层：表皮层是座椅质量和装饰性的重点，也显示出车辆的不同档次。表皮层使用的材料主要是纺织布料、人造革材料和优质的真皮材料等，而且表皮外形要与填充层相服帖。表皮层在制作工艺上很讲究，要求裁剪精确，缝制精细，服帖平整合体，以显示座椅的精美外形。

2. 客车的座椅结构

由于对一般客车和高级豪华客车的要求不同，故各自座椅的结构也有所不同。

① 一般客车座椅：一般客车的座椅结构简单，主要是满足乘员的最基本的乘坐需求，在造型和舒适性方面考虑较少。目前，市场上主要的塑料座椅是用 SMC 塑料制成的，固定在座椅支撑架上，构成单人椅或多人椅。

② 豪华客车的座椅：客车因为要考虑长途旅行乘客的需要，故强调座椅的舒适性；由于客车的定位高于公交车等，故其对座椅的外形和功能也有一定的要求。普通的客车座椅结构上和一般客车座椅没有太大区别，高档客车的座椅则可以提供座椅前、后、左、右的方向和靠背角度，而且乘坐舒适度更高。

4.2.2　座椅的分类

按座椅的使用功能分为驾驶员座椅、乘员座椅和儿童座椅三种轿车座椅。

1. 驾驶员座椅

很多驾驶者在开车之前，经常会忽视调整驾驶者座椅的位置。其实，正确的驾驶姿势可以有效保护驾驶者的安全，若是座椅位置不合适，就会影响驾驶员视线和操控的灵敏度，甚至导致交通事故，伤害到自己和他人。驾驶员座椅如图 4－2 所示。

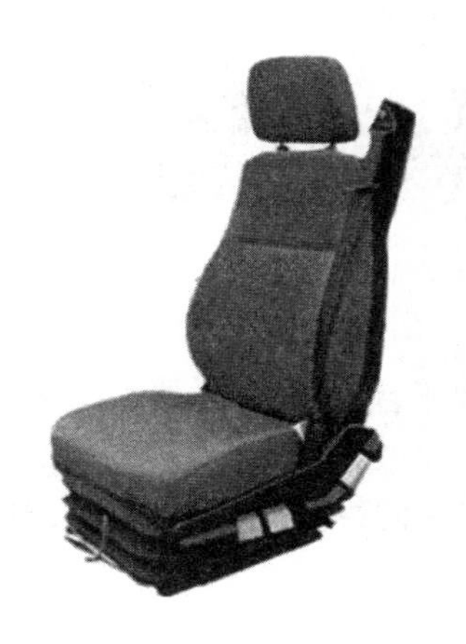

图 4－2　驾驶员座椅

因此开车前的第一件事就是要调整好驾驶员座椅的高度。正确的座椅高度应调整到驾驶者的视线不会被方向盘挡住，并可以清楚地看见所有的重要仪表及街道标志。在调整好座椅的高度后，还要调整座椅的前后位置。首先应将臀部尽量向后靠，以顶到座垫及椅背之间最好，这样可使自己坐得更稳，不会晃动。坐稳之后应注意一下手、脚的位置，把左右手分别放在方向盘 9 点和 3 点钟的位置，此时不可以让自己的背部离开椅背；如果离开的话，表示你坐得太靠后，必须把座椅往前挪。另外两手要略微弯曲，这样万一发生事故时，能有效分散撞击力，避免力量集中在手臂各关节上。

左右脚的位置在踏板踩到底时，必须使腿保持弯曲。如果踩踏板到底时，两腿为伸直，一定要把座椅拉前一点。值得注意的是，不要让膝盖顶在转向柱上，要保持一定的距离，否则会使脚的动作受到影响，使反应不及时。

安全带是一个非常有效的安全设施，能有效地缓解人向前的冲力。安全带也有它的系法，现在一般车内安全带拉下的位置通常是可以调整的。正确的位置是将其调整到安全带不使用时，靠在 B 柱并与眼部齐平或差不多的高度上。这样当安全带扣上后，才会刚好从胸前、锁骨通过，一旦发生撞击，不至于使冲击力过于集中在某个位置，而伤害到乘客。

2. 乘员座椅

乘员座椅除了像驾驶员座椅要求安全外，乘员座椅更看重的是舒适性。乘员座椅的角度更大些，感觉像是半躺的角度，让人乘坐感更舒适。一些高档轿车的乘员座椅有六向调节，可以调整到舒适的角度。还有些轿车在座椅内部加装了加热垫，乘坐起来更加舒适，如图 4－3 所示。

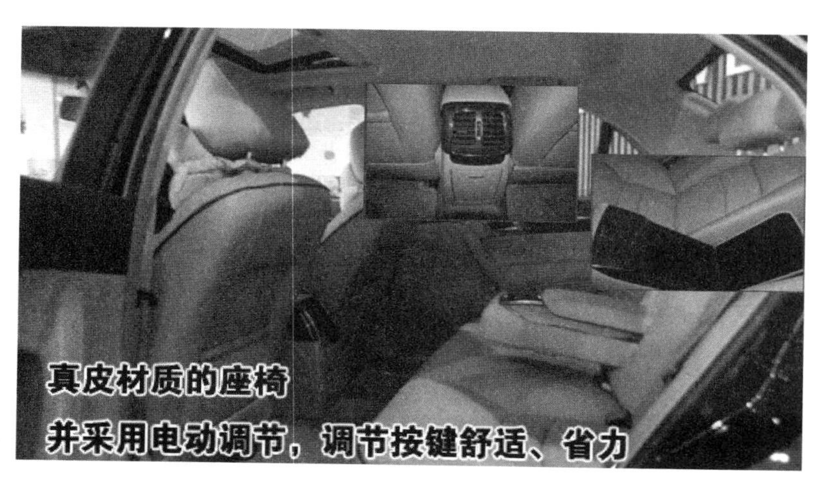

图 4－3　乘员座椅

3. 儿童座椅

目前大部分儿童座椅被放置在车内座椅上并使用斜挎肩带固定。然而，不同车型的汽车有不同的座椅、安全带和固定方式。汽车座椅形状不同、安全带长度较短和锚固点位置不同，都会导致一些儿童座椅安放的位置靠前或靠后。所有这些因素使得制造适用所有车型的儿童座椅成为一个难题。

儿童座椅通常装在汽车的后座上，如果放在前座，发生碰撞时前挡风玻璃会伤到孩子。很多车辆的前排安全气囊可以很好地保护乘客，但是对于骨骼尚未发育完全的孩子来说，这是很危险的。如果儿童的身高低于汽车座椅或体重小于座椅的最小安全承重，儿童座椅就应该采用后向安装。当碰撞发生时，安全座椅可最大限度地吸收撞击产生的冲力，使孩子脆弱的颈部得到保护。但当孩子的身高超过座椅或体重超过安全标准后，这样的后向安装就相对不安全了。后向安装和前向安装取决于孩子的大小，同时在购买的时候也应该咨询专业的技术人员，详细了解后再进行安装。儿童座椅如图 4－4 所示。

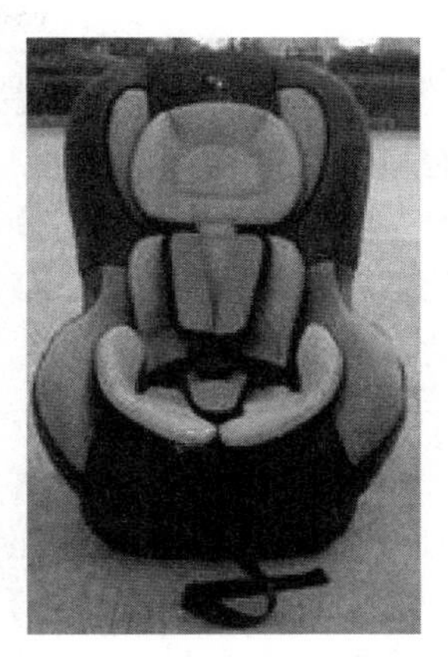

图 4－4　儿童座椅

4. 儿童座椅安装步骤

安装方式是否正确，对于儿童安全座椅能否发挥应有的保护功效至关重要。儿童座椅的安装步骤如下：

① 仔细阅读制造商提供的使用说明书，并严格遵照要求进行座椅安装。如果使用说明书丢失，可咨询制造商并再索要一份。

② 尽可能把儿童座椅安装在汽车后座。

③ 儿童安全座椅拴紧在汽车座椅上后，应稍微使劲将座椅压到汽车座位上再绑紧，以确保固定。

④ 座椅皮带不应该有任何松弛。

⑤ 任何情况下不要擅自对儿童安全座椅或汽车安全带的设计进行任何改动，使一个原本不适合的儿童安全座椅安装到汽车上。

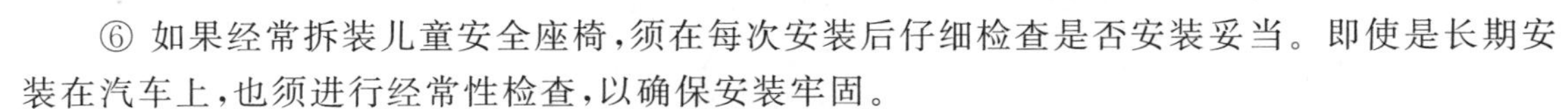

⑥ 如果经常拆装儿童安全座椅，须在每次安装后仔细检查是否安装妥当。即使是长期安装在汽车上，也须进行经常性检查，以确保安装牢固。

⑦ 如果觉得自己的安装有任何不妥的地方，务必请相关人员进行检查，不要留下安全隐患。

5. 儿童座椅使用方法

不管行程有多短，在每次带孩子驾车出行时，都应该使用儿童安全座椅。

① 起步前，花些时间检查孩子是否被皮带可靠而且舒适地绑住。确保用于拉紧孩子的皮带被调整到最适当的长度——以在孩子的胸部和皮带之间只能塞进两个手指为宜。

② 不要把拉紧皮带的扣夹放在孩子的肚子上。

③ 腿部的皮带从骨盆附近（而不是从胃部）通过，从一侧髋骨到另一侧髋骨；斜拉的皮带应该缚在孩子的肩上，而不是颈部（有些座椅设有一个扣夹来帮助固定皮带）。切忌不要把座椅皮带塞在孩子的臂部或者背部。

④ 确保将安全带按照正确的方法穿过安全座椅。有些座椅提供了可替代的穿引通道，以便在汽车安全带较短而不能从主通道穿过时使用。

4.2.3　汽车座椅装饰

汽车座椅表皮层一般有纺织面料和皮革面料，为了提高车辆的档次，车主也会加装真皮座椅。

1. 纺织面料座椅

(1) 纺织面料座椅的优缺点

优点：

① 表面不易破损，寿命长。一旦遇上刀、剪、针等，真皮上就会留下印痕。比较来说，绒布就不会那么娇气了。而且修补起来，绒布的成本也远远低于真皮。当然更重要的是，真皮比绒布更容易出现老化现象，绒布座椅使用寿命更长。

② 坐感稳固，防滑。绒布座椅坐上去感觉更稳，不会有打滑的感觉。另外还有价格低、质量轻、透气性好等特点。

缺点：

① 容易藏污纳垢，不易清洁。灰尘会深入到座椅深层，因此清洁工作比较繁重，所以对绒布座椅来说还需要购买座垫等，否则一旦弄脏，就有可能渗入到座椅内部。

② 散热性差些。夏日正午被阳光灼热的车辆，座椅一定很烫。但如果是真皮座椅，用手拍几下就可以散去热气，或者坐上去一段时间就不会感觉那么烫了。而绒布座椅就没有这么好的散热性。

(2) 绒布座椅清洁与养护

织物面料的座椅，处置起来相对简单一些。织绒座椅不是很脏时，可用长毛的刷子和吸力强的吸尘器配合，一边刷座椅表面，一边用吸尘器的吸口把污物吸出来。

对于特别脏的座椅，清洁时就要进行以下几个步骤：首先用毛刷子清洗较脏的局部，然后用干净抹布蘸少量中性洗涤液，在半干半湿的情况下全面擦拭座椅表面，最后用吸尘器再次清洁座椅并消除多余的水分。

用吸尘器清除灰尘、尘埃碎片。如果灰尘凝结在绒布上或很难用吸尘器除去，先用柔软的刷子刷一下再用吸尘器吸。

用干的布来擦拭纤维表面，然后将座椅纤维彻底弄干，如果绒布仍很脏，用温和的肥皂水及温水擦拭，然后彻底弄干。

如果污垢清不出来，试试市场上买的纤维清洗剂。在较不明显位置先使用此清洁剂以确定它不会对绒布有副作用。要根据说明书来使用此清洁剂。

平时在车里最好不要吃东西，非吃不可时一定要注意，不要让食物的细渣掉落在车座上，以避免滋生螨虫或其他微生物而产生怪味。

2. 真皮座椅

(1) 真皮座椅的优缺点

优点：

① 容易清洁：相对于绒布座椅来说，灰尘只能落在真皮座椅表面，而不会深入到座椅深层，因此用布轻轻一擦就可以完成清洁工作，对于绒布座椅来说还需要购买座垫等，否则一旦弄脏，就有可能渗入到座椅内部。

② 更易散热：虽然真皮也会吸热，但是它的散热性能表现更好。夏日正午被阳光灼热的车辆，座椅一定很烫。但如果是真皮座椅，用手拍几下就可以散去热气，或者坐上去一段时间就不会感觉那么烫了。而绒布座椅就没有这么好的散热性。

缺点：

① 表面易损：锐物是真皮的克星，一旦遇上刀、剪、针等，真皮上就会留下印痕。比较来说，绒布就不会那么娇气了。而且修补起来，绒布的成本也远远低于真皮。当然更重要的是，真皮比绒布更容易出现老化现象，因此真皮座椅更需要小心呵护。

② 坐感过滑：车主可能用系安全带或是增加座垫的方法来对付这个问题。事实上，一般生产厂家已经针对这个问题，对真皮表面进行皱褶处理，以增加摩擦系数。

(2) 皮质的分类和特点

① 黄牛皮，也就是人们常说的A级皮，是所有汽车真皮座椅中最为常见的使用材料，表面细腻手感柔软，几乎看不到毛孔，质地结实又非常具有韧性，因而加工出的座椅极为美观。

② 水牛皮，也被称为B级皮，同黄牛皮相比优势是结实耐磨，缺点是不够柔软，手感差，韧

性差，表面粗糙，毛孔清晰，加工出的座椅同黄牛皮相比外观稍差。

③ 除了以上两种皮质以外，在市场上还经常能见到一种C级皮，也就是黄牛和水牛的二层皮。C级皮同A级皮和B级皮相比，无论是质量、美观、价格以及使用年限，都要相差很多。因此不主张客户使用B级以下的皮质加工座椅。

(3) 辨别真皮座椅

真皮座椅的辨别真假方法：一看、二摸、三烧、四擦、五拉。

首先是看，好皮皮面光滑，皮纹细致，色泽光亮，都有细小的毛孔。二就是摸，这是最有效的办法。好皮手感质地柔软、滑爽有弹性，若皮面颗粒多、板硬或发黏均为下品。三是烧，合成皮虽然也是皮，但在加工过程中，会添加一些胶类化学物质，烧后会有一些焦状物，真皮就没有。四是擦，用潮湿的细纱布在皮面上来回擦拭几次，若有脱色现象，则说明质量不过关。五是拉，两手拿起皮子向两边拉，若皮面出现缝痕或露出浅白底色，则说明皮子的弹性及染色工艺不过关。

(4) 真皮座椅的清洁与养护

① 汽车皮椅尽量距离热源半米以上，离热源太近会导致皮革干裂；

② 不要长时间暴露在阳光下暴晒，以免皮革褪色；

③ 经常实施清洁保养，每周应使用吸尘器吸去尘灰；

④ 在清洁时不要用吹风机去快速吹干皮革，要尽量自然风干。

任务4.3　汽车隔音

汽车隔音产品源于20世纪80年代末。为了能够更好地享受到汽车音响所带来的乐趣，由美国一群汽车音响发烧友开发，这些产品既可以降低行驶过程中车内的噪声，又可以提升汽车音响的音压和音色。汽车隔音原本是为真正热爱汽车的享乐主义者而开发，目的是让更多车主享受更美妙的驾驶乐趣。

4.3.1　汽车噪声的来源

汽车噪声最常见的一是皮带过紧或者打滑所造成的噪声，是比较好区别和处理的；二是机件老化或者磨损造成的金属噪声，比如轮盘、空调空压机、冷却风扇等；三是隐形、不好做明确判断的，比如气门间隙、凸轮间隙造成的敲击噪声；四是变速箱里的噪声，这个是最不好判断的，比如冬季或者时有时无、听起来像是浑浊搅动的声音，类似啸叫声音；五是高速行驶时，轮胎与地面摩擦所产生的噪声，以及轮胎花纹间隙与空气流动产生的空气噪声。

4.3.2　汽车隔音的功效

① 通过减振材料对汽车的钣金进行减振和密封处理，改善扬声器安装环境的缺陷，还原汽车音响的音压和音质效果。

② 通过减振材料和隔音材料对汽车进行减振及隔音处理，降低汽车钣金结构传递的噪声提高驾驶舒适度。

③ 一般来说，隔音工程无须改动车身结构、动力系统和电气油气线路，因此不必太担心。但因为隔音施工必须保证在密封、敞亮、干净的车间内，由经过严格专业化培训的安装技师进

行安装，而且在施工过程中，需要严格遵照工艺流程，才能保证不会损伤车体及内饰件。所以要到选择设施完善的店面进行改装。

4.3.3 汽车隔音材料的选择

理论上说来，任何一种材料都在不同程度上具有减振、隔音、吸音的能力。汽车隔音降噪网所要做的就是把这些常见隔音材料给大家做分析和对比，从而帮助汽车隔音需求者正确选择合适的材料来进行隔音施工。在全车进行隔音降噪的过程中，使用的隔音产品本身具有的吸音性能好坏也会直接影响到降噪的效果。隔音处理如图 4－5、图 4－6 所示。

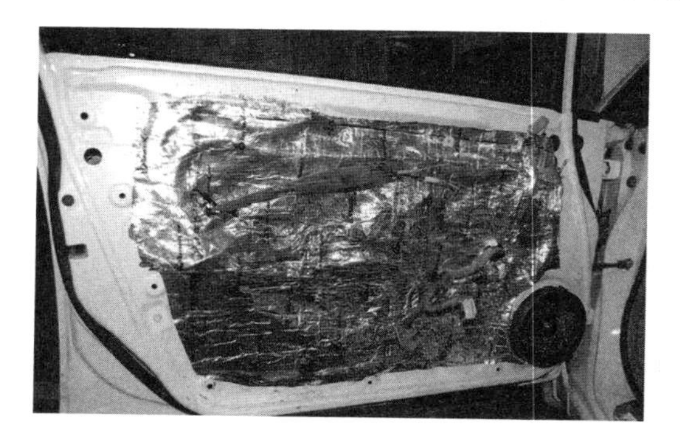

图 4－5 车门内饰板隔音处理

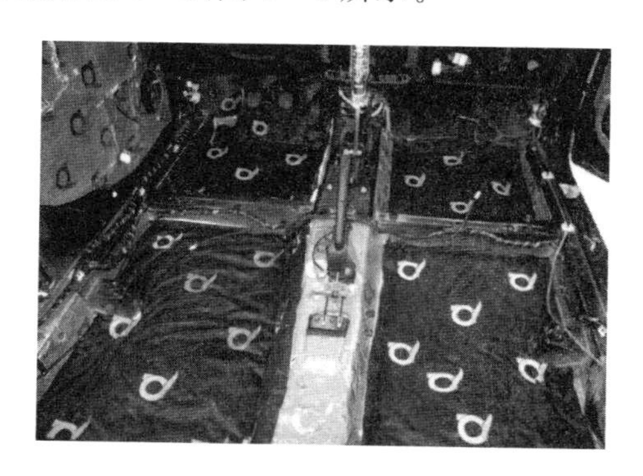

图 4－6 汽车底部隔音处理

在汽车上使用的隔音材料应该尽可能满足以下标准：

① 材料要轻。轻量化是整个汽车制造领域发展的大趋势，轻量化材料施工后不会使车身自重增加太多，以降低油耗。

② 在宽频带范围内隔音性能和吸音性能良好，隔音吸音性能长期稳定可靠。

③ 有一定强度，安装和使用过程中不易破损，不易老化，耐候性能好，使用寿命长。

④ 外观整洁，没有污染。

⑤ 防潮防水，耐腐防蛀，不易发霉。

⑥ 不易燃烧，最好能防火阻燃。

⑦ 环保材料，不含石棉、玻璃纤维等有害物质。

⑧ 材料本身便于施工，如便于裁剪，粘贴牢固等。

4.3.4 常用隔音材料

1. 玻璃纤维或石棉制品

该制品成本低，吸音性能和自身防火阻燃性能好，但是不防水，洗车或雨天行驶过程中吸水后，造成车身自重大幅增加，加速性能下降，短期内水分难以挥发，潮湿的部分易造成车体腐蚀。此外，还有众所周知的不环保问题，同时也是较强的致癌物质。

2. 毛毡纤维棉

本身具有良好的吸音性能，也被许多经济型车用做隔音材料使用在底板处，市场上也有其制成的隔音材料，但是材料本身吸水且不防火，如不慎进水，很难干透且车重大增，易发生腐烂和霉变，决不能用于引擎盖以及车门内部，可以适量用于车辆底板部位。使用 3 年以上的车辆应注意检查地胶下原车隔音棉有无腐烂和锈蚀车底板，如有此类现象，可以在隔音时用平静隔声吸声棉更换。

3. 铝箔复合材料

有些隔音店常将此类产品粘贴在引擎盖下，用于对引擎盖漆面的防护。虽然有效保护了漆面，却不利于发动机长期稳定工作，加速了引擎舱线路的老化，易引发安全问题。此外，铝箔复合的材料通常不是防水设计，下雨或洗车过程中还会带来车身加重的问题。

4. 带自粘胶的材料

自粘胶也称背胶或不干胶，市场上常见许多隔音材料都是带自粘胶的设计，揭开材料背后的贴纸就可以进行粘贴，操作十分便捷，这主要是为了降低成本和便于施工考虑，因为这种自粘胶本身不耐老化，强度较低，寒冷季节容易发脆和出现裂纹，夏季车辆在阳光直晒时，由于车内温度迅速上升，使得背胶迅速软化甚至流淌，污染车体，导致开胶从而失去隔音作用，因此，自粘胶的隔音材料只能部分使用于车辆底板部位。车门、后备厢以及车身的其他部位就要慎用。

5. 棉毯、毛毡等材料

许多经济型车出厂时就用了棉毯和毛毡之类的材料，一般铺在正副驾驶员脚下的底板部位，起隔音吸音的作用。主要是出于低成本考虑，这种材料一般由纺织行业垃圾或废品制成，成本低廉，吸音效果较好，但是不防火、不防水、不防腐，只能部分应用于车辆的底板部位。

4.3.5　针对不同部位的隔音处理

① 针对车门、车地板、后备厢铁皮薄、低频噪声大及“嗡嗡”共振噪声大的特点，也是隔音中最核心的部分，主要是用隔音材料中的制振板和处理低频材料的低频王，在清洗干净的铁板上施工。施工时要注意把制振板和低频王贴紧密，不要留下间隙，更不能在以后的使用中脱落。这样车门、车地板、后备厢的振动频率会大大降低，当然噪声也就大大降低。虽然有了制振板和低频王，噪声有所降低，但还会产生共振噪声和风噪。这样就需要在门板和后备厢部加一层吸音棉，隔音效果会更好。

② 汽车的胎噪、路噪有时也非常让人头痛。具体解决办法如下：

- 在四个轮弧喷上一层厚厚的装甲防止沙石击打的声音。
- 阻断引擎舱和驾驶室之间的通道。当车在高速状态下，引擎舱的噪声和轮胎的噪声都会通过一个通道进入驾驶室，如果阻隔断这个通道，驾驶室会安静许多。

③ 引擎舱的发动机噪声往往是最大的麻烦，因为发动机所产生的高温会让一般材料都不太安全。最有效的做法是：在引擎盖上施工一层引擎覆膜，其作用是，有效吸收发动机舱的共鸣噪声。同时由于引擎覆膜表面上有一层铅膜，反射发动机工作时产生绝大部分热能，从而减少传到引擎盖板上的热量，延长了表层漆面的寿命。通过对车门、地板、后备厢、胎噪、引擎噪声这几个步骤的处理，相信一台车的隔音应该会有很大程度的改变。

4.3.6　汽车隔音材料的安装

在做汽车隔音前，应先检查一下车况，有些噪声是由车辆本身的故障引起，如轮胎气压不正常、不规则磨损、悬挂或底盘损坏及发动机异响等。而系统的隔音工程主要通过减振、降噪、密封三个步骤来完成。其中，车门、后备厢、车底盘、引擎盖和车顶是最容易产生空气摩擦噪声的地方，因此，这些地方都是隔音降噪处理的重点。而对于发动机的噪声，则最好在引擎盖下粘贴一种高级吸音泡沫声学材料，既可吸收和消耗大量发动机的噪声，又能抑制引擎盖的振动和阻隔来自发动机的热量，保护车漆表面不受高温损伤。据了解，通过专业的施工技术，在不破坏原车电路，不改变原车结构的前提下，隔音工程可使车内噪声下降 4～8 dB，大大提升驾车的舒适度。

① 将车开到安全场地后，拉上手制动、熄火，以确保安全作业。

② 按照先外后内的顺序拆除内饰件，露出工作表面。将拆下的螺丝及卡扣放入专用的封口胶袋并标明拆卸位置，放在指定地点。在拆卸时一定要注意拆卸技巧，不可用力过猛而损坏面板和漆层。所有卡扣要使用专用的起扣工具。

③ 使用柏油清洗剂将工作表面彻底清洗一遍，所有的污垢、油脂、水、锈迹等都要清洗干净。在处理较难清除的附着物(胶、玻璃纤维等)时，可尝试用其他专用溶剂先溶解后再用专用铲刀将附着物慢慢铲除；或使用热风枪均匀加热后将其撕下，切不可在工位上使用明火或高温加热，禁止使用腐蚀性溶剂，以防止损坏油漆和面板。最后用干净的抹布将工作表面彻底擦干净。处理附着物一定要注意用力强度和方向，防止划伤油漆和划破面板。在使用清洁剂后，一定要及时盖上盖子，避免清洁剂挥发和撞翻清洁剂瓶。

④ 可先将隔音材料在工作面上压成模，再到工作台上使用剪刀或裁纸刀将其分割成相应的所需工作表面的大小和形状，必要时可先用纸剪成模型再下料。下料时，尽可能避免拼接过多和重复下料。

⑤ 撕去隔音材料背面的保护牛皮纸，将其粘贴到工作表面上。工作表面较大时，一边揭开保护牛皮纸，一边往工作表面上粘贴，再使用专用滚筒将其压实。有气泡时用裁纸刀将其挑开，把空气压出，让隔音材料紧紧贴在工作表面上。在工作表面上使用剪刀或裁纸刀切割时一定要注意，避免割断线路和划伤工作表面。小料和边角料都要贴在内侧强度差的部位，进一步提高隔音降噪效果。

⑥ 将内饰件按原样由内至外装回，在安装过程中所有部件一定要按原样回装；所有螺丝及卡扣都要拧紧和扣紧，避免产生二次噪声。

任务 4.4　汽车内饰部件

汽车内饰部件可以显示出车主的品位和喜好。汽车内饰还可以反映出车主的不同性别、年龄和职业，而且汽车内饰部件更换非常简单，价格也较低，是车主普遍选择的汽车美容项目。

4.4.1　桃木内饰

代表身份和品味象征的桃木内饰，更是可以让您的爱车有旧貌换新颜的感觉。作为一种品味和身份的象征，桃木内饰现在已经成为越来越多高档车的必备品，装桃木内饰，不仅仅是一种含蓄品位的象征和表达，同时也是一种追求个性的需要，现在的桃木内饰已经有 100 多种颜色和花纹可供选择，车主可以根据自己的需要选择不同类型的内饰件，避免了内饰件千篇一律的尴尬和乏味，这也正是桃木内饰之所以风行的主要原因之一。

和几年前汽车桃木内饰的改装价格高得让人望而生畏的情况相比，经过几年时间的发展，现在做汽车内饰桃木的改装，价格已经相当低。

装饰的地方包括：仪表台(包括仪表盘周边部分)、音响控制板、方向盘、换挡手柄、车门玻璃升降器开关和门把手等。

1. 桃木内饰的鉴别

看看内饰的表面是否有颗粒，看看喷的光釉是否均匀，做工不细致的桃木内饰，因为喷的光釉过多，可能会流到桃木的边缘地带累积起来形成一些丘陵状的凸起，但如果不细致观察，很可能看不出来。此时可以在一个平面上观察和用手摸，看花纹是否清晰。胶膜印在桃木上的花纹一定要清晰，没印好的花纹，会模糊不清。对已经完工后的桃木内饰检测，主要看桃木内饰上有没有圆点，如果有，表明维修店所采用的胶膜上有洞，即需要返工。

2. 汽车桃木内饰保养

(1) 日常保养

新车做了桃木内饰后，最好能每天用柔软的湿布条擦拭一遍，以擦去粘在上面的灰尘，保持桃木的正常光泽。在擦拭中，切记不要用干硬的布条直接擦拭，也不要用酸性或者碱性的液体，这样都会损害桃木上面的光釉。

(2) 老化后如何保持光泽

汽车的桃木内饰也有一定的寿命，特别是它表面的光釉在使用一段时间后，在逐渐磨损后会导致整个桃木内饰出现黯淡无光的现象。术语叫“亚光”，这些都是正常的现象，当出现这种现象而您的桃木内饰还完好无损不需要更换的时候，可以采取下面的办法让其重新恢复光泽。

一是在汽车打蜡时可给桃木内饰上打一点蜡，然后用柔软的湿布条快速地在上面擦拭。

二是当打蜡也已经无能为力的时候，就表明桃木内饰上的光釉已经磨损得所剩无几了，此时最好的办法是抛光后重新喷釉。

4.4.2　车内空气清新装置

造成空气品质不好的原因很多，例如：新车的各种塑料件、皮具、纤维等散发的化学品味道，汽油味、烟味、尘土味等混合气味，使汽车内的空气质量很差，使乘车人心情烦躁，有碍健康和行车安全。

1. 车内空气污染主要来源

污染源之一：车辆在生产时，内饰件要使用大量的塑料制品和黏合剂，这些都是产生车内环境污染的罪魁祸首。例如可以引起白血病的“苯”，就来自于黏合用胶、人造革、漆面和皮革等，甲醛则主要来源于座椅套、车门衬板等针织品。

污染源之二：发动机长时间运转之后，不但其产生的热量会增加车内污染物的挥发，而且它本身产生的胺、烟碱等物质也会对乘员的身体造成伤害。

污染源之三：很多消费者买车之后喜欢在车内摆放一些毛绒玩具、靠垫等装饰物，但如果这些饰物是劣质商品就会增加车内“甲醛”的释放源。一般来讲，车内装饰越多，车内产生空气污染的可能越大。另外，一些人喜欢在车里喷洒香水，很多香水是化学合成物，其本身就含有害物质，这样只会加重污染。

2. 车内空气清新的方法

(1) 汽车氧吧

汽车香品只能遮住异味，要真正彻底解决异味的问题，仍要想其他办法。随着电子高科技的发展，出现了绿色汽车之宝，即“汽车氧吧”。

汽车氧吧的工作原理是利用活性氧发生技术，运用高新技术通过高频振荡快速生成负离子，除了可消除汽车内部的空气异味外，还具有消毒、杀菌、防霉和提神等功效。

(2) 光触媒

光触媒是一种能比较彻底的清除车内空气污染的方法，但光触媒消毒的收费较高，每次每辆车约需300元。光触媒消毒方法目前得到了中国科协工程学会的认可。

(3) 臭氧消毒

臭氧消毒是最近兴起的杀菌方法，最大好处是不会对汽车造成二次污染。臭氧消毒法操作起来较简单，几分钟便可完成一辆车的消毒，灭菌也比较彻底。采用此方法消毒最好过一段时间进行一次(一般每月一次)。成都部分汽车美容店有此项服务，价格约每次几十元。

(4) 活性炭吸附

活性炭是一种非常优良的吸附剂，可以有选择地吸附空气中的各种物质，以达到消毒除臭等目的。活性炭在吸附饱和后要更换，约每三个月更换一次。

4.4.3 汽车座垫

汽车座垫也成为有车一族的主要消费品，根据季节选择一套舒适、实用的座垫尤为重要。

1. 汽车座垫的功能和作用

① 舒适性：由于驾驶员的职业特点，长期驾驶容易特别疲劳，有一套舒适的座垫对身体非常重要。

② 保护真皮座椅：由于好多轿车配备的是真皮椅子，所以座垫的保护作用也非常关键。

③ 健康：促进血液循环，消除紧张疲劳，达到保健目的。

2. 汽车座垫材料分类

汽车座垫一般分为竹编或草质座垫、羊绒座垫、羊毛座垫、亚麻座垫、冰丝座垫、真皮座垫等。

第一，传统的竹编或草质座垫，最大的优势是凉快。据介绍，工艺经过改良后，设计师在以往单一的席面上精心设计了许多精美的图案，有卡通动物，有山水景致。这种座垫的特点是价格便宜实惠，所以是车主选购清凉座垫不错的选择之一，不过竹编或草编座垫的使用寿命一般不超过两年。

第二，亚麻座垫，采用纯天然材料制成，具有防水作用，并具有耐摩擦、耐高温、散热快等优点。它的装饰性和舒适性都很强，具有良好的透气性。常温下使用，人体的实感温度可以下降3～4 ℃。亚麻座垫在选购过程中首先要留意图案中的线接头，它们通常应被隐藏在座垫背面，其次看看图案是否对称，是否有色差。在烈日下手摸亚麻座垫，可以感觉温度下降了3～5 ℃。

第三，水牛皮，具有温凉、透气、防菌等特点，适合高档轿车使用。购买时注意辨别，要用手拉一下皮体会一下手感。如果不小心弄脏了座垫，只需用干净湿毛巾轻轻擦拭即可。日常保存应放在通风干燥处，天气晴朗的时候，在通风阴凉处多晾晒，切勿在阳光下曝晒。

第四，冰蚕丝，由天然棉皮经科学提炼而成，具有透气性能好，自动调湿，日照升温慢等特点。冰丝凉垫的使用感觉同亚麻凉垫很相似，只是手感更加柔软，颜色也非常雅致。冰丝还有防霉、防虫、防静电、无辐射等效果。

第五，羊毛座垫，采用优质羊皮经过洗净、脱脂、去味、消毒、碳化、梳毛、剪烫、裁制等几十道生产工序精制而成。其毛绒细密，色泽光亮如丝，手感如绸缎般柔软舒适，且透气、保暖。

4.4.4　汽车脚垫

1. 汽车脚垫

汽车脚垫是集吸水、吸尘、去污、隔音、保护主机毯五大主要功能为一体的一种环保汽车内饰零部件。吸水、吸尘、去污可以有效防止鞋底残留的水分、赃物，由此造成与离合器、制动器和油门间的滑动，避免安全隐患，降低内饰被污染和损坏的可能性，毕竟清洗脚垫比清洗内饰更方便、更经济。厚实的底材可以防止产生底盘噪声和轮胎噪声，提高驾驶舒适性。绒面类汽车脚垫还可以将剩余的噪声和车内音响回音等彻底吸附干净，创造良好的环境。汽车脚垫如图4-7所示。

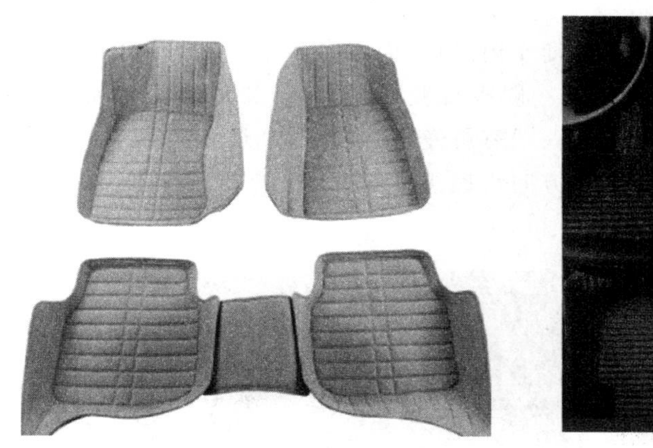

图4-7　汽车脚垫

2. 汽车脚垫的分类

按功能分类：专车车用型脚垫、通用型脚垫；

按形状分类：平面脚垫、立体脚垫；

按工艺分类：手工脚垫、机器编织脚垫、器注塑脚垫；

按材质分类：化纤脚垫、亚麻脚垫、PVC脚垫、橡胶脚垫、呢绒脚垫、皮革脚垫。

各种材质的优缺点如下：

化纤脚垫：优点是汽车厂唯一选用原装配套材质脚垫，有良好的耐蛀、耐腐蚀性能，是环保产品，选料讲究，美观高档。能将吸水、吸尘、去污、隔音、保护主机毯等功能发挥至极点。缺点是价格高。

亚麻脚垫：优点是价格低。缺点是摸上去比较软，清洗后容易起毛，而且清洗几次之后会变形，导致脚踩上去脚垫表面深陷下去，影响舒适性，为避免滑动建议经常更换。

PVC脚垫（或称塑料脚垫）：优点是容易清洗。缺点是冬天容易变硬，会滑动，部分产品原材料质量不可控，味道重。

橡胶脚垫：橡胶脚垫跟塑料脚垫一样，清洗都很方便。橡胶质地脚垫在温度变化比较大的情况下不那么容易变形，冬夏使用都适宜。缺点是味道较重。

弹性体TPE汽车脚垫：TPE汽车脚垫综合了PVC脚垫和橡胶脚垫的优点，无毒无味，弹性防滑，防静电，不受温度影响，容易清洗，有较好的触感，使用寿命长。

呢绒脚垫：有绒质和纯羊毛两种。手工产品，价格一般较高，不容易打理。

皮革脚垫:例如立体脚垫,清洗方便,缺点是不吸水,吸尘,隔音不好。

3. 选择脚垫的注意事项

① 建议选用原装专车专用脚垫。脚垫能与底盘型腔紧密贴合,更好保护主地毯和达到隔音、防滑作用,安全性、舒适度等各方面情况汽车厂都已经考虑了,产品质量有保障。

② 看脚垫是否有正规环保检测报告,能否避免二次污染。

③ 看脚垫的做工是否精细,花型是否漂亮,功能是否齐全。吸水吸尘、去污、隔音、保护主地毯,尤其是吸水、吸尘、去污可以最大化地避免主地毯和其他内饰部分受污染和损坏。

④ 看脚垫生产厂家是否专业制造商。

4.4.5 方向盘套

方向盘套主要可以根据车主的喜好改变车内风格,而且有些车的方向盘摩擦力不够,容易打滑,所以可以加装方向盘套,增加手感。一般有橡胶、PV、皮质和动物毛材质的方向盘套。不同季节也可选择不同的方向盘套。风格一般有可爱型、成熟型和运动型。

安装时要注意方向盘的粗细。较细的方向盘握感不好,较粗的方向盘也会影响对车辆的感知和操控性。方向盘套如图 4-8 所示。

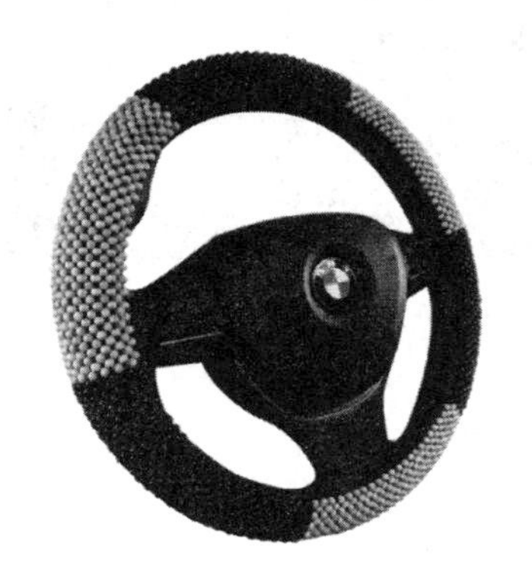

图 4-8 方向盘套

实训 安装座椅垫、真皮座椅和儿童座椅

1. 实训目的

① 掌握车内装饰常用工具的正确使用方法。

② 掌握安装座椅垫、真皮座套和儿童座椅的工艺流程。

2. 实训内容

① 安装座椅垫。

② 安装真皮座椅。

③ 安装儿童座椅。

3. 实训设备

① 车辆、座椅垫、座套皮料和儿童座椅。

② 洗涤液、毛巾和毛刷。

③ 常用工具一套、吹风机、螺钉旋具和刀片。

4. 注意事项

① 在实训过程中物品须轻拿轻放，注意安全。

② 在安装过程中不要用力拉扯。

5. 实训方法与步骤

(1) 实训方法

首先教师说明此次实训的目的，强调注意安全后开始实训。实训时以指导讲解和演示为主，并以提问方式进行教学互动。根据实训报告和考核要求，完成此次实训。

(2) 实训内容与步骤

1) 安装座椅垫

用弹性皮筋和锁扣固定枕套，用卡盘固定座垫后部，用挂钩固定座垫前部。如图 4-9 所示，具体安装步骤如下：

① 安装前的检查。在汽车座垫准备安装前，检查汽车座垫品质和绷缝线的结实程度。

② 安装前排座椅椅垫。汽车前排座椅椅垫一般有帽头帽兜，汽车座垫连接处有一个或两个卡扣，安装步骤参见图 4-9。

③ 安装后排座椅垫。在安装前，先观察后排座椅的安装方式。后排座椅分为两种：一种是带扣式，另一种是不带扣式。

不带扣式的座椅可直接用力把长座椅拔出来，有锁扣的长座椅按下锁扣再把长座椅拔出。对于座椅和车体用螺钉固定的，应该先用螺钉旋具拆开，使长座椅和后靠分开。汽车长座椅和后靠分开后，将长座椅垫通过汽车座垫上的卡扣从下面穿过并固定好长座椅垫，安装好座垫。

④ 座椅加热垫的安装。对于一些原车不带加热垫的汽车，在冬季来临时很多车主会考虑加装加热垫，下面介绍加热垫的安装步骤。

a. 首先将车内电源关闭，观察车钥匙是否处于关闭状态，然后拉下汽车驻车制动，用工具将要安装加热系统的汽车座椅拆卸下来，放置于干净、场地宽阔的地方。

b. 将汽车座椅的外蒙皮小心拆下，记住拆卸的顺序。确定加热垫铺设的位置，将加热垫带有网格胶的那面朝下，贴在海绵上。

c. 粘贴时加热垫保持平整，边揭边粘贴，不可有褶皱，加热垫线束从海绵垫尾部引出，与主线束对接。

d. 在汽车地毯下面进行布置主线束。

e. 线束熔丝、继电器和接头安装在易散热的地方，注意远离暖风机风口。主线束应躲避节气门连杆和驾车者易接触位置，保证行车安全和线束安全。

f. 将开关装至预先开好的开关孔位，整个系统安装完毕。

g. 安装测试：发动车辆，检查原车电气线路是否出现异常、加热垫是否发热。如无异常，则安装结束。

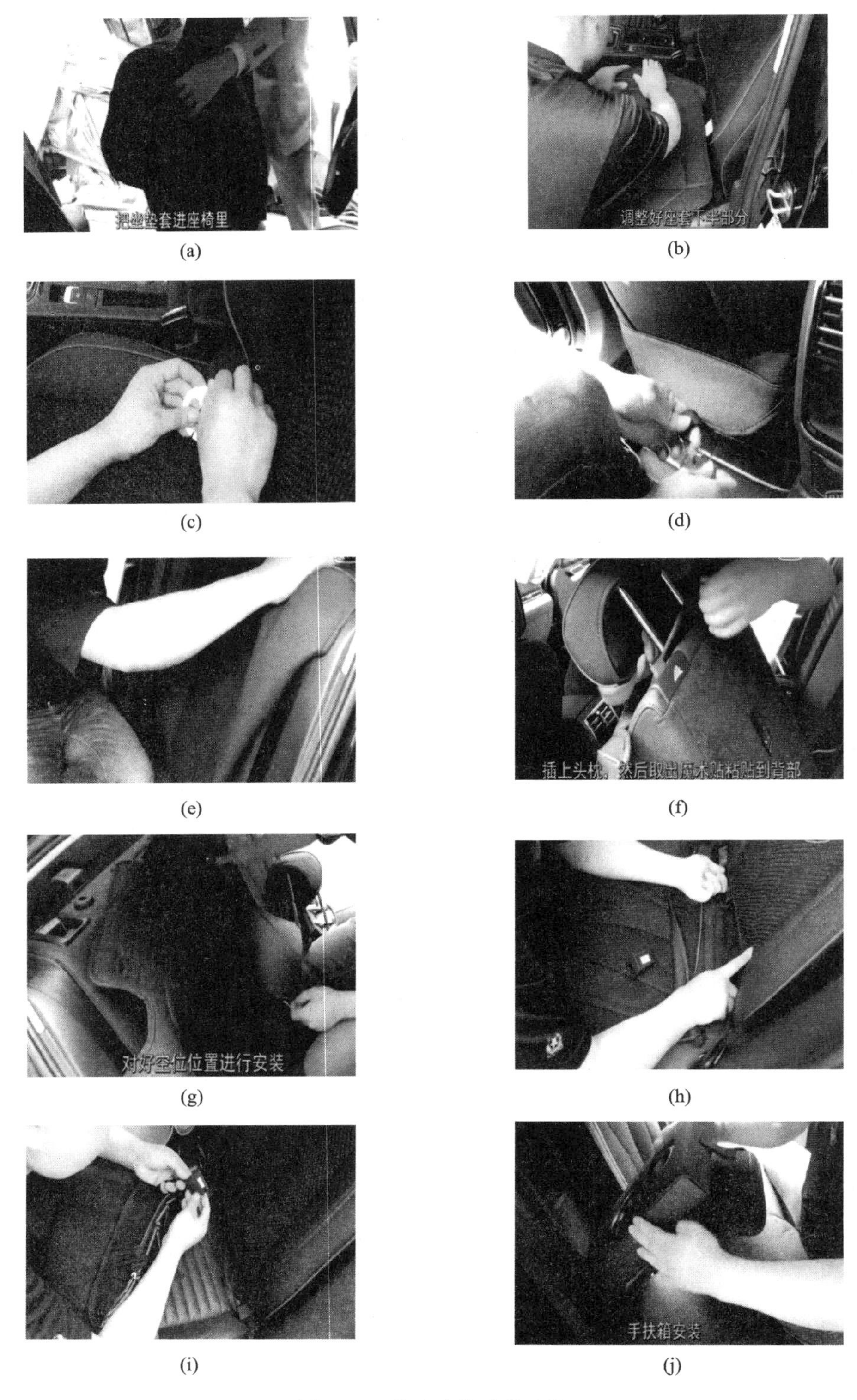

(a) (b) (c) (d) (e) (f) (g) (h) (i) (j)

图 4-9　汽车座垫安装步骤

2）改装真皮座椅。

① 真皮座椅的鉴别。真皮座椅的鉴别常采用以下几种方法。

a. 看：观察皮面光滑程度、皮纹纹理、色泽、光亮度和反光情况，厚薄均匀且厚度不低于1.5 mm。若皮纹纹理不明显，只是异常光滑，则说明皮子在加工过程中进行了磨面处理，或者是用牛皮的第二层皮喷上颜色后压出仿制。这种皮不仅没有透气性，而且使用寿命也很有限。一般天然皮革有些糙斑，并且皮面的毛孔分布不均匀，但这不会影响整体的美观。此外真皮断面表层结构紧密，可见毛孔；内层较粗糙，可见细的纤维，不易拉出。

b. 摸：用手触摸应感觉滑爽又有弹性。若皮面板硬或发黏则均为下品。

c. 擦：用潮湿的细纱布在皮面上来回多次擦拭，真皮无褪色。若为假的，则有褪色现象。

d. 拉：用两只手拉，若能恢复原样，则质量较好。若有缝痕或漏色，则说明质量较差。

e. 烧：真皮很难燃烧。

② 真皮座套的选择。

a. 选择有一定规模且正规的店铺进行装饰。

b. 选择生产皮革的知名厂商。

c. 真皮坐座颜色要与汽车内饰整体颜色和谐。

③ 真皮座椅的改装过程。

a. 拆卸座椅。

b. 将拆下来的座椅椅套取下，根据取下的座椅裁剪样板。

c. 根据裁剪样板进行下料。

d. 将裁剪下来的真皮材料进行加工，缝制出所需的汽车座椅椅套。

e. 将缝制好的椅套安装到座椅上。

f. 安装椅套后，用吹风机软化并擀平。

g. 将平整后的座椅进行清洗，并装回车内。

④ 真皮座套制作注意事项。

a. 皮料部位选择。牛背皮用在座椅的靠背及座垫，牛肚皮用在座椅裙部。

b. 牛皮面缝制一次完成，不能修改留下针眼，缝合要整齐。

c. 套装是不要划伤撕裂皮套。

d. 通过拍打将皮套贴实。

e. 选择防锈的固定皮套卡钉，且分布均匀，松紧一致。

3）安装儿童座椅

儿童座椅是一种固定与汽车座位上，供儿童乘坐且有束缚并能在发生车祸时最大限度保障儿童安全的座椅。它可以正向安装，也可以反向安装。现以反向安装为例介绍儿童座椅的安装过程。

① 儿童座椅的安装步骤。

a. 将儿童座椅放在后排座椅上。

b. 取出安全带，由前向后安装到而儿童座椅的导向槽内。

c. 将安全带卡入儿童座椅上部的导向槽内。

d. 将安全带绕过儿童座椅底部卡入另一侧导向槽。

e. 扣上安全带卡扣，收紧安全带，观察安装完成的效果。

f. 正向安装效果如图 4－10 所示，安装过程与反向安装相同。

g. 儿童座椅如果能反向安装，一定要反向安装，这样可以最大限度地保护儿童安全。

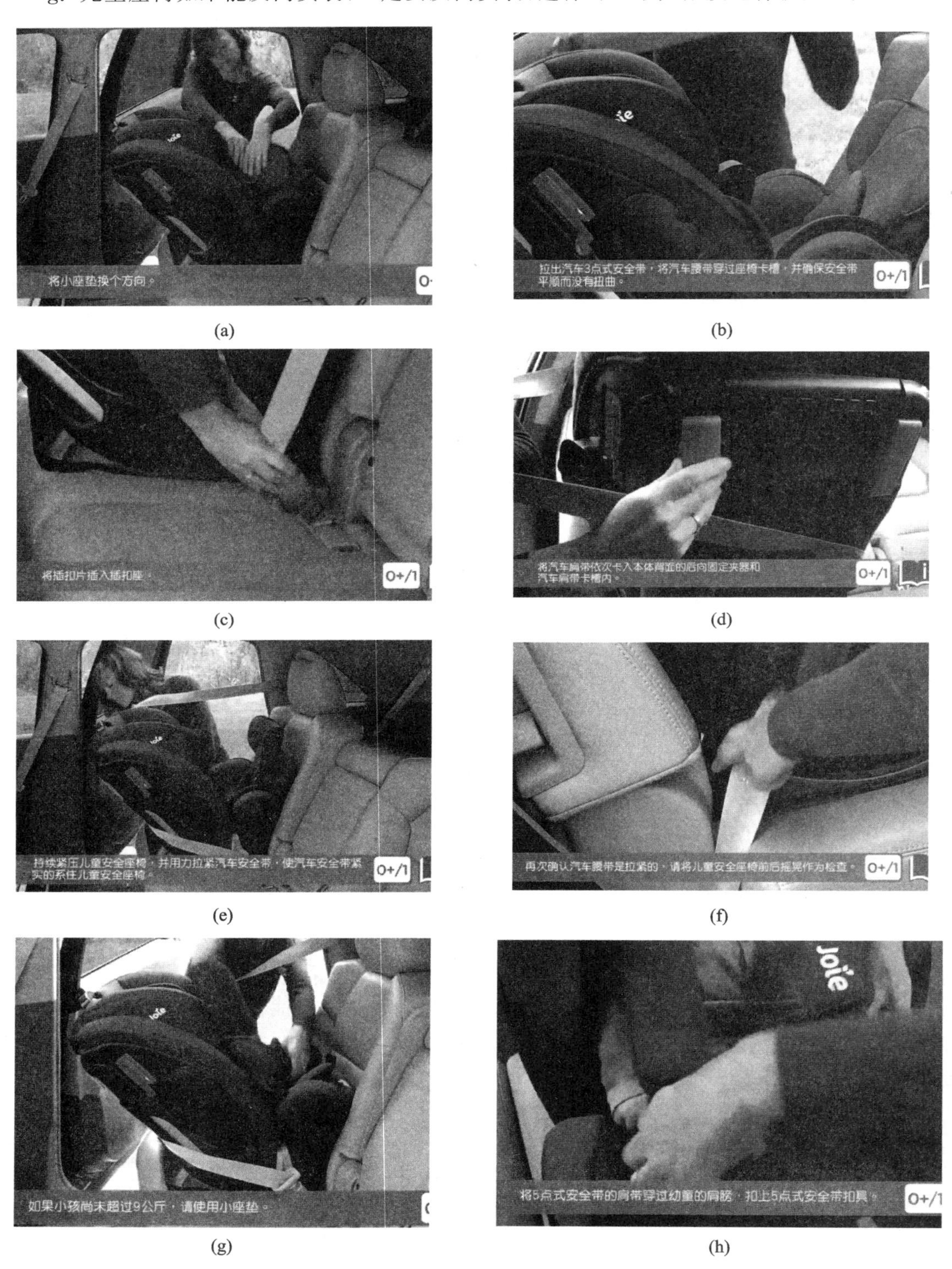

图 4－10　儿童座椅正向安装步骤

② 儿童座椅的选用原则。

a. 大小应与儿童身高相当。

b. 安装形式与汽车相适应

c. 安装位置一般悬在后排座椅上。

6. “安装座椅垫、真皮座椅和儿童座椅”评分标准

“安装座椅垫、真皮座椅和儿童座椅”评分标准如表4－1所列。

表4－1　“安装座椅垫、真皮座椅和儿童座椅”评分标准

序　号	考核项目	配　分	扣分标准(每项累计扣分不能超过配分)
1	安全文明否决		造成人身、设备重大事故,或恶意顶撞考官,严重扰乱考场秩序,立即终止考试,此项目记0分
2	工具的选择及正确使用	10分	不能正确选择及使用工具,每次扣2分
3	座椅垫的安装	25分	1）安装步骤错一次,扣5分 2）安装完成后座椅垫摆放不正,扣5分 3）座椅垫安装完成后不稳固,扣15分
4	真皮座椅的安装	25分	1）缝制不能一次完成,扣5分 2）缝制修改留下针眼,扣5分 3）缝制不合缝、整齐,各扣2分 4）皮套拍打不贴合,扣5分 5）皮套固定卡钉分布不均匀,扣3分 6）皮套固定卡钉松紧不一致,扣5分 7）套装时划伤撕裂皮套,扣完配分
5	儿童座椅的安装	25分	1）不能按照年龄正确选择安装方式,扣15分 2）安装形式与汽车不配套,扣5分 3）座椅安装完成后不稳固,扣15分
6	安全文明生产	15分	1）不穿工作服、工作鞋、工作帽,各扣1分 2）设备、材料乱放,每次扣2分 3）零部件材料表面未及时清理,每次扣3分 4）实训完后不清理场地,扣3分
7	合计	100分	

7. “安装座椅垫、真皮座椅和儿童座椅”操作工单

“安装座椅垫、真皮座椅和儿童座椅”操作工单如表4－2所列。

表4－2　“安装座椅垫、真皮座椅和儿童座椅”操作工单

日　期:＿＿＿＿＿＿＿＿　姓　名:＿＿＿＿＿＿＿＿　得　分:＿＿＿＿＿＿＿＿

信息获取	座椅垫款式:	座椅的皮料:
一、场地、设备及材料的准备检查		
1. 车辆的准备检查		备注:1、2不用做记录
座椅垫、真皮座椅、儿童座椅的准备检查		

续表 4-2

二、操作过程
1. 座椅垫的安装
2. 真皮座椅的安装
3. 儿童座椅的安装

思考题

1. 什么是汽车顶棚内饰?
2. 汽车座椅主要有哪几种?
3. 汽车噪声产生的原因主要有哪些?
4. 桃木内饰的装饰作用主要体现在哪?
5. 保持车内空气清新的方法有哪些?

项目5　汽车车载影音

【知识目标】

➢ 了解汽车音响的结构组成及各部分的功用。

➢ 了解汽车音响的配置原则。

➢ 了解汽车音响的改装原则及注意事项。

【技能目标】

➢ 掌握汽车音响改装的方法。

【素养目标】

➢ 实训操作中培养学生互相协作的团队精神及精益求精的工匠精神。

➢ 培养学生不怕苦、不怕累的劳动精神。

随着生活水平的提高，有车族越来越庞大。但日益增加的车辆，使原本还算宽敞的城市道路，变得越来越拥堵。尤其是上下班的时段，想要汽车在道路上畅快飞驰，已经成了昨日的梦想。人们如何轻松地度过堵塞路段所耗费的时间呢？此时，改装音响大有用武之地，于是很多车主相继选择了升级原车音响。有些音乐爱好者更是砸下重金，改装一套顶级的汽车音响，让自己能在美妙音乐的道路上畅通无阻。

任务5.1　汽车音响设备概述

5.1.1　音响技术的现状和发展

音响设备对于轿车来讲，只是一种辅助性设备，虽然对车子的运行性能没有影响，但随着人们对生活品质的要求越来越高，汽车制造商也日益重视起轿车的音响设备，并将它作为评价轿车舒适性的依据之一。

轿车音响的发展史也是电子技术的发展史，电子技术的每项重大的技术进步都推动着轿车音响的发展。早在1923年，美国首先出现了装配无线电收音机的轿车，随后许多轿车都步其后尘，在仪表台总板上安装了无线电收音机。那时候车用无线电收音机都用电子管，直到20世纪50年代出现半导体技术后，轿车收音机进行了技术革命，用半导体管逐步取代了电子管，提高了轿车收音机的寿命。20世纪70年代初，卡式收录机进入了市场，一种可播放卡式录音带的车用收放两用机出现在轿车上，同时机芯开始应用集成电路。直至20世纪80年代末，一般轿车的音响多以一个卡式收放两用机与一对扬声器为基础组合，扬声器分左右两路声道，有的置于仪表盘两侧，有的置于车门，有的置于后座的后方，收放两用机输出功率多在20 W左右。

汽车音响从家用音响发展起来，从调幅（AM）收音机到调幅/调频（AM/FM）收音机，再有磁带收音机，发展到CD机、MD机、电视机、DVD机。总之随着家用音响的发展，汽车音响已实现多功能、数字化、高性能、大功率，越来越接近家用音响的效果。

5.1.2 汽车音响系统的特点及组成

1. 汽车音响的特点

(1) 结构紧凑

由于汽车音响系统的安装受到汽车仪表盘面积的限制，所以安装体积较小。在有限的体积中，汽车音响多用高密度贴片式元器件，采用多层立体装配结构方式。

(2) 使用环境恶劣

由于汽车在各种路面上行驶，汽车音响系统经常要受到不同程度的振动和冲击，因此要合理地布置音响系统，如CD机一般采用多级减振措施，能够将CD机播放的信息提前一段时间存入芯片，同时受到强烈振动时激光头要进行自我保护而停止工作，这时靠芯片存储的信息发声。另外，汽车音响系统中元器件安装应该牢固。

同时，由于驾驶舱内温度较高，汽车音响系统中的各元器件容易因为温度变化而不能正常工作，所以在选择元器件时要注意防潮及抗高温、抗老化性等；汽车音响在行驶过程中容易沾染灰尘，要注意防尘罩的选择与安装。

(3) 电源要求高

汽车音响系统多采用低压直流供电，大型客车、载货汽车音响系统多为24 V电压供电，小客车多采用12 V供电。电压变化将直接影响系统的输出功率，这就要求供电用线的阻抗值非常小。因此，蓄电池电源接柱多采用优质导电材料制造，并采用低阻抗值的扬声器以获得更大的功率。

(4) 抗干扰能力强

汽车发动机以及各种用电设备共用一个蓄电池，会通过电源线和其他线路对音响系统产生干扰。对于电源线的干扰，采用扼流线圈串联在电源与系统之间进行滤波；对于空间的辐射干扰，采用金属外壳密封屏蔽隔离。

(5) 灵敏度高，动态范围大

汽车在道路上行驶，既有方向变化，又有外界环境影响，要保证收音正常，就要求收音部分灵敏度、选择性、信噪比都比较高，对自动增益控制和自动频率控制要求也很高。收音部分多采用调感方式，以增强抗震和调谐的稳定性，高端音响系统已使用数码合成调谐器。

2. 汽车音响系统的组成

汽车音响系统主要包括主机、功放、扬声器三部分。

(1) 主机(音源)

主机是汽车音响中最重要的部分，它装在汽车控制台上，是音响系统的核心，就好像人的大脑，要发出什么样的声音，得由大脑来控制。能够放置影音软件并将影音软件内存资料解读并转换为影响系统运作信号的音响设备，皆称为“音源”，其既能将音乐软件的磁信号或数字信号等转换成相应的电信号，也是音响系统中的主要组成部分。目前流行的主机有CD主机，MP3加CD碟盒和CD/DVD主机，现在使用最多的是车载CD音响系统。

音源的分类很多，按信号源分成以下几类：

① AM/FM调频器：用来接收电台调频调幅信号，现已发展为数字调频器。

② 盒式卡座：又称卡带机，用于播放磁带，但音质较差。

③ CD播放器：音乐信号的信噪比和音质都较好，是理想的音源，但容量较小。

④ VCD机：VCD机是数字化音频压缩技术MPEG－1的产物，可以播放视频和音频，但音质较差。

⑤ DVD机：高性能的演绎音频与视频。

⑥ MD播放器：是软盘的薄DISC，主要特点是比CD小，音质良好，而且可以录音。

⑦ MP3播放器：容量较大，一张碟可以储存一百多首歌，且音质良好。

⑧ 硬盘播放：可直接从网络上下载音乐进行播放，可以重复录制音乐。

在以上各种信号源中，都以音质作为追求的目标，目前还是CD最为理想，但它的缺点是容量小，一张碟最多灌录10多首音乐，且不能反复灌录。

主机分1－DIN和2－DIN两种规格。DIN位指汽车中控台预留给汽车电器用品（如DVD等）的安装空间，1－DIN指一个标准空间（宽、高固定而深度不限），2－DIN则是1－DIN的2倍。国家标准尺寸为178 mm×50 mm和178 mm×100 mm。

（2）功率放大器

功率放大器简称功放，其作用是将音频输入的信号进行选择与处理，进行功率放大，使电信号具有推动音箱的能力。它一方面将主机输出的数字信号转换成模拟信号；另一方面具有分频功能，使音乐具有层次感、音域感。一般主机内都有内置功放，但功率较小，信号动态范围小，所以性能不如外置功放。外置功放可使信号动态范围增大，输出功率增大，同时其抗干扰能力增强，功率放大器如图5－1所示。

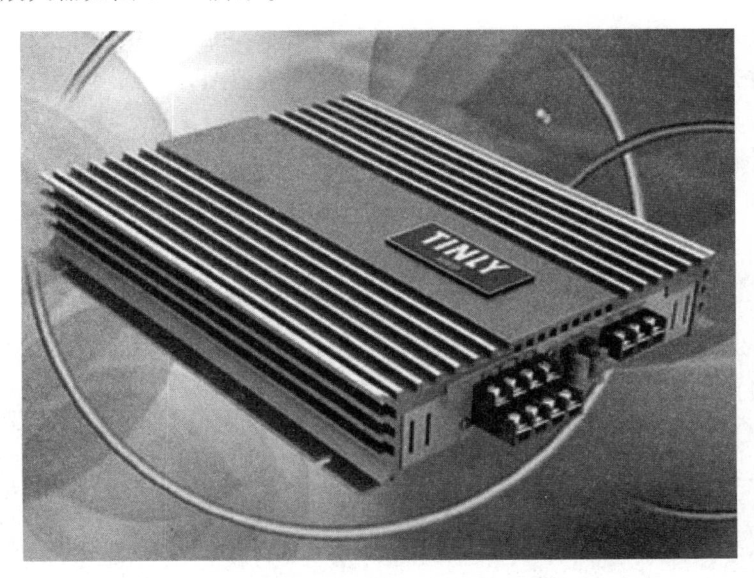

图5－1　汽车功率放大器

按放大器功能分类，可分为前级放大器、后级放大器和合并式放大器。

① 前级放大器：主要作用是对信号源传输过来的节目信号进行必要的处理和电压放大后，再输出到后级放大器。

② 后级放大器：对前级放大器输出的信号进行不失真放大，以强劲的功率驱动扬声器系

统。除放大电路外，还设计有各种保护电路，如短路保护、过热保护、过压保护等。前级功率放大器和后级功率放大器一般只在高档机或专业的场合采用。

③ 合并式放大器：将前级放大器和后级放大器合并为一台功放，兼有两者的功能，即通常所说的放大器都是合并的，应用范围广。

（3）扬声器

扬声器（见图 5-2）是一种将电能转换成声能的电声转换器件，在汽车音响系统中的重要性极为突出，其中质的优劣直接影响系统的重放效果。扬声器一般可按频率和结构分类。

图 5-2 扬声器

1）按扬声器的频率划分

① 高音扬声器：用于回放高频段的音频，通常范围为 4～20 kHz，多安装在汽车 A 柱两侧。

② 中音扬声器：用于回放中音频段音频，通常范围为 500～5 000 Hz。

③ 中低音扬声器：用于回放中低音频段的音频，通常范围为 120～1 000 Hz。

④ 低音扬声器：用于回放低频频段音频，通常范围为 30～1 000 Hz。

⑤ 超低音扬声器：用于回放超低音频频段的音频，通常范围为 10～1 000 Hz。

各种尺寸和频率的扬声器如图 5-3 所示。

图 5-3 各种尺寸和频率的扬声器

2）按扬声器的结构划分

汽车扬声器通常又可以分为套装扬声器（分体扬声器）、同轴扬声器及低音扬声器。扬声器结构如图5-4所示。

同轴扬声器：一般成本较低，也易于驱动，但音场定位与音色都不如套装扬声器那样尽善尽美，所以建议采用套装扬声器，如图5-5所示。

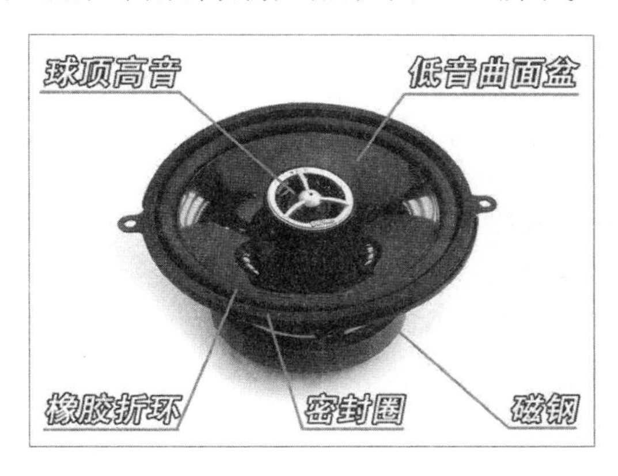

图5-4　扬声器的结构

图5-5　同轴扬声器

套装扬声器：它将各音域（或各工作频率扬声器）分开设计，这种设计使声音音质一般较好，也容易获得良好的音场定位效果，如图5-6所示。

低音扬声器（低音炮）的选择：汽车音响里面8英寸以上的扬声器统称为低音扬声器（不排除某些品牌有特型的6英寸低音扬声器），12英寸以上称为超低音扬声器。如果选择一款8英寸的低音扬声器，则其频率下限可能不会太深，也就是说穿透力、震撼力不是很大，这样就要根据自己的车辆情况来选择。三厢车在安装低音炮时，就要考虑低音扬声器的尺寸，要选择口径相对比较大一些的（12英寸或15英寸）扬声器，还要考虑车的密封性。像奥迪A6、A8、别克君威、君越等密封性相对出色的车型，安装大尺寸的低音扬声器，可以很好地发挥其穿透力，把低音传送到前面去，而两厢车则不同。两厢车的通透性很强，可以不需要太大尺寸的低音扬声器，来给以很大的穿透力。低音扬声器如图5-7所示。

图5-6　套装扬声器

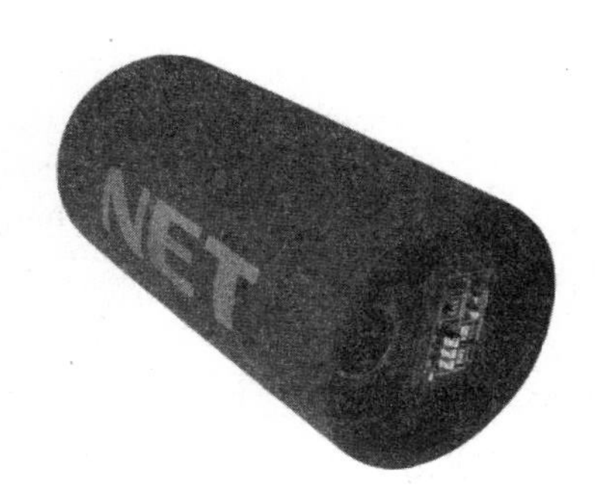

图5-7　低音扬声器

3）线　材

由于汽车在行驶中会产生各种频率的干扰，对汽车音响系统的听音环境产生不利的影响，因此对汽车音响系统的安装布线及线材提出了更高的要求。

① 汽车音响配线的选择：汽车音响线材的电阻越小，在线材上所消耗的功率就越少，系统的效率就越高。即使线材很粗，由于扬声器本身的原因也会损失一定的功率，而不会使整个系统的效率达到100%。线材的电阻越小，阻尼系数越大，扬声器的余振动越大。

② 音频信号线的布线：用绝缘胶带将音频信号线接头处缠紧以保证绝缘，当接头处和车体相接触时，可产生噪声，保持音频信号线尽可能短。音频信号线越长，越容易受到车内各种不同频率信号的干扰。

注意：如果不能缩短音频信号线的长度，超长的部分要折叠起来，而不是卷起。音频信号线的布线要离开行车电脑模块电路和功放的电源线至少20 cm。如果布线太近，音频信号线会拾取到频率干扰的噪声。最好将音频信号线和电源线分开布置在驾驶座和副驾驶座两侧。当靠近电源线、微型计算机电路布线时，音频信号线必须离开它们20 cm以上，如果音频信号线和电源线需要互相交叉时，建议最好以90°相交。

③ 电源线的布线：所选用电源线的电流容量值应等于或大于和功放相接的保险管的值。如果采用低于标准的线材作电源线，会产生交流噪声并且严重破坏音质，电源线可能会发热而燃烧。当用一根电源线分开给多个功放供电时，从分开点到各个功放布线的长度应该尽量相同。当电源线桥接时，各个功放之间将出现电位差，这个电位差将导致交流噪声，从而严重破坏音质。当主机直接从电源供电时，会减小噪声，提高音质。

4）熔断丝

熔断丝相当于保险丝，在电流过大时，首先熔断自己，起保护线路的作用。熔断丝和熔断丝盒分别如图5－8和图5－9所示。

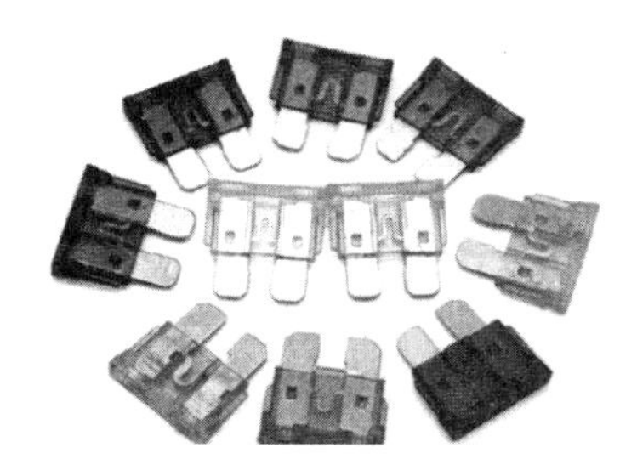

图5－8　熔断丝

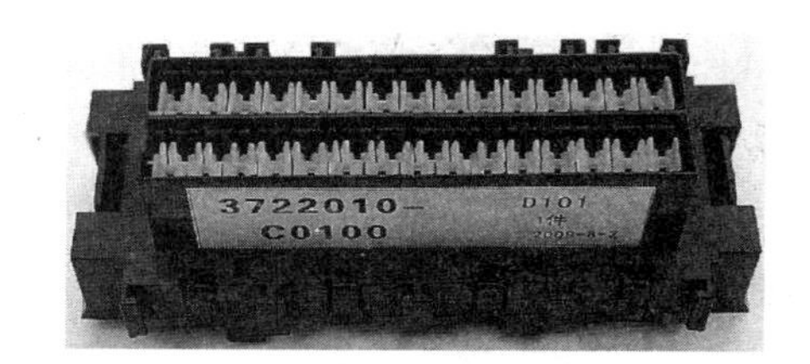

图5－9　熔断丝盒

现代汽车的音响设备很多，为了保护线路及设备，在电路中串接了熔断丝。当设备线路过载或短路时，通过该电路中的电流将激增，熔断丝便立即“烧断”而使电路断开，以防电气设备与线路烧坏。当某一支路熔断丝熔断后，应及时检查线路及电器设备的短路故障并予以排除。

① 查明烧坏原因后再更换：汽车使用中，熔断丝熔断都是突然的，一般没有前兆。其产生的主要原因如下：线路老化、破损造成短路；电气元件过载；更换的电气元件功率与原件不符；发电机输出电压过高。若熔断丝经常烧断，应认真检查电路，未查明原因，不能随意装入大容量的熔断丝。

② 换用的熔断丝容量须与原件相同：熔断丝一般有30 A、20 A、10A、5 A、3 A五种规格，

外表分别涂以绿、黄、蓝、红、紫五色，以区别熔断的不同容量。若换用的熔断丝一通电即被熔断，则应检查该支路上的电气设备，排除故障后再换上新的熔断丝；既不允许换用容量小的，否则极易再次烧坏；也绝对禁止换用容量大的，因为电路一旦发生故障，熔断丝则不起作用，很可能将电气设备或线路烧坏，严重时还会引起火灾。

③ 熔断丝熔断后不能再用：各种熔断丝都是一次性元件，一般不能修复再用；若再使用，易烧坏电气设备或线路，甚至引起火灾。因此，一般在熔断丝盒内都有备件，用完后应及时补充。行驶途中无备件时，可以临时借用其他暂不使用的电气设备上同容量的熔断丝，例如收放音机、加热器、点烟器、时钟等电路上的熔断丝，任何情况下都不能用铜丝代替熔断丝。

5）电　容

电容是表征电容器容纳电荷本领的物理量。我们把电容器的两极板间的电势差增加 1 V 所需的电量，称为电容器的电容。电容器从物理学上讲，它是一种静态电荷存储介质（就像一只水桶一样，可以把电荷充存进去，在没有放电回路的情况下，除了介质漏电导致自放电效应/电解电容比较明显外，电荷会永久存在，这是它的特征），它的用途较广，是汽车电子、电力系统中不可缺少的电子元件。主要用于电源滤波、信号滤波、信号耦合、谐振、隔直流等电路中。汽车音响对电容器的要求是使发电机产生的电尽可能无损耗地到达用电设备，同时兼顾车辆的安全性。汽车里的一切用电均来自发电机，就像城市里的水来自江河或水库。

汽车音响电容器是指用于汽车音响辅助电路的电解电容器，是汽车音响 CD 机、MD 机、DVD 机和高档功率放大器用以提高音频、还原质量的辅助元件，如图 5－10、图 5－11 所示。

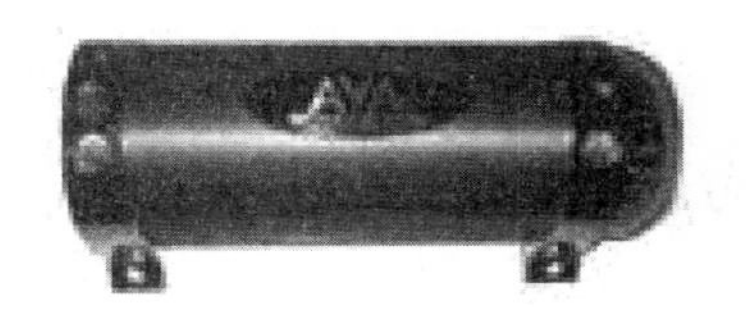

图 5－10　汽车法拉电容器

图 5－11　铝电解电容器

3. 汽车音响电容器在电路中的作用

① 滤波：滤除电源中的多种杂波。由于电容器具有电极两端电压不能突变的特性，电源中的噪声波被电容器吸收，使其在电源电路进入汽车音响的主机和放大电路之前被遏制。

② 信号耦合：电容器在电路中的基本作用是只让交流电通过而不让直流电通过。汽车音响的主机和功率放大器中所“流动”的音频信号，即一定频率范围内的交流信号，交流信号只有形成回路才能进行放大。在晶体管电路中要形成偏置电压，组成放大电路就要应用电阻器。电阻器的运用是组成放大电路的必要条件，但是也存在影响交流信号通路的副作用，就是在一定程度上影响音频信号的通过。电容器的作用是在不改变电路直流参数的前提下，使电路的交流通路更畅通，也就使音频信号中非常微弱的信号也能够被放大，由于信号的损失更小导致其声音的质量也就更高了。

③ 储能：电容器的储能作用也是利用了电容器两端电压不能产生突变的特性。当功率放大器输出大功率能量时，由于其储能作用，利用其反应迅速的动态特性迅速向功放电路充分补

充能量,减小瞬间电源电压降,为功率放大器的正常工作创造必要的工作条件。

4. 汽车音响电容器在汽车音响电路中的实际效果

① 能够减小机头及功率放大器由于电源不良所带来的噪声。

② 在播放大动态的节目源时,减小由于突然电压降而带来的放大器非线性失真。

③ 在优良的汽车音响系统中(对于低档的汽车音响系统作用是不明显的),由于信号在电路中的损失更小了,可以使中音区部分声音饱满;使高音部分声音通透性更好,声音更加明亮;使其低音部分声音更充实而富有弹性。对汽车音响音质的提升具有不可替代的作用。

5. 汽车音响电容器的安装

① 每只电容器上应串联一只保险管,可确保由于电容器失效而引起的电路故障。

② 电容器的安装位置应尽量接近汽车音响机或功率放大器,必须使用短又较粗的电源线连接,电源线的端头处应进行涮锡处理。

③ 可以用小容量数并联大容量数的电容器,这样做可以使其等效内阻更小。

5.1.3 汽车音响的分类

汽车音响分为原装音响和改装音响。

原装音响是各大汽车制造厂根据不同车型的特点而要求音响制造商为其量身定制的音响系统。其特点是外观和汽车内饰融为一体,且安装稳固,但其功能多数较为简单,所使用的音响器材大多属于中档类,这主要受汽车制造成本的限制。

改装音响是由市场供应且采用改装的各大品牌汽车音响产品,也就是公司经销的产品。其特点是个性化极强,产品层次多,能适应不同层次消费的需要,但同时也受汽车预留安装尺寸的影响。

任务5.2 汽车音响的配置

车内空间狭小,同时存在各种声音以及引起的共鸣,这就形成了一个相对较差的听音环境。

安装汽车音响的确不是一件简单的事情。专家说:"三分器材七分装",即要求技师对汽车电路和音响电路非常了解,不能因为安装音响而影响车的性能,也不能留下安全的隐患。所以选择合适的汽车音响配置就显得尤为重要。

5.2.1 配置注意事项

① 器材搭配的风格要统一:汽车音响大致可分为两大流派。音质型,即以古典乐、交响乐为主;劲量型,以流行音乐、摇滚乐为主。主机、功放和扬声器都应按同一风格配置。

② 选择线材要注意屏障:线材分为信号线、电源线和扬声器线。最好是选用高导电率和外皮包有 PVC、PE、PP 等材料的线材。

③ 使用镀金保险座可防止短路。

④ 定位调试,使其发挥潜能:一些音响在改装后收音效果不好、声场错位、相位错误等都要在试音过程中校正。

5.2.2　汽车音响配置原则

① 价格平衡原则：汽车音响系统的档次要与汽车档次相协调，即高档汽车应配置高档音响，中档汽车应配置中档音响，低档汽车应配置低档音响。高档汽车通常车内噪声较小，车体较厚，隔音效果不错，配置一套高档音响可获得满意的音响效果。如果将低档汽车配置高档音响，由于低档汽车的听音环境较差，难以获得好的音响效果而造成浪费。

② 搭配协调原则：搭配汽车音响时一定要考虑一套音响各个组成部分的平衡，即主机、功放、扬声器和线材等都要进行恰当的选择，不可偏废。如果主机与扬声器的音质不匹配，主机功率与扬声器功率就不匹配。因此，选择扬声器只看功率不看灵敏度，属于不合理的搭配。此外，依照车主喜好的音乐风格也是很重要的。主机、功放、扬声器都应按同一风格配置。

③ 功率输出原则：所谓大功率输出原则是指在一套音响系统中，主机或功放的输出功率一定要大，因为它们的输出功率越大，表明它们能够控制的音频线性范围也越大，这也就意味着其驱动扬声器的能力越强。小功率功放不仅容易引起声音上的失真，可能会导致烧毁功放或者扬声器线圈。

④ 音质自然重放原则：专业音响人士评判一套音响系统的优劣时，都会不约而同地将其频响曲线的平滑性作为主要客观参数。

⑤ 安全性原则：在改装音响设备时，电源线路独立于原车电路系统，从蓄电池上单独接出，专供音响器材使用的电路，并在前后配置熔断器（保险器）加以保护，而接线部分必须使用保护套管，以保障车辆的安全。

5.2.3　配置形式

1. 主机+4扬声器

这种配置方式的目的是加大内置功率放大器的功率，主机上表明的功率输出值都是峰值功率。由于主机内空间的限制，以目前通用的技术还无法使内置功率放大器的效果达到内置功率放大器的强劲与高清晰的要求。

图5-12所示为主机+4扬声器的配置方案。

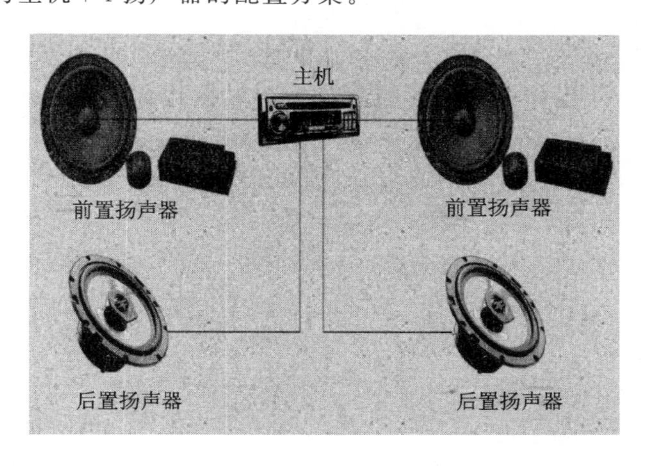

图5-12　主机+4扬声器配置

2. 主机+功率放大器+4扬声器(套装)

图5-13所示为主机+功率放大器+4扬声器的套装图。

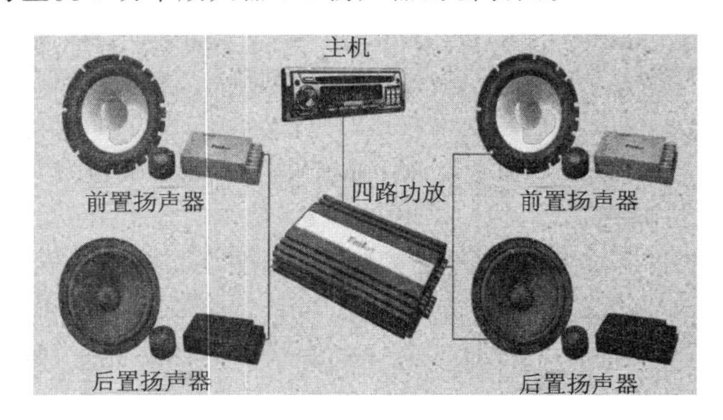

图5-13 主机+功放+4扬声器的套装图

这是一套标准的搭配方式。这种搭配最适于传统音乐、流行歌曲、交响乐等中、高档轿车。

3. 主机+功率放大器+4扬声器+超低音扬声器

有些四声道功率放大器具有无衰减前级输出,使系统扩展超低音(BASS)显得轻而易举,装有超低音的系统最适合于那些喜欢爵士乐、摇滚乐、重金属音乐的顾客。

图5-14为主机+功率放大器+4扬声器+超低音扬声器配置图。

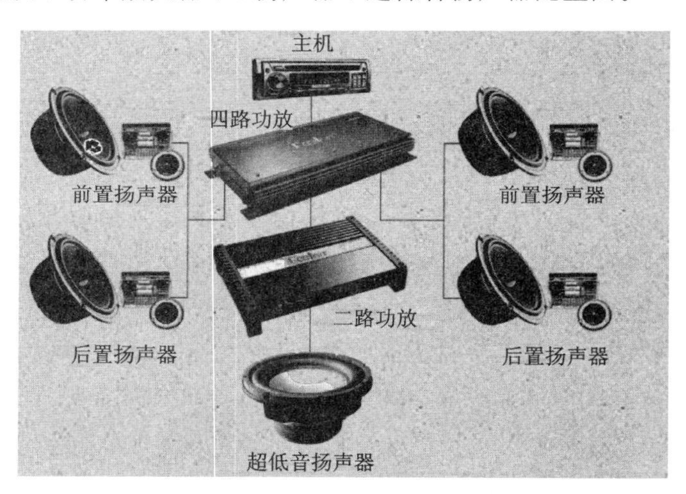

图5-14 主机+功放+4扬声器+超低音扬声器配置图

对于某些中档次的车型,为了达到消除噪声、提高低音部分的声压级目的,也不妨采用这种搭配。复杂的音响除配置主机与功率放大器外,还有电子分音器、均衡器等。

5.2.4 如何选择合适的汽车音响

1. 音源的选用

要达到高质量的音响效果,首先要从音源入手。磁带机频响窄、噪声大,故不考虑使用。VCD音质不如CD好,故CD或MD机是首选对象。选择CD机时注意选用对信号无修饰的机型,即要求“原汁原味”,因为做了修饰的信号会发生畸变失真,使播放出来的信号理想化。

主机最好选用前置输出电平高的，一般选用 2～4 V，这样可提高信噪比。此外，主机的频率特性要宽，收音灵敏度要高，且选择性要好。

2. 功率放大器选用

音响系统中要加入功率放大器(功放)。目前音响主机输出功率在 4×25 W 和 4×40 W 之间，小轿车多采用 12 V 直流电压供电。在低电压供电的条件下，交流信号动态范围小，因此输出大信号时易产生削波失真，在这种情况下表现出来的现象就是扬声器的声音发硬、底气不足。为功放供电还可以采用逆变升压的方法，将 12 V 电压逆变升至 35～40 V，这样信号动态范围加大，从而功率增强，使扬声器发出的声音丰满、底气足、富有弹性。使用逆变电压的另一个好处是当电源电压波动时，功率放大器这个电源电路就会自动调整电压，从而保证输出功率的稳定性。选用功放时首先要看品牌，不能只看外观和技术参数；选择指标时主要看输出功率、频率响应、输出阻抗等。现在市场上有些价格低廉的功率放大器，表面看起来体积大、标定功率高，实际上内在质量差、偷工减料，不能保证良好的音质和稳定的功率输出，所以在购买时最好去专业店选择品牌产品。

对于功率放大器的性能，可以简单地从以下几个方面考核：

① 在通电后无信号输入时，听一听功率放大器的输出是否有静态噪声；

② 电源电压在 11～14 V 时是否有稳定的功率输出；

③ 频响指标是否达到规定值；

④ 标称功率是否与实际相符合；

⑤ 自身抗干扰性能如何；

⑥ 散热是否良好。

此外，功率放大器还要与扬声器匹配才行，这主要应考虑扬声器的功率和灵敏度。同样功率的两种扬声器，用同样的功率放大器推动，效果有时不一样，这是因为扬声器灵敏度不一样。扬声器灵敏度低的，也就是说较“沉”或功率不易被推动的，对于这类扬声器要用试验和试听来选定功率放大器，否则应让专家来推荐。

3. 扬声器的选用

在选择扬声器时应注意与功率放大器相匹配，主要指标是：瞬间最大输出功率、频率特性、直径、阻抗、灵敏度等。在汽车前面最好选用套装(即高音、中低音分开)的方法，一般在一个 4～6 in(英寸)的中音扬声器的基础上增加一个 1～2 in(英寸)的小高音扬声器，这样方便声场定位。高音有指向性，安装的最佳位置应与人耳平行，后面扬声器则尽量选择直径大、低音特性好的，这样整体声音才能显得丰满。

扬声器的音盆材料多用聚丙烯，这是由丙烯合成的高强度热塑性树脂，是由丙烯合成的高强度热塑性树脂。聚丙烯具有优秀的抗湿性、耐油性和抗溶性，而且耐热性能极为卓越，十分强韧；同时具有高灵敏度，通过适当的阻尼效应，展现出清晰而精细的音乐神韵。扬声器的音圈多使用耐热性好的聚酰亚铵，而这正是大功率扬声器音圈筒管的理想材料。扬声器的盆边多使用天然橡胶的皮边，能防止畸变和疲劳。

4. 超低音扬声器的选用

汽车行驶中路面的噪声以及汽车内部结构条件常削弱低音效果，安装适当的高性能超低音扬声器可以很理想地解决这个问题，从而保持自然的音调平衡，听起来富有深度、广度，并且清晰纯净。

超低音扬声器有箱式、筒式，它是利用汽车整个后备厢为围蔽，设计出能重现丰满的低音及大声压级（SPL）的。但是每个人的汽车都有地方摆放音箱，一些人采用吊装方法，把后备厢作为低音箱体。适当的结构设计技术将会使音箱无缝隙，以保证低音扬声器的良好特性。

对于设计合适的超低音箱，计算是非常必要的，这里重点介绍密封式音箱。密封式音箱是把低音扬声器装在密封式箱里，空气的密度决定了扬声器的特性，音箱后补的空气强度影响着扬声器的余音，使用在密封箱里的扬声器会有很远的传播距离和松散的余音，这就使扬声器的声音即使在空气密度相当紧凑的环境中也同样能增加一定量的阻尼系数，尤其对于多种纤维或玻璃纤维绝缘材料是必须的，这将有助于使音箱内的压力和强度均匀，使从低音系统来的声音在中功率转向高功率时尤其连贯且准确。这种设计，其音质对古典乐、爵士乐和现代音乐所起的作用是最好的。

5. 其　他

电瓶装头要采用合金制造表层镀金，电源线选用耐酸和抗氧化材料，通过电流数值要选择符合需要的器材，信号线应使用双层屏蔽电导率高的。此外，为了车辆的安全要在电瓶电源线的输出端加装防水保险。

至此，一套音响系统就组合完成了。如果能注意上述的每个环节，相信就能选配一套理想的音响。

目前市场上的主流音响品牌包括阿尔派、索尼、松下、健伍、歌乐、JVC、MBQ 等。不能用哪种音响最好来评价各品牌，因为不同的音响有着不同的风格和特色，只能说是车主喜好哪一类，或者说哪一种音响适合各车主的欣赏品位。一般来说，1 000～1 500 元的音响改装算是初入门的级别，2 000～5 000 元的改装则应该算是中低级别，6 000～8 000 元的配置属中高级别，而 8 000 元以上，甚至万元以上的配置就是“发烧友”级别了。花费 8 000～20 000 元改装音响的车主最为普遍，而花费 2 万～5 万元改装音响的“发烧友”虽不是主流却也不乏其人。

任务 5.3　汽车音响的安装

5.3.1　安装注意问题

选择好音响后就进入安装环节了，在整个音响系统改装过程中，安装和调试是非常关键的一步。即使是一款非常优秀的音响系统，如果安装不合理，其效果也将大打折扣。通常在音响的安装过程中要注意以下几点。

1. 布线工艺

① 安全性：所有线材一定要具有阻燃性。主机与功率放大器的连接信号最好选用全屏蔽信号线。扬声器连接线应选用截面积在 1 mm^2 以上的线材。功率放大器的电源线要足够粗，以保证大电流顺利且安全通过，保证大电流时有足够小的压降。电源线要穿过铁皮时，要做双重绝缘处理；电源线在发动机旁边的部分，应套上阻燃套管，这样既好看又安全。另外，所有机器应有电源保险装置，以确保整个汽车电路的使用安全。

② 抗干扰性：扬声器所用的音响应远离汽车扬声器线和主电源线，如不可避免离上述线路靠近时，不应与其走向相同，而应与其垂直。尤其是信号线的走向，更要讲究防干扰布线。主机与碟盒、主机与功率放大器的线路走向更应该严格一些。

③ 各种线路的连接点应连接牢固，最好采用焊接方式，这种连接方式可以将电源损失和信号损失减到最小。电源线与安装头应用 30 A 以上的线鼻子连接。电源线、扬声器音响线与功率放大器的连接端应进行刷锡处理，或用线鼻子连接。

④ 由于汽车电源大部分都是采用 12 V 负搭铁单电源设计的，因此汽车音响部分的电源及各个分支部分一定要有单独的保险设计。否则，一旦电源短路后果不堪设想。

2. 装饰工艺

装饰工艺标准一般要保持原车的一切原貌，对增加的装饰部分，要与原车的风格保持一致。例如门饰板包皮革，就要与车内的颜色相协调，其他地方也一样。值得一提的是，美国风格的汽车音响的装饰就是另一种结果，它的音乐风格是高音和低音更强一些，也就是说重金属和低音比较强，音乐的色差比较丰富，这也就决定了其装饰风格的多样性，色彩使用的大胆和色差的对比强烈就成为其他装饰风格的特点，同时其他装饰的细致程度要求很高。

3. 扬声器安装

安装扬声器主要应该注意以下几点：

① 仪表台上的扬声器不能有太大的振动，在声压较大时在仪表台上最好没有用手可感触到的共振。

② 侧门上的扬声器安装要加密封减振垫并做一些相应的减小振动的处理。

③ 后备厢上要安装扬声器，最好增加密度板以减小其共振。

④ 对于超重低音箱，由于其扬声器的直径都大于 200 mm，也就是 8 in 以上，因此其他制作箱体的密度板应在 15 mm 厚度以上，而且在箱体内装有适量的阻尼吸音材料，如吸音棉、海绵、泡沫塑料等。对于为各车型而制作的异型低音箱，最好在选择时观察一下大音量时，箱体是否有比较大的振动，如果振动较大，那么建议最好还是不选择这种漂亮的箱体。

⑤ 不要将四个扬声器的方向和正/负极接错，不要将扬声器接线搭铁。

⑥ 不要将主机上的扬声器输出线与电源正极相碰，不要将扬声器接线搭铁。

4. 声音的调试

安装完毕不代表就改装好了，接下来的调试环节是关键，但这个工作只能由拥有良好的听力并经过培训的技师来完成，这就是为什么改汽车音响最好到专业音响店的原因。因为汽车空间窄小，稍有不妥，音响听起来便很不舒服。即使是名牌音响，如果调试不到位，同样不会有好声音。所以说，好的音响是调出来的，好的技术人员能根据车子内部特点进行调试，让车厢内各部位听到的声音都平衡真实。另外，安装完毕后的调试只是初步调试，车主在使用半个月到一个月后，最好能让技术人员根据使用者的感受再进行一次微调，以发挥音响的最好效果。

由于目前还没有统一的标准，汽车音响安装的效果如何，只能靠个人的比较来判别。一般可以从以下几个方面来调试。

① 汽车启动后，按一下汽车扬声器，看音响扬声器是否存在干扰，如有干扰，就需要进行调整。

② 加大油门，检查发动机和发电机对音响扬声器是否存在干扰，如有干扰，则需要进行调整。

③ 要检查一下大声压(也就是大音量)时，扬声器的安装是否牢固。

④ 对于音质效果，可以用专用试音盘或专用相位测试仪。真正的好音响应该是音量大时也不失真，而且声音通透，层次感好，低音实而不散。由于一般音乐 CD 盘对于缺乏经验的人

来讲是不容易进行判断的，故可以请专业人士帮助判别。

5.3.2 汽车音响的安装标准

1. 线路工艺标准

线路的要求是抗干扰性和安全性。所有线材必须具有阻烧性，信号线必须具有屏蔽性，功放的电源线要够粗。电源线穿过铁皮时要有双层绝缘保护，所有电源线必须套有波浪管。音响部分的电源及其各组成部分应有单独的保险设计，以保证音响的用电安全。扬声器线应远离鸣号线和主电源线，万不得已的情况下，也应交叉垂直走线，尤其是信号线、主机和CD盒的连接控制线。主机与功放的连线要严格控制走向，以防相互干扰出杂音。一般音响店容易忽视的问题：各线路连接点应连接牢固，最好采用焊接，这种连接可将电源损失和信号衰减降到最小。电源线与装头应该用适当的线鼻子连接，一般在焊接或线鼻子连接前进行刷锡处理。

2. 装配装饰工艺标准

这个标准一般要求保持原车的一切原貌。对增加的外装饰部分，其风格尽量与原车保持一致；A柱上高音柱和门饰板的包皮喷漆等，要与车内的颜色和造型相协调。

3. 扬声器安装标准

扬声器安装总的要求是牢固，防震动防共振，安装扬声器时最好加装密封减震垫。仪表台的扬声器最易产生小型共振。低音扬声器的箱体应选择18 mm左右的质量较好的密度板，而且在箱内装有适量的吸音材料，当然，这种扬声器的安装必然会增加一定的人工耗时和材料成本，当店家要收取安装费时，车友们应尽量理解，如果是不收费的安装，应该谨慎检查质量。

4. 声音的聆听标准

音响安装是否有问题，可以通过试听来检查。第一，汽车启动后，按响汽车扬声器，听听扬声器是否存在干扰。第二，加大油门，听听发动机和发电机是否存在杂音干扰。第三，将音量开到“0”，听听高音部是否有电流声。第四，将音量开到三分之二，听听在大声压下，扬声器安装是否牢固，有无共振现象。第五，放一张专业试音盘，判断安装相位是否有错误，或用相位仪检测。

5. 统一的、唯一的检测“仪器”

该类“仪器”是自己的耳朵，安装前后试听。安装前后对比试听是唯一的办法，“适合自己的就是好音响”。

5.3.3 汽车音响的保养

1. 主机的保养

现今大部分的车辆都装备了CD播放机。高温和潮湿会直接损害激光头的使用寿命，为了避免太阳光的直射，最好使用遮阳板抵挡一下烈日。

由于夏季空气潮湿，很容易造成CD盘上结雾，潮湿的CD盘如果直接进入主机会令激光头读取速度跟不上，同时电器元件受潮，严重时还会造成激光头损伤。潮湿和高温是电子组件和激光头老化的主要元凶。

汽车经过阳光暴晒后不宜马上将音响的音量调大，因为电子系统的工作状况是会随温度而发生变化的，立即调大音量不仅会损伤扬声器等电器，而且还会影响主机的使用寿命。

激光头的另一天敌就是灰尘。虽然汽车音响在设计过程中已经考虑了防尘的问题，但由于国内路况千差万别，防尘问题依然重要。在路况环境较差时，车主应及时关闭车窗，平时还应注意车内的保洁。

车用CD机多采用碟片吸入式设计。只须将CD放在入口处，机械结构会自动将盘片吸入。有些车主不了解这一结构，经常用手将盘片推入，这样不仅会损坏盘片，严重时还会损坏机内的托盘结构。

2. 扬声器的保养

防尘：灰尘的伤害不可避免，但应尽量降低其伤害程度。在行车过程中路面灰尘多，应尽量关闭车窗，做好车门密封。音响主机上若有灰尘，可以用拧干的毛巾进行擦拭。清洗完驾驶室之后，最好开窗一段时间，让车内大部分水分蒸发后再关闭车窗，这样就可以很好地避免潮湿。当车在土路上行驶时，尽量不要开窗，以避免大量灰尘从车外涌入车内，并且，最好将空调的外循环调整为内循环。

防潮：水是电器最为害怕的东西。应经常检查车窗密封条是否封严实，若没有封严，在洗车或是雨天时，水从车门流入到扬声器，轻则损坏扬声器，重者烧毁主机电路。洗车时关闭车窗，洗完后打开车窗，使空气流通蒸发车内水分。音响受潮后则会发出“嗞嗞嗞”的声音，严重影响视听效果。

防剧烈震动：剧烈震动会导致音响内部零件松动或是损毁。在清洁音响时切勿大力拍打音响来抖落灰尘，在路况不好的情况下应低速平稳行驶，既保护爱车和音响又保证安全。

3. 碟片保养

碟片不要放在仪表台上。炎热的夏天，碟片在烈日的暴晒下很容易发生变形。

对于音响的磁带部分，同样应注意避热防潮。过高的温度会使磁带发生变形，放进主机时发生卡带现象。如果磁带上面的目录签翻起，不如索性将其撕掉，否则会造成退不出磁带的故障。在长时间不听或处于关机状态时，最好将磁带退出，因为关机时压带轮会暂时压住磁带，时间长了会导致压带轮变形。碟片在长时间不用后会有灰尘和划伤，在擦拭碟面灰尘时要沿着与音频轨迹垂直的方向擦拭。

在使用主机时一定要选择质量好的正版碟片。因为盗版碟经常会有碟面不平或碟孔不圆的情况，在播放时这些隐患都会导致激光头产生跳点等故障，直接有损激光头的寿命。

任务5.4 汽车音响系统的改装

5.4.1 系统的改装

喜欢驾车出游的朋友即使不是音乐“发烧友”也一定喜欢好的音响。好车如果没有好音响，绝对是一大遗憾。美好的音乐不仅可以排解旅途中的孤寂，还可以放松心情缓解疲劳。改装一下自己的音响，绝对会带来意外的惊喜。现在不少汽车服务店都有音响改装服务，讲究点的配置，如换主机、加环绕等大约需要2万元。一般的大约5 000元就可以解决问题。但是要注意汽车音响是“三分材料七分安装”，改装汽车音响一定要去那些大型专业的汽车音响服务店。目前汽车用品市场音响品牌繁多，阿尔派、先锋、来福等世界顶级音响都可以见到，价格档次区别很大，因此车主的选择余地就非常大。只迷信某一两种品牌是不对的，选择汽车音响应从整体考虑，音源、功放、扬声器等各方面品质都应在同一档次上，实现最佳搭配才能发挥最大效能。

汽车音响改装是指改装甚至改造整个汽车的音响系统。初级的改装是将原车的主机换成CD、VCD、DVD、MP3等。现在市场上最流行的是调频＋CD＋MP3＋U盘＋存储卡的音响装置，它无可比拟的兼容性必会风靡一时。换主机无多少技术可言，只需看产品品质及车主的个人喜好，以及正确的接线和处理线头的绝缘。

1. 扬声器的改装

原厂的扬声器由于成本原因，一般功率较小，面临强劲声压、大动态音乐时，往往会失真，影响音乐欣赏。挑选一套适合车主音乐欣赏习惯与品位的高品质扬声器，是汽车改装的关键一步。车用扬声器存在不同的风格，如美国Rockfofd（来福）单元，动态大、声压高、爽朗活跃，讲究气势力度，高频较亮，特别适合表现摇滚乐，气势澎湃的交响乐、流行乐等；美国Boston（波士顿）、德国MBQuart（歌德）则注重声音准确重放和极低的音染，中频细腻、平衡通透，富有音乐味，适合表达柔情的人声、弦乐等，细细品味，真有“丝不如竹，竹不如肉”的境界。

车用扬声器还分为：分频单元（套装扬声器）、同轴单元（全音扬声器）和低音扬声器。同轴单元的特点是成本低，较容易驱动，无论是声相定位，还是音色都不太如人意，但是价格较便宜，为多数人接受。

分频单元是将各音域单体分开设计和制造，再以分频器将各单体连接，使之整个音域做到极低的音染和准确重放，故可以获得更好的声场及层次感。当然要想获得更好的低频，大口径单元仍为首选，也可以选择一对好的低音炮。

值得一提的是，低音炮的使用概率似乎是最低的，往往出现在那些喜欢金属味十足的音乐年轻人身边，是喜欢流行音乐和摇滚乐车主的必备之选。从原理上讲，低音炮和扬声器的工作方式是完全一样的，只是震膜的直径更大，一般在8～10 in（英寸），并且增加了用于共振的音箱。

评价指标方面，低音炮与扬声器基本相同，具体内容这里就不做介绍了，下面只讲一下数值方面的要求，频率响应一般在200 Hz以下，额定阻抗也在4 Ω左右，而灵敏度一般应高于90 dB/（W·m）。

目前低音炮大体上可以分为有源低音炮和无源低音炮两类。有源低音炮是指自身内置有功放的低音炮，使用时不用再另加功放，通常外形为筒式。这种低音炮的不足之处在于散热不够理想、功率不会很大，而筒式造型通常会产生不必要的共振现象，使低音炮的可控性下降。

无源低音炮工作时需要外接功放。这种低音炮的造型和功率选择可以更加灵活，效果自然也就更加理想。另外有源音箱可以再划分为密封箱和打孔箱，前者更加适合深沉的交响乐，后者更加适合流行音乐。

2. 功放的改装

挑选功放首先要考虑它的音色，最好选择中性的功放，其次是保证有足够大的功率。当然功放工作的稳定性和散热也是必须考虑的，建议选用“来福”“阿尔派”“JRL”等知名度较大的品牌。很多人认为改装汽车音响就是将原车的设备单独拆下，换上性能更加理想的专业产品就可以了，事实上大多数人也是这样做的，并不能说这种改装方法有什么不对，只能说这只是适合那些对音质要求不高的人们，要想获得更加优美的声音享受就要涉及加装功放、低音炮等设备，而且还会涉及各款产品之间的搭配问题。

2004年10月的《汽车导购》关于车载音响主机的介绍当中曾经提到，很多情况下主机的额定输出功率不能胜任带动整个音响系统的任务，这时就要在主机和播放设备之间加装功率放大器来补充所需的功率缺口，而功率放大器在整个音响系统当中起到了“组织、协调”的枢纽作用，在某种程度上主宰着整个系统能否提供良好的音质输出。

目前市场上车用功率放大器的种类很多，分类方法也比较复杂。最常见的是按照工作方式分为A型、B型和AB型。

A类是指放大器每隔一定时间收集一次主机传输过来的音频信号，并将其放大后传输给扬声器，而这一过程当中的“缓冲作用”保证了系统能够输出温和、平顺的声音信号，不足之处在于消耗的能量较大。

B类功率放大器则取消了前面所说的“缓冲作用”，放大器的工作一直处在适时状态，但是音质方面较前者就要差一些。

AB类放大器，实际上是A类和B类的结合，每个器件的导通时间在50%与100%之间，可以称得上是当前比较理想的功率放大器。

选购功率放大器时，首先要注意以下技术指标。

① 输入阻抗：通常表示功率放大器抗干扰能力的大小，一般为5 000～15 000 Ω，数值越大代表抗干扰能力越强。

② 失真度：指输出信号同输入信号相比的失真程度，数值越小质量越好，一般在0.05%以下。

③ 信噪比：是指输出信号中音乐信号和噪声信号之间的比例，数值越大代表声音越纯净。

另外，在选购功率放大器时还要明确自己的购买意愿，如果希望加装低音炮，最好购买5声道的功放，通常2声道和4声道扬声器只能推动前后扬声器，而低音炮只能再另配功放，5声道功放就可以解决这个问题。功率放大器的输出功率也要尽量大于扬声器的额定功率。

5.4.2 系统的搭配

如何合理搭配各款设备，才能得到理想的声音效果。为了让读者有比较详尽的认知，将以逐级的方式介绍汽车音响搭配过程中每一步需要注意的问题。

体现音乐风格的主要设备是扬声器，相对先选定主机来说，选定扬声器后匹配功放等设备其灵活性更强。所以选购的第一步就是挑选适合自己的扬声器，而匹配的第一步就是扬声器和输入设备之间的问题。

① 扬声器与输入设备能够和扬声器谈得上匹配的输入设备有功放和主机。一般主机的技术名牌上只标注产品的最大功率，而实际工作只能提供这个数字的50%，很多时候是看名牌就断定能够带动扬声器是错误的。如果选用功放带动扬声器，那么最好选择输出有效功率在50 W以上的产品，因为一般扬声器的额定功率都在40～50 W范围内。

② 功放与主机汽车音响系统的搭配中最常见的问题发生在功放和主机之间。要外接功放主机至少要有1组前置输出，较好的主机会有3组以上。其次是主机的输出信号电压要在2 V以上，高保真主机可以达到4 V以上，这样才可以保证功放有良好的“原材料”进行加工。由于功放的能量源是独立于主机的，所以平时主机和功放之间功率的搭配一般不存在问题。

③ 主机与汽车主机同汽车之间的搭配，首先要注意蓄电池是否能提供充足、稳定的电能，如果蓄电池在遇到“开起大灯”等情况时，电流有较大波动，就会影响主机的使用寿命。其次在选购主机时要尽量做到其面板风格、灯光等同车辆的内饰和谐统一、色调一致。再次加装CD

主机，最好重新检查车辆线路，如果不能承受过大的电流，最好重新布线。

前面介绍了一些关于汽车音响搭配方面的具体问题，总体上可以概括为以下几个方面：首先尽量做到各个配件之间的搭配均衡，这种均衡涵盖了音乐风格、功率、电流等诸多方面，明确自己的预算，量体裁衣，没有必要过分要求某一部件的过高性能；其次在功率方面，要保证主机和功放的输出功率能够大于扬声器额定功率，这样操控起来才得心应手。

思考题

1. 汽车音响的主要组成部分包括哪些？
2. 汽车音响配置时须考虑的因素是什么？配置原则是什么？
3. 汽车音响的安装步骤是什么？
4. 汽车音响如何做好保养？

项目6　汽车功能性装饰

【知识目标】

➢ 了解汽车常用的功能性装饰有哪些。
➢ 了解车载电话的作用和特点。
➢ 了解汽车防盗装置的类型及特点。
➢ 了解倒车雷达的组成及工作原理。
➢ 了解汽车的其他功能性装饰。
➢ 了解汽车改装的相关知识。

【技能目标】

➢ 掌握倒车雷达的安装方法。
➢ 掌握倒车影视、DVD的安装方法。
➢ 熟悉汽车氙气前照灯的改装方法。

【素养目标】

➢ 培养学生团队协作意识及精益求精的工匠精神。
➢ 培养学生严格遵守法律法纪的法制意识。

在购买汽车时，很多车主会考虑具有多功能的车型。而有些原厂配置的车辆不能满足车主的需要，因此很多车主会考虑加装功能性装饰。例如车载电话、汽车导航仪、汽车防盗器、倒车雷达等，这些功能可以提升车主的驾车乐趣，更加贴近个性需求。

任务6.1　车载通信设备

所谓车载通信系统，是在智能交通系统、传感器网络技术的发展基础上，在车辆上应用先进的无线通信技术，实现交通高度信息化、智能化的手段。车载通信系统的广泛定义是指装载在汽车上的移动通信系统。车载通信系统通过车车、车路通信将交通参与者、交通工具及其环境有机结合，提高了交通系统的安全和效率。

车载通信系统以车为载体，同时能够随车的移动进行无线信号的传输。车载通信系统可以解决驾驶中遇到的通信问题，使驾驶更安全便捷。车载免提系统是专为行车安全和舒适性而设计的。

6.1.1　车载电话概述

移动电话给人们带来了极大的便利，但司机在驾驶汽车的行进过程中用手机直接通话行车不安全因素之一。实验证明，开车接打手机会导致驾车者注意力下降20%，如果通话内容重要，则驾驶者注意力甚至会下降37%。国内研究也表明，行车中用手机拨号和通话时，发生事故的概率高达27.3%，是正常行车风险的4倍。世界上不少国家制定了严禁司机驾车时用手机通话的规定，我国也有相关法律限制司机驾驶时使用手机。正因为如此，车载电话系统得到了汽车生产厂商、通信设备生产商和广大车主的重视。目前，国内主要汽车生产厂商已经在其生产的主要车型上部分安装了车载电话系统，例如奥迪A6全系列、宝来1.8T和豪华型、帕萨特2.8V6、君威及风神蓝鸟等。车载电话的作用是：

① 车载电话具有声控免提功能，避免了开车打手机可能造成的危险。

② 车载电话具有DPS数字系统功能，可以过滤杂音，使语音更清晰，避免了驾车者注意力下降，从而降低了撞车危险。

③ 车载电话的天线是放在汽车外面的，在汽车内没有电子信号辐射，对人体很安全。

④ 因为车内无电子辐射信号，所以不会对车内的精密仪器(如ABS系统、气囊等)产生干扰。

车载电话还可以延伸出很多功能，例如多方通话、语音和数据切换，若加上传真机或者计算机，汽车就可以变成移动办公室。因此，车载电话是符合未来人类商业活动以及生活形态的产品。

图6-1所示为车载电话。

图6-1　车载电话

6.1.2　车载电话分类

车载电话可以分为车载蜂窝电话和车载手机免提电话两类。

1. 车载蜂窝电话

蜂窝电话是一种移动电话系统，能够使无限多的用户同时进行电话通话；蜂窝电话解决了有限高频频率与众多高密度用户需求量的矛盾和跨越服务覆盖区信道自动转换的问题。

车载蜂窝电话固定安装在车辆上，可以随车移动，它与交换台之间依靠无线电联系。为了有效利用无线电波，增加用户容量，必须利用相同频率的无线电波。为此，将通信区域划分为一个个小区，每个小区建立覆盖整个区域的基站，相邻小区的边缘存在重叠区。这样，当汽车行驶在这些区域时，通过通信的相互转换就可以保持通信不中断。

车载蜂窝电话的主要设备包括无线电发射/接收机、电话机和天线，一般用于高档商务车上，应用不如车载手机免提电话广泛。

2. 车载手机免提电话

车载手机免提电话是用手机作为通话器，配以声控系统，实现免提功能的车载电话。与车载蜂窝电话相比，其结构简单，安装方便，成本低廉，是目前汽车通信的主流。

6.1.3　车载手机免提电话

1. 低档的车载蓝牙免提装置

低档的车载免提装置使用点烟器作为电源，采集声音信号并通过扬声器放大，安装简易。其最大的缺点是可听辨程度都较差。使用者宜用快速记忆拨号，否则输入拨号极为危险。目前市场上此类车载免提装置比较多见，价格在300元左右。图6－2和图6－3所示均为车载蓝牙免提系统。

图6－2　车载蓝牙免提系统(一)

2. 车载电话系统

车载电话系统可与驾车者的手机匹配，装置采用固定接驳电源，一般包括外置天线、分体

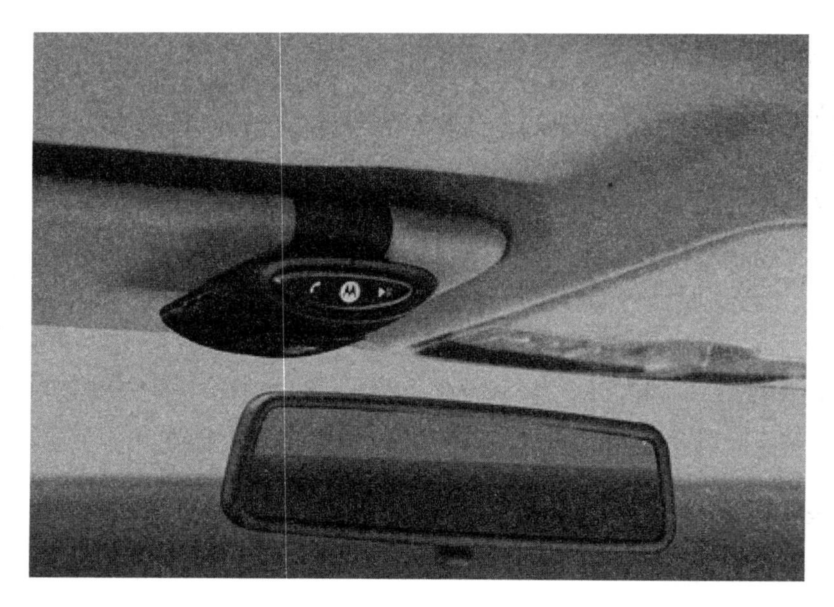

图 6-3 车载蓝牙免提系统(二)

式麦克风,备有接驳收音机设备,当使用电话时能自动触动收音机静音。此种装置由于具有数字信号处理技术,通话质量好,具有声控功能,使用方便。还有一些先进的车载电话系统采用蓝牙技术,免提系统可以与进入车内的蓝牙手机形成小范围的无线局域网。蓝牙手机可以放在车上(以免提系统为圆心的 10 m 范围以内)的任何一个地方,只要操作免提系统即可在开车时顺利地接打电话。

3. 车载电话系统的特点

① 不需要任何烦琐的设置和操作就可以将车主手机转移到车载电话系统,上车打开点火开关后只要将车载电话打开即可。

② 通过置于车内部的免提麦克风和音响的扬声器实现电话的车内免提通话。

③ 下车时关掉点火开关,再有来电就会自动切换回车主手机上。

④ 无论收音机是否打开或是否播放音乐,来电时自动静音并切换至电话模式。

⑤ 利用车内具备的集成外接天线接口,将电磁辐射导向车外,消除了电磁辐射对人体的危害。

⑥ 通过接通耳机或将适配器从支架上取下,可实现与私人通话模式。

⑦ 手机自动充电、自动开机、自动设置的通话模式。

6.1.4 安装方法及使用注意事项

1. 安装方法

车载电话有安装型与非安装型。

① 安装型车载电话:该类车载电话需要三根线:常火、地线、ACC,可查看参考资料中的安装图。

② 非安装型车载电话:代表型号有摩托罗拉 M930B、M930BP,这类车载电话可以随身携带。

2. 注意事项

在使用车载电话之前，需要注意以下事项：

① 当打开汽车点火开关时，车载电话自动接通电源。

② 当关闭汽车点火开关时，互动式电话不会自动切断电源，它会根据设置的断电延时和时间延迟实现断电。

③ 定时检查车载电话，确保其正确安装及正常工作。要使用车载电话，必须插入一张有效的 SIM 卡。

④ 要将手柄从手柄托上拿起来，拿住手柄底部，轻轻向上提起即可。

任务6.2　车载全球定位导航系统

6.2.1　车载导航仪概述

GPS 是英文 Global Positioning System(全球定位系统)的简称。GPS 起始于 1958 年美国军方的一个项目，1964 年投入使用。20 世纪 70 年代，美国陆海空三军联合研制了新一代卫星定位系统 GPS，主要作用是为陆海空三大领域提供实时、全天候和全球性的导航服务，并用于情报收集、核爆监测和应急通信等。经过 20 余年的研究实验，耗资 300 亿美元，到 1994 年，全球覆盖率高达 98%的 24 颗 GPS 卫星星座已布置完成。

GPS 具有如下优点：使用低频信号，即使天气不佳仍能保持相当的信号穿透性；全球覆盖(高达 98%)；三维定速定时高精度；快速、省时、高效率；应用广泛、多功能；可移动定位；不同于双星定位系统，使用过程中接收机不需要发出任何信号，增加了隐蔽性，提高了军事应用效能。

汽车导航仪即车载 GPS 导航系统，其内置的 GPS 天线会接收到来自环绕地球的 24 颗 GPS 卫星中的至少 3 颗所传递的数据信息，结合储存在车载导航仪内的电子地图，通过 GPS 卫星信号确定的位置坐标与此相匹配，进行确定汽车在电子地图中的准确位置，这就是平常所说的定位功能。在定位的基础上，可以通过多功能显示器，提供最佳行车路线、前方路况以及最近的加油站、饭店、旅馆等信息。若 GPS 信号中断，由此而迷了路，也不用担心，GPS 已记录了行车路线，驾驶员可以按原路返回。当然，这些功能都离不开已经事先编制好的使用地区的地图软件。

6.2.2　汽车导航仪的组成

GPS 是以全球 24 颗定位人造卫星做基础，向全球各地全天候地提供三维位置、三维速度等信息的一种无线电导航和定位系统。GPS 的定位原理是：用户接收卫星发射的信号，并从中获取卫星与用户之间的距离、时钟校正和大气校正等参数，通过数据处理确定用户的位置。现在，民用 GPS 的定位精度可达 10 m 以内，GPS 具有的特殊功能很早就引起了汽车界人士的关注，当美国在海湾战争后宣布开放一部分 GPS 的系统后，汽车界立即抓住这一契机，投入资金开发汽车导航系统，对汽车进行定位和导向显示，并迅速投入使用。

汽车 GPS 导航系统由两部分组成：第一部分由安装在汽车内的 GPS 接收机和显示设备组成；第二部分由计算机控制中心组成，两部分通过定位卫星联系。计算机控制中心是由机动车管理部门授权和组建的，它负责随时观察辖区内指定监控的汽车的动态和交通情况，因此整个汽车导航系统有两大功能：一个是汽车踪迹监控功能，只要将已编码的GPS接收装置安装在汽车上，该汽车无论行驶到任何地方都可以在计算机控制中心的电子地图上指示出它的所在方位；另一个是驾驶指南功能，车主可以将各个地区的交通线路电子图存储在软盘上，只要在车上接收装置中插入软盘，显示屏上就会立即显示出该车所在地区的位置及目前的交通状态，既可输入要去的目的地，预先编制出最佳行驶路线，又可接收计算机控制中心指令，选择汽车行驶的路线和方向。

随着计算机技术的快速发展，汽车系统已成为计算机软硬件的必争之地。汽车导航系统是其中最为突出的应用之一。从应用的角度，汽车导航系统可分为两种。第一种是汽车拥有独立的GPS导航装置，可以进行自主导航。例如，全球导航系统领先者VDO公司开发的MS6000系统，将音响和导航技术融为一体，采用直观的菜单和易操作的遥控装置，只要输入目的地，并在它提供的最多8条路线中选定一条，就可在导航系统的指引下轻松上路。它会通过车载扬声器，播放行驶方向的语音提示，并在大型彩色显示屏上显示导航图像。日本松下公司推出的多用途汽车GPS导航仪，配备了CD驱动器和5.8英寸TFT液晶显示器。第二种是公众信息服务性质的车辆定位跟踪、监控系统。它由车载GPS接收部分和监控中心GPS定位导航部分组成，使用专线或公共网络进行通信，为行驶的车辆提供导航信息、跟踪调度、安全防盗、信息查询与救援等服务。北京的“奥星天网”GPS信息服务系统、南京的110报警巡逻车GPS系统等，均属于此类之列。

目前，汽车导航系统的理论研究与实践探索已经呈现出方兴未艾的蓬勃趋势，许多软件公司都已开发了自己的汽车导航系统。汽车导航系统的不断发展和成熟也必将为社会经济的发展带来更多收益，为人们带来更多便利。

6.2.3 汽车导航仪的主要功能

1. 地图查询

地图查询功能可以让驾驶员在操作终端上搜索要去的目的地位置；可以记录常去地方的位置信息，并保留下来，也可以和别人共享这些位置信息；模糊查询某个位置附近的信息，如加油站、宾馆、取款机等信息。

2. 路线规划

GPS导航系统会根据车主设定的起始点和目的地，自动规划一条线路。规划线路可以设定是否要经过某些途径点。规划线路可以设定是否避开高速等功能。

3. 自动导航

语音导航：用语音提前向驾驶员提供路口转向和导航系统状况等行车信息，就像一个懂路的向导告诉你如何驾车去目的地一样。导航中最重要的一个功能是使你无须观看操作终端，通过语音提示就可以安全到达目的地。

画面导航：在操作终端上，会显示地图，以及车子现在的位置、行车速度，目的地的距离，规划的路线提示和路口转向提示的行车信息。

重新规划线路：当驾驶员没有按规划的线路行驶，或者走错路口时候，GPS导航系统会根据当前位置，重新规划一条新的到达目的地的线路。

6.2.4 汽车 GPS 的应用

GPS 是一种全球性、全天候、连续的卫星无线电导航系统，可提供实时的三维坐标、三维速度和高精度的时间信息，为驾驶员和野外工作者提供导航、定位、跟踪等服务。

1. 基于 GPS 的汽车导航系统

车载导航仪是现代多学科的高新技术结晶，它综合了导航卫星及目标定位技术、陀螺等传感技术、GIS 数字电子图技术、城市智能化交通管理技术、GSM 动态导航通信业等高新技术的成果。

2. 基于 GPS 的公共汽车在线跟踪控制系统

由于公共汽车线路固定，不存在选择最佳行驶路线的要求，故采用 GPS 定位系统的目的主要在于跟踪控制车辆及时调度，方便乘客及时获取信息。其中新加坡新巴(SBS)已在试验实施 GPS 公共汽车在线跟踪控制系统。

3. 基于 GPS 的出租车队自动调动系统

该系统主要用于调控运输力、提高道路运输效率、防止拒载及定位等。

4. 基于 GPS 的行车记录仪

欧盟成员国、日本等自 20 世纪 70 年代以来，以立体的形式在部分客运和货运汽车上强行安装汽车行驶记录仪。

行车记录仪由 GPS 接收机、电子地图及电子地图匹配器、处理器等组成。能实时接收移动车辆的 GPS 定位数据并将其通过坐标转换，由地理坐标变为屏幕坐标在电子地图上以一定符号显示车辆定位的动态轨迹，可以全屏显示、缩放和分层显示，还可以选择任意路段回放车辆轨迹并任意选择回放速度。

6.2.5 如何正确选购汽车导航仪

常见的 GPS 导航系统一般分为五种形式：手机式、PDA 式、多媒体式、车载式、笔记本式。随着智能手机的普及和 PDA 功能的手机化，前三种形式开始出现交叉。图 6－4 为 GPS 导航系统示意图。

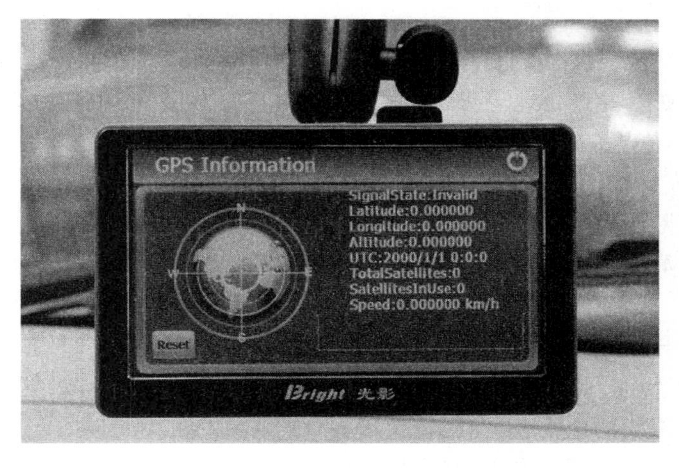

图 6－4 GPS 导航系统

手机式导航系统携带方便，一个小小的模块丝毫不会成为负担，价格相对众多GPS产品也比较低廉。

PDA式GPS由于导航系统接收端子内置于机身，因此需要时刻注意机体的位置，最好始终置于前风挡下。虽然PDA式GPS提供了除了导航之外的其他各种丰富功能，但随着笔记本电脑的普及化、轻型化，对于大部分人来说，缺少了手机功能的PDA开始变成鸡肋。

多媒体GPS也称车载GPS，除了放在车上使用外，几乎没有其他功能可言。也正是由于这种功能的单一性，使它们可以做得更加简便而实用。大部分车主更青睐于多媒体式GPS的主要原因还是在于它的简便易用。与之前面提到的产品不同，在多媒体式GPS里，导航系统才是其主要功能。触屏式手写输入，操作便捷的界面，即便是对于老人，也是一种相当容易上手的电子产品。某些产品还提供额外的GPS天线，可以将其吸附在车顶，通过一根数据线与主机相连，从而达到更好的信号接收效果。

笔记本式GPS更多的还是以一种“发烧玩乐”的状态出现的，虽然笔记本已经小型化，但仍旧不能像其他产品一样单纯依靠一个吸盘进行固定，在车上抱着一个10英寸的设备做导航也不是件易事，它更多的还是适合GPS发烧友进行自制地图的测试、修改或软件的试用。

在选购GPS之前最好先进行试用，有些产品虽然宣传得十分到位，但是操作使用上存在很多问题。最好能够听取周围GPS用户的意见，网上的评论也可参考。如果购买时不能进行实际试用，可以尝试设定一个自已熟悉的目的地，利用系统的模拟导航功能查看软件的路线计算情况。另外可以尝试设定一个比较生僻的地点，检验产品对于地址的搜索能力。一般一款操作便捷的多媒体式GPS系统，可以在不使用说明书的情况下完成绝大部分的操作。

无论是哪种GPS都是一笔不小的开销，因此在购买前一定要分清需求，如果并不需要经常使用，一款手机式GPS或带有手机功能的PDA式GPS是最好的选择。如果需要经常性使用，甚至需要多人使用，但自身对于电子产品又不是很在行，此时一款多媒体式GPS能够帮上大忙。同时也一定要将后期的使用成本核算在内，手机式和PDA式GPS的地图大多为网上下载，各款地图的更新速度不尽相同，要注意选择。而对于多媒体式和车载式GPS则要向经销商详细询问地图更新频率和更新费用。

6.2.6 汽车导航仪的发展

车载导航系统的最新发展趋势是利用蓝牙无线技术，接收车载GPS传送过来的信号。这样，车载系统只需要接收和处理卫星信号，而显示装置则负责地图的存储和位置的重叠。所以，如果已经有了掌上电脑，只需要购买一个信号接收器和成图软件就可以了。其实，很多手机已经具备了GPS功能，若是加上了地图的重叠功能，就可以变成一套移动导航系统。

车载导航系统除了可以用来指路之外，还可以发展出许多其他的用途，比如寻找附近的加油站、自动提款机、酒店或者其他一些商店。有的还可以提前告知驾驶员如何避开危险地区或交通堵塞路段。

大多数的车载导航系统利用视觉显示系统，作为人机交流的接口。有些则提供语音系统，让人们直接与导航系统对话，用语音来提醒驾车人何时该转弯，何时该开出高速公路。有的还可以提供一个行经路线的地图，以便回程之用。

有的车载导航系统还可以有不同的语言显示，有的还可以告知驾驶员当地的限速、路况和平均速度，也可以用来估计到达目的地的时间。

任务6.3 汽车防盗系统

6.3.1 汽车防盗装置概述

汽车防盗器就是一种安装在车上,用来增加盗车难度、延长盗车时间的装置,是汽车的保护神。它通过将防盗器与汽车电路配接在一起,从而可以达到防止车辆被盗、被侵犯、保护汽车并实现防盗器各种功能的目的。

6.3.2 汽车防盗器的分类

随着科学技术的进步,为对付不断升级的盗车手段,人们研制出各种方式、不同结构的防盗器。防盗器按其结构可分为四大类:机械式、芯片式、电子式和网络式。

1. 机械式防盗器

机械式防盗装置是市场上最简单最廉价的一种防盗器,其原理也很简单,只是将转向盘和控制踏板或挡柄锁住。其优点是价格便宜,安装简便;缺点是防盗不彻底,每次拆装麻烦,不用时还要找地方放置。机械式防盗装置比较常见的有以下几种。

(1) 转向盘锁

所谓转向盘锁就是大家熟悉的拐杖锁,它靠坚固的金属结构锁住汽车的操纵部分,使汽车无法开动。转向盘锁将方向盘与制动踏板连接在一块,或者直接在方向盘上加上限位铁棒使方向盘无法转动。市场上推出一种护盘式转向盘锁,以覆盖的方式,将镍铝高强度合金钢横跨在转向盘的第二辐条上,在锁头上再接一根钢棒,防止歹徒使用暴力窃车。这种锁为隐藏式,有一层防锯防钻钢板保护,另外材质也比传统的拐杖锁坚固,锁芯也设计得更加精密。

(2) 可拆卸式转向盘

该种防盗器材在市场上较拐杖锁少见,其整套配备包括:底座、可拆式转向盘、锁帽盖。操作程序是:先将转向盘取下,将锁帽盖套在转向轴上。即使小偷随便拿一个转向盘也无法安装在转向轴上。该类防盗锁的优点是不会破坏原车结构,故障率低,操作容易;缺点是车主必须找一个空间拆下隐藏的转向盘。

(3) 离合刹车锁防盗(可锁刹车或者油门)

离合刹车锁是将汽车制动踏板或离合器踏板锁住并支撑稳,使其无法操控而防止车辆被盗。其特点是:结构简单,不影响汽车的内饰和整体的美观。但是夜间照明不良时,上锁就很困难。另外不需要每次上下车时先蹲下用钥匙去开锁。

(4) 车轮锁防盗

车轮锁是车体外用锁,锁在车轮上可以牢固地锁住汽车的轮胎,使车轮无法转动来防止汽车被盗。车轮锁一般锁在驾驶座一侧的前轮上,比车内锁具有更明显的震慑力。但是车轮锁笨重,体积大,携带不方便。

(5) 防盗磁片

防盗磁片全称汽车车锁防盗防撬磁片或汽车防盗磁片,是用物理方法堵住汽车钥匙孔,依靠防盗磁片的强磁力吸到汽车车锁锁眼中,盖住锁芯(严丝合缝)以达到汽车车锁防撬盗的汽车防撬盗保护装置。该装置应用在汽车锁孔锁芯的暴力防撬盗上,对使用暴力撬盗汽车车锁具有非常好的防止效果。

(6)排挡锁

目前排挡锁成为多数车主的最爱,因为此防盗系统简便又坚固,采用特殊高硬度合金钢制造,防撬、防钻、防锯,且特别采用同材质镍银合金锁芯和钥匙,没有原厂配备钥匙,绝对无法打开,钥匙丢失后,可使用原厂电脑卡复制钥匙。

上述机械式防盗装置结构比较简单,占用空间,不隐蔽,每次使用都要用钥匙开锁,比较麻烦,而且不太安全。因此,随着电子技术在汽车上的应用,电子式防盗装置就应运而生。

2. 芯片式防盗器

芯片式数码防盗器是汽车防盗器发展的重点,大多数轿车均采用这种防盗方式作为原配防盗器。芯片式防盗的基本原理是锁住汽车的发动机、电路和油路,在没有芯片钥匙的情况下无法启动车辆。数字化密码的重码率极低,而且要用密码钥匙接触车上的密码锁才能开锁,杜绝了被扫描的可能。进口的很多高档轿车,国产的大众、广州本田和派力奥等车型已装有原厂的芯片防盗系统。

芯片式防盗器已经发展到第四代,最新面世的第四代电子防盗芯片具有特殊的诊断功能,即已获授权者在读取钥匙保密信息时,能够得到该防盗系统的历史信息,系统中经授权的备用钥匙数目、时间印记以及其他背景信息,成为收发器安全性的组成部分。第四代防盗系统除了比以往的电子防盗系统能更有效地起到防盗作用外,还具有其他先进之处,如独特的射频识别技术可以保证系统在任何情况下都能正确地识别驾驶者,在驾驶者接近或远离车辆时可以自动识别其身份,自动打开或关闭车锁。

3. 电子式防盗器

所谓电子式防盗器,简而言之就是给车锁加上电子识别功能,开锁配钥匙都需要输入十几位密码的汽车防盗方式,它一般具有遥控技术,是随着电子技术的发展而迅速发展起来的一种防盗方式。电子式防盗器有如下四大功能。

(1)防盗报警功能

防盗报警功能是指在车主遥控锁门后,报警器即进入警戒状态,此时如有人撬门或用钥匙开门,会立即引发防盗器鸣叫报警,吓阻窃贼行窃,这也是电子防盗器最大的优点和争议之处,因为它发出的“哇哇”声在震慑盗贼的同时,也存在着扰民的弊端。北京和深圳等一些城市已经对电子式防盗器中的一种俗称“哇哇叫”的防盗器亮了红牌。

(2)车门未关安全提示功能

行车前车门未关妥,警示灯会连续闪烁数秒。汽车熄火遥控锁门后,若车门未关妥,车灯会不停闪烁,扬声器鸣叫,直至车门关好为止。

(3)寻车功能

车主用遥控器寻车时,扬声器断续鸣叫,同时伴有车灯闪烁提示。

(4)遥控中央门锁

当遥控器发射正确信号时,中央门锁自动开启或关闭。电子遥控防盗装置的遥控器、电子钥匙都有相对应的密码。遥控器发射部分采用微波/红外线系统。利用手持遥控器将密码信号发向停车位置,门锁系统接收开启,驾车者进车后再将电子钥匙放入点火锁内,电子钥匙将内置密码发至控制电路中的接收线圈,产生电感耦合并令电路和油路启动,使汽车得以运行。

电子防盗装置的两大卖点在于它的密码解锁和报警声,其中密码解锁根据密码的发射方式不同分为定码式和跳码式两种。定码式防盗器的特点是密码量少，其工作原理主要是利用密码扫描器或解截码器，通过接收到的空间无线电信号截取主机密码，从而通过复制解除防盗系统。

4. 网络式电子防盗装置

汽车网络防盗器是集全球移动通信系统（GSM，Global System of Mobile communication）、网络数字移动通信技术和GPS卫星定位技术于一体的高科技防盗产品，是继单向防盗器、双向防盗器后的新一代汽车防盗产品。它利用移动通信网络，彻底解决了普通防盗器无法解决的距离限制和易于破解的难题。除具有普通防盗器功能外，还具有手机控制、短信定位、远程监听、远程报警、全语音提示操作等功能。无论何时何地，车主只要通过电话就可对车进行监控，让它得到最佳的保护。此类防盗器现在用于高档车的比较多，目前还没有普遍使用。

GPS利用接收卫星发射信号与地面监控设备和GPS信号接收机组成全球定位系统，卫星连续不断发送动态目标的三维位置、速度和时间信息，保证车辆在地球上的任何地点、任何时刻都能接收到卫星发出的信号。因此，只要每辆移动车辆上安装的GPS车载机能正常工作，再配上相应的信号传输链路（如GSM移动通信网络和电子地图），建一个专门接收和处理各个移动目标发出的报警和位置信号的监控室，就可形成一个卫星定位的移动目标监控系统。

GPS卫星定位汽车防盗系统有以下五大功能。

① 定位功能：监控中心在全国范围内可随时监控某辆车的运营状况，可以24 h不间断地检测目标车辆当前的运行位置、行驶速度和前行方向等数据。

② 通信功能：GPS适应信息时代的需求，在行车中可以为车主提供GSM网络上的全国漫游服务。车主可以随时随地与外界和服务中心保持联络。在实际使用过程中，对劫车者也具有震慑作用。另外，它的话费优惠和免提功能也更方便、舒心。

③ 监控功能：如果万一不幸遇上劫匪，可以通过GPS系统配备的脚踏/手动报警、防盗报警等报警设施与监控中心进行联系。

④ 停驶功能：假若爱车不幸丢失，可通过监控中心对它实行“远程控制”。监控中心在对失主所提供的信息和警情核实无误后，可以遥控该车辆，对其实行断油断电，再配合附近警方将困在车里动弹不得的窃贼绳之以法。

⑤ 调度功能：在车辆日渐增多的大城市遇上塞车怎么办？GPS同样可以帮忙。监控服务中心可以将当前的道路堵塞和交通信息进行广播，发布中文调度指令，提高客货运率。

6.3.3　遥控式汽车防盗装置简介

遥控式汽车防盗器是随着电子技术的进步而发展起来的，是市场上推广普及最为广泛的一种。它的特点是遥控控制防盗器的全部功能，可靠方便，可带振动侦测、门控保护及微波或红外探头等功能。随着市场对防盗器的要求不断提高，遥控式汽车防盗器还增加了许多方便使用的附加功能，如遥控中控门锁、遥控送放冷暖风、遥控电动门窗及遥控开启行李等功能。

遥控电子防盗系统种类繁多，常见的有电磁波遥控电子防盗系统和红外线控制防盗系统。遥控电子防盗系统在夜间无须灯光帮助就能方便快捷地将车门锁上或开启。一套完整的遥控汽车防盗器应由下面几个部分组成。

主机部分：它是防盗器的核心和控制中心。

感应侦测部分：它可由感应器或探头组成，普遍使用的是振荡感应器，微波及红外探头应用极少。

门控部分:包括前盖开关、门开关及行李舱开关等。

报警部分:扬声器。

配线和其他部分:包括不干胶、螺钉及继电器等配件和使用说明书及安装配线图等。

根据密码发射方式的不同,遥控式汽车防盗器主要分为定码防盗器和跳码防盗器两种类型。早期防盗器多采用定码方式,但由于其易被破译,现已逐渐被技术较为先进、防盗效果较好的跳码防盗器所取代。下面就两种不同类型防盗器的原理、特点等分别加以介绍。

1. 定码防盗器

早期的遥控式汽车防盗器是主机与遥控器各有一组相同的密码——遥控器发射密码、主机接收密码,从而完成防盗器的各种功能。这种密码发射方式称为第一代固定码发射方式(简称定码发射方式)。定码发射方式在汽车防盗器中的应用并不普及,当防盗器用量不多即处于一个初期防盗器应用市场时,其防盗器的安全性和可靠性还有所保证。但对于一个防盗器使用已成熟的市场而言,定码方式就显得既不可靠又不安全,原因如下:

① 密码量少,容易出现重复码,即发生一个遥控器控制多部车辆的现象。

② 遥控器丢失后,若单独更换遥控器极不安全,除非连同主机一道更换,但费用过高。

③ 安全性差(也是最大的危险),密码易被复制或盗取,从而使车辆被盗。

2. 跳码防盗器

定码防盗器长期以来一直存在密码量少、容易出现重复码且密码极易被复制或盗取等不安全问题,因此跳码防盗器应运而生,其特点如下:

① 遥控器的密码除身份码和指令码外,多了跳码部分。跳码即密码依一定的编码函数,每发射一次,密码随即变化一次,密码不会被轻易复制或盗取,安全性极高。

② 密码组合上亿组,根本杜绝了重复码。

③ 主机无密码,主机通过遥控器的密码,从而实现主机与遥控器之间的相互识别。若遥控器丢失,可安全且低成本地更换遥控器,无后顾之忧。

6.3.4 防盗器的选择和安装

1. 正确选择汽车防盗器品牌

各个品牌的防盗器在原理设计、元器件的选择、加工工艺以及防盗器的功能设计等方面均有很多不同。正是由于这些不同,决定了防盗器的可靠性、寿命等性能以及价位。

例如,从原理设计上可从以下几个方面入手:

(1) 采用 FR4 双面板设计的优点

① 元器件焊点牢固,防盗器的抗振性强,对于安装在每天处于振动、颠簸中的防盗器来说,抗振性强,可延长其使用寿命。

② 防盗器主机小,便于隐藏安装。

(2) 采用多重电路保护系统

其优点是可适应更大范围的蓄电池电压变化,不会因蓄电池电压过低,造成防盗主机微电脑死机,且抗干扰能力更强。

元器件的选择应考虑:

① 采用的微电脑是否是记忆时间较长的 IC。

② 是否较多地采用了贴片元器件。

③ 采用的元器件是否具有较好的耐温性和耐压性。

选择防盗器主要考虑以下几个因素：

第一，应注意结合自身需要。

第二，看工艺及功能是否安全、实用、方便且具有环保性。

第三，应注意防盗产品是否通过公安部的检测(产品必须经过公安部安全与警用电子产品质量检测中心检测，并达到我国标准，检测有效期为 4 年)。

此外，还应重视高质量的安装技术和良好的售后服务，千万不要单纯追求价格低廉的产品，以免购买假冒伪劣产品，得不到应有的售后服务保障。

2. 汽车防盗器的安装

汽车防盗器的安装主要需要注意以下问题：

① 布线要求：先找好主机固定的位置，然后线分两路，一路往方向盘底盖，包含电源线(红色)、ON 线(白色)、控制 30A 断电器线(黄色)、转向灯线(两条棕色)。另一路往保险盒及左前方，包含前盖线(扬声器线米红色)、车门开关线(蓝色)、中控锁线、仪表台线(LED 灯线、天线)。

② 安装前，先将线全部接上，检查线路正确无误后，再分别把电源、震动器、LED 灯插上主机，主机及震动感应器的位置应避免音响扬声器等高磁场的地方。

③ 固定主机、震动感应器的位置，应注意它们附近是否有产生高温的电器，以及还要注意防水(漏水)。

④ 防盗器装的好与不好，反映在查找车线是否正确、接线质量是否过关等方面。线的查找必须正确，线不能虚接，不该搭铁的地方不能搭铁，搭铁的地方必须搭实。接线处必须紧固、绝缘，否则极易造成烧毁防盗器主机或车辆电路的严重后果。

任务 6.4　倒车雷达

6.4.1　倒车雷达概述

1. 概　念

倒车雷达全称为“倒车防撞雷达”，也叫“泊车辅助装置”，是汽车泊车或者倒车时的安全辅助装置，由超声波传感器(俗称探头)、控制器和显示器(或蜂鸣器)等部分组成。它能以声音或者更为直观的显示方式告知驾驶员周围障碍物的情况，解除了驾驶员泊车、倒车和启动车辆时前后左右探视所引起的困扰，并帮助驾驶员扫除了视野死角和视线模糊的缺陷，提高驾驶的安全性。

2. 原　理

倒车雷达是根据蝙蝠在黑夜里高速飞行而不会与任何障碍物相撞的原理设计开发的。根据倒车雷达价格和品牌不同，探头有 2、3、4、6 只不等，分别管前、后、左、右。探头以 45°角辐射，上下左右搜寻目标，并能探索到那些低于保险杠而司机从后窗难以看见的障碍物并报警，如花坛、蹲在车后玩耍的小孩等。

现在市场上的倒车雷达分别有 2 探头、3 探头、4 探头、6 探头及 8 探头，2～4 探头的倒车雷达安装一般在汽车的后保险杆上面，6～8 探头的倒车雷达安装一般是前 2 后 4，或前 4 后

4。通常来说,探头的数量决定了倒车雷达的探测覆盖能力。6个以上探头的倒车雷达在倒车时,可探测前左、右角。

6.4.2 倒车雷达的发展

经过发展,倒车雷达系统已经过了六代的技术改良,无论从结构外观上,还是从性能价格上,这六代产品都各有特点,使用较多的是数码显示、荧屏显示和魔幻镜倒车雷达这三种。

1. 第一代倒车扬声器提醒

"倒车请注意",想必不少人还记得这个声音,这就是倒车雷达的第一代产品,现在只有小部分商用车还在使用。只要司机挂上倒挡,它就会响起,提醒周围的人注意。从某种意义上说,它对司机并没有直接的帮助,不是真正的倒车雷达。

第一代倒车扬声器在汽车倒车状态时,语音提示路人小心,其价格低廉,100元左右就能买到,基本属于淘汰产品。

2. 第二代轰鸣器提示

这是倒车雷达系统的真正开始。倒车时,如果车后1.8～1.5 m处有障碍物,轰鸣器就会开始工作。轰鸣声越急,表示车辆离障碍物越近。

第二代轰鸣器的缺点是,没有语音提示,也没有距离显示,虽然司机知道有障碍物,但不能确定障碍物离车有多远,对驾驶员帮助不大。轰鸣器价格在200～400元范围内。

3. 第三代数码波段显示

第三代产品比第二代进步很多,可以显示车后障碍物离车体的距离。如果是物体,在1.8 m开始显示;如果是人,在0.9 m左右的距离开始显示。

这一代产品有两种显示方式,数码显示产品显示距离数字,而波段显示产品由三种颜色来区别:绿色代表安全距离,表示障碍物离车体距离有0.8 m以上;黄色代表警告距离,表示离障碍物的距离只有0.6～0.8 m;红色代表危险距离,表示离障碍物只有不到0.6 m的距离,驾驶员必须停止倒车。

第三代产品把数码和波段组合在一起,比较实用,但安装在车内不太美观,价格在400～1 000元范围内。

4. 第四代液晶荧屏显示

这一代产品有一个质的飞跃,特别是荧屏显示开始出现动态显示系统。不用挂倒挡,只要发动汽车,显示器上就会出现汽车图案以及车辆周围障碍物的距离。

动态显示,色彩清晰漂亮,外表美观,可以直接粘贴在仪表盘上,安装很方便,价格在800～1 500元范围内。虽然液晶显示器的外观虽精巧,但灵敏度较高,抗干扰能力不强,所以误报也较多。

5. 第五代魔幻镜倒车雷达

第五代产品结合了前几代产品的优点,采用了最新仿生超声雷达技术,配以高速电脑控制,可全天候准确地测知2 m以内的障碍物,并以不同等级的声音提示和直观的显示提醒驾驶员,如图6-5所示。

魔幻镜倒车雷达把后视镜、倒车雷达、免提电话、温度显示和车内空气污染显示等多项功能整合在一起,并设计了语音功能,是目前市场上最先进的倒车雷达系统。因为其外形就是一块倒车镜,所以可以不占用车内空间,直接安装在车内倒视镜的位置。而且颜色款式多样,可

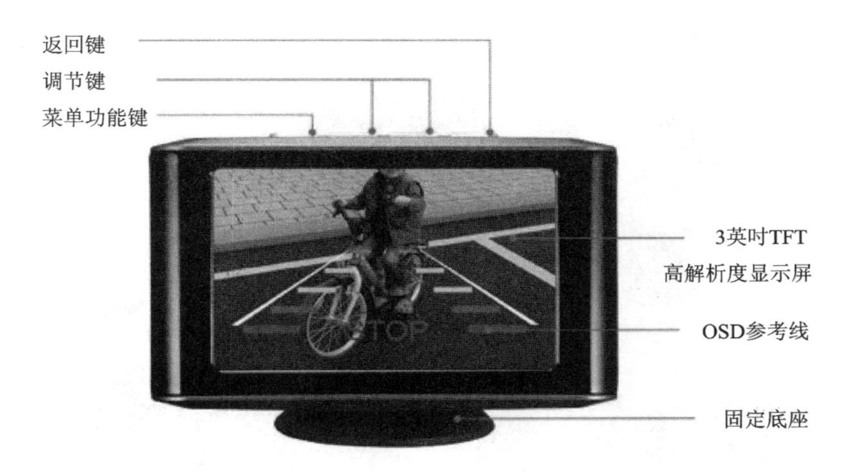

图 6－5　魔幻镜倒车雷达

以按照个人需求和车内装饰选配，但价格稍高，在 1 000～2 000 元范围内。

6. 第六代无线倒车雷达

全新无线液晶倒车雷达，融无线连接、倒车雷达、彩色液晶显示、BP 警示音于一体。由于普通倒车雷达安装时，从车后雷达主机到车前仪表台上的显示器要布一条线，这样要拆装车内的装饰板、胶条等，非常不方便。现在最新推出的第六代无线液晶倒车雷达，解决了此问题，车后主机和显示器之间通过无线连接，方便快捷。更可在大巴、卡车等车身长的车上使用，安装也更容易。无线液晶倒车雷达如图 6－6 所示。

图 6－6　无线液晶倒车雷达

7. 第七代 MP3 倒车雷达

图 6－7 为 MP3 倒车雷达示意图。这一代倒车雷达实现了行业的创新。倒车雷达与车载 MP3 完美结合，在倒车雷达的基础上增加了 MP3 调频发射功能；具备了倒车雷达功能的同时融合了车载 MP3 的功能。当进入 MP3 播放时两边的色条停止显示，数字屏显示当前 MP3 发射频率；当车进入倒车状态时，MP3 播放自动停止，色条指示开启，数字屏显示障碍物距离，屏幕进入倒车指示状态。

图 6－7　MP3 倒车雷达示意图

6.4.3　倒车雷达的选择

1. 倒车雷达的选择

① 功能：功能较齐全的倒车雷达应该有距离显示、声响报警、区域警示和方位指示功能。

② 性能：直接关系到倒车雷达应起的作用。它包括产品的灵敏度、是否存在盲区、产品是否正常工作。一般的倒车雷达探测距离应为 0.3～1.5 m。一些品牌的倒车雷达因其敏感度不够，探测距离仅为 0.4～0.9 m，会给司机的判断及采取措施带来一定的困难。产品由待机状态转换为工作状态，是否有声音提示也非常重要，它可以提示司机倒车雷达是否正常开始工作。

③ 款式：探头的颜色应与车身颜色相符；保险杠较宽的车型应安装探头较薄、较大的产品。

④ 探头的数量：现在市场上的倒车雷达分别有 2 探头、3 探头、4 探头、6 探头及 8 探头，2～4 探头的倒车雷达一般安装在汽车的后保险杆上面，6～8 探头的安装方式是前 2 后 4 和前 4 后 4，也有新兴越野专用前置 6 探头。6 个以上探头的普通倒车雷达，除可探测车尾情况外，还可探测前左、右角情况。

⑤ 雷达性能：主要包括灵敏度、是否存在盲区、探测距离的范围。一般倒车雷达探测距离应为 1.5～0.3 m，性能好的能达到 2.5 m。

⑥ 检验质量：按照说明书进行距离测试，看一看雷达的反应是否与说明书相符合、雷达是否敏感、有无误报等问题；对探头进行防水测试，这关系到在雨雪和较湿润的天气里雷达能否正常工作。一些地区还要检测雷达在高温及低温下的工作状态，质量最好的可在－35～70 ℃范围内工作。超过此限度，灵敏度大大降低，甚至不工作。

⑦ 安装位置：探头的安装方法多采用“嵌入式”，即在保险杠上打孔的方法，这样做不但容易固定，而且也更加美观。需要注意的是，不同探头具有不同的尺寸和探测角度，而打孔的尺寸和安装角度会直接影响到探测的准确度，所以，安装时一定要到专业的装饰店或 4S 店。雷达的主机一般安装在仪表盘下或后备厢两侧车体内。

2. 测试倒车雷达的质量

① 测试感应器的探测距离：自己用尺子测量车尾与障碍物间的距离，看与倒车雷达显示

的数据是否一致。

② 测试防水性能：拿几瓶矿泉水，用水冲感应器，借此了解倒车雷达的防水性能，因为它关系到雨天倒车时的安全。

③ 测试感应器的有效探测范围：车主可以将障碍物通过不同角度切入感应器的测试范围，一个感应器的正常测试范围的夹角是 90°。

6.4.4 倒车雷达的安装

1. 黏附式安装

黏附式安装仅限于具有粘贴性探头的报警器，这种方法无须在车体上开孔，只需将报警器粘贴在适当位置即可，这种报警器一般安装在尾灯附近或后备厢门边。

具体的安装方法如下：

① 将附带橡胶圈套在感应器（探头）上，引线向下并与地面垂直。

② 确定感应器（探头）安装位置。

③ 将感应器（探头）沿垂直方向贴合。

④ 用电吹风将双面贴加热，然后撕去面纸，贴到确定部位。

⑤ 将报警器的闪光指示灯安装在易被司机视线捕捉的仪表台上。

⑥ 将控制盒安装在不热、不潮和无水的后备厢侧面。

⑦ 将蜂鸣器安装在后挡风玻璃前的平台上。

⑧ 将感应器（探头）屏蔽线隐蔽铺设，以防压扁、刺穿，并起到美观的效果。缺点是容易掉落。

2. 开孔式安装

它适用于具有开孔式探头的报警器，探头安装在汽车尾部或保险杠上，其他部件的安装方式与黏附式安装相同。

6.4.5 自动泊车系统

顾名思义，自动泊车系统就是不用人工干预、自动停车入位的系统。这套系统在国外并不罕见，但国内目前配置了该系统的车型较少。图 6-8 为自动泊车示意图。

图 6-8 自动泊车示意图

1. 概　念

自动泊车系统，可以使汽车自动地以正确的停靠位泊车。该系统包括环境数据采集系统、中央处理器和车辆策略控制系统。所述的环境数据采集系统包括图像采集系统和车载距离探测系统，可采集图像数据及周围物体距车身的距离数据，并通过数据线传输给中央处理器；所述的中央处理器将采集到的数据分析处理后，得出汽车的当前位置、目标位置以及周围的环境参数。

依据上述参数做出自动泊车策略，并将其转换成电信号；所述的车辆策略控制系统接收电信号后，依据指令做出汽车行驶（如角度、方向及动力支援方面）的操控。

2. 原　理

遍布车辆周围的雷达探头测量自身与周围物体之间的距离和角度，然后通过车载电脑计算出操作流程，配合车速调整方向盘的转动，驾驶者只需要控制车速即可。在未来几年，越来越多的高档进口车会将该配置列为标配。

3. 启动条件

① 车速要低于 36 km/h。

② 打转向灯（以给系统提示停车方向）。

③ 停车区域要预留位置，一般要比车身长 1.2～1.3 m。

④ 车辆离障碍物（例如停车区域前后的车）的距离不能超过 1.5 m，意思是不能离开太远。

⑤ 停车区域必须是前后车辆排在路边一侧，即适合侧方位停车，而对于停车场每部车竖直并列排放的倒车入库形式，目前自动泊车系统还不能实现。

4. 自动泊车系统的优缺点

优点：

① 一定程度上提高了停车的便捷性，尤其对于那些停车概念比较模糊和心里恐惧的车主。

② 入位时能一把进入，减少了多打方向的麻烦。

③ 提高车辆的档次。

缺点：

① 实现起来需要满足诸多条件，且缺一不可；同时，由于自动泊车辅助系统技术还未成熟，所以在倒车过程中步骤较多且不能打乱顺序，不然容易导致意外发生，而且需要参照物，如果旁边没有其他已经停好的车辆，那么自动泊车辅助系统很难实施。

② 目前这套系统语言为英文，还没有中文版，而且要完全熟练这套系统，驾驶者需要一定时间。

③ 辅助，顾名思义不是全自动，人依然是停车过程的主导者，所以不能全部交由该系统。

任务 6.5　汽车功能性装饰

大家知道，有些汽车装饰仅仅是为了装扮爱车，像汽车香水这些比较美观的汽车装饰品，但还有一些功能性的汽车装饰品，不仅装饰爱车空间，还有一定的实用功能。

6.5.1 手机饮料架

除形形色色的置物袋、置物盒之外，还能够在市场上发现很多相当个性化的产品。比较常用的有日本 Napolex 品牌、我国香港 Winplus 公司的 Type-S 品牌、我国台湾的 Type-R 品牌以及部分国内知名品牌。专用的手机饮料一体架产品通过后面的挂钩固定于出风口处，其一侧放置饮料瓶，另一侧放置手机（部分产品的手机盒可以拆卸），非常方便。但是有一点需要注意，这种产品能够放置的手机是受尺寸限制的，只能容纳折叠式和尺寸较小的手机，因此在购买前需要提前向销售人员确认该产品是否适用于自己的手机。

6.5.2 眼镜票据夹

市场在售的车用眼镜票据夹从以卡通形象为主的迪士尼和 Hello Kitty 系列到稳重精致的 Type-R 系列，从崇尚简约的日本快美特(Carmate)系列（该品牌国内产品为深圳厂区生产）到充满运动格调的 Type-S 系列等，种类繁多仅从眼镜票据夹这样小小的产品身上就能凸现出国际知名汽车用品品牌的激烈竞争。

眼镜票据夹的使用方法非常简单，只须夹在遮阳挡上即可，不但可轻松放置太阳镜，顶端还可以固定票据或名片。眼镜票据夹价格一般在 30 元以内（正品的 Hello Kitty 系列由于进价较高，一般会卖到 40 元以上）。如果只需要固定票据的功能，也可以考虑专用的票据夹，价格在 20 元以内，可利用底部的双面胶固定在仪表台上。

6.5.3 烟灰缸

虽然汽车内已经预配了点烟器和烟缸，但多数情况下烟灰缸却设在并不顺手的位置。使用时，掉落的烟灰非常容易烧坏内饰件。一些售价在 60 元左右的夜光烟缸，使用方法与出风口杯架类似，也是利用挂钩固定在出风口处，可供偶尔在车内吞云吐雾的朋友选择。

要强调的是，在车内吸烟有害身体健康，同时由于车内的织布及丝绒材料易吸附烟草气味，使得内饰件极易损坏，因此希望车友们尽量减少在车内吸烟。

6.5.4 衣物挂钩

在众多中高档车内，衣物挂钩是标准配置，但是相信车主们的车多数还是没有这个小部件的。职场中需要对自己的日常形象格外留意，如果衣物因为随意丢在座位上而产生褶皱，很可能会破坏一天的好心情。即用即贴型的衣物挂钩正好可以帮忙解决这个问题，比较轻的小东西，例如小手提包、塑料袋、手机袋等，都可以挂在上面。

6.5.5 钥匙盒

这种产品并无实际的作用，只是为了防止汽车钥匙放在口袋内时与其他物品碰撞而破损；另外，对于追求品质尽善尽美的车友，选购一款精美的钥匙盒也将会为生活品质加分。

6.5.6 车用托盘

在各式车用托盘中，使用最广泛的一个种应属笔记本托盘了，它可以使驾驶员的腿部在使用笔记本电脑的过程中彻底“下岗”静养。另外，这种可安装在前座椅靠背处的托盘也可以使驾驶员将家居生活中例如算账这样的琐碎小事在车中完成。

6.5.7 车载冰箱

车载冰箱(见图6-9)就是指可以在汽车上携带的冷藏柜。车载冰箱是家用冰箱的延续，可以采用半导体电子制冷技术，也可以通过压缩机制冷。车载冰箱一般噪声低，污染小。在行车中只须将电源插头插入点烟孔，即可给冰箱降温。这些车载冰箱的市场售价最低只需700多元，最高可达1 000多元，一些冰箱还可以冷暖两用，车主在度过了夏天后，还可以用它来热饮料。

图6-9 车载冰箱

市场上主要有两种车载冰箱，一种是半导体车载冰箱，它的原理是靠电子芯片制冷，利用特种半导体材料构成的P-N结，形成热电偶对，产生珀尔帖效应，即通过直流电制冷的一种新型制冷方法，制冷温度范围为5～65 ℃。这种冰箱的优点是既能制冷又能制热，环保、无污染，体积小，成本较低，工作时没有震动、噪声，寿命长。缺点是制冷效率不高，制冷温度受环境温度影响，制冷无法达到0 ℃以下，且容量较小。

另一种是压缩机车载冰箱，压缩机是传统冰箱的传统技术，制冷温度低，为－18～10 ℃。制冷效率高，能制冰、保鲜，体积大，是未来车载冰箱发展的主流方向。但是这种冰箱质量较大，携带不方便，且价格较高。汽车冰箱的压缩机主要产地为德国、日本。

6.5.8 车用饮水机

图6-10所示为一种新型车用饮水机，可以提供冷/热水。它采用汽车电瓶作为电源，安

图6-10 车用饮水机

装简单。欲饮热水，轻按压敏开关，水由矿泉水抽至加热箱被加热，加热完成后有声音提示，只需把水杯放到感应出口处，系统就会自动出水，使用很方便。加热后一定时间若没有放水，系统就会自动关闭，以节省能源。矿泉水瓶没有水或者系统故障时会发出警报，安全可靠。

任务6.6　汽车改装

汽车改装源于赛车运动，最早的汽车改装只是为了提高赛车的机械性能，但是随着汽车的普及，在一些赛车运动发达的国家，汽车改装已经成为一项庞大的产业。特别是在欧洲、美国乃至亚洲的日本、韩国、中国香港等地，汽车改装也已蔚然成风。中国汽车市场在经过近几年的快速发展后，私家车已成为汽车总保有量的主体，不少车主开始追求个性化、性能独特的车型。汽车改装业将成为未来中国汽车业的一大朝阳产业。

1. 汽车改装的目的

汽车改装根据改装目的的不同可以分为三大类：赛车改装、民间重度改装和民用汽车性能提升改装。这三种改装类别各有其特有的目标指向性和效果，目的也各不相同。赛车改装的要求较高，此处只简单介绍民用车辆的改装。

① 民间重度改装。这类改装是将民用车辆性能提升到与专业赛车相近的程度，全然不考虑正常的路面情况和安全隐患。经过这样改装的汽车功率超大，速度非常快，但是油耗较高，完全不适合在民用道路上行驶。

② 民用汽车性能提升改装。现在广泛流行于市场上的改装都属于这一种。民用汽车性能提升改装更注重车辆的安全性和整体性能的提升，兼顾所有正常行驶的要素指标，更关注驾车者的普遍需求，即油耗低、整车性能好、安全系数高、可操控性强等。

2. 我国汽车改装市场现状

① 我国的汽车改装业刚刚起步，虽然发展迅速，但汽车改装市场尚不成熟，人们对于改装的认识程度不够。我国新版《道路交通安全法》明文规定车主不能改动车辆的结构，即车身颜色、长、宽、高这四个硬性标准。在不准改装的禁令下，目前国内的私家汽车改装厂家基本上处于“半地下”的状态。2008年10月1日，修订后的《机动车登记规定》正式实施，其中第十条明确表示，改变车身颜色、更换车身或者车架的机动车所有人，可向登记地车辆管理所申请变更登记。这一规定意味着我国允许对汽车进行部分改装，使长期处于“半地下”的汽车改装行业变得光明正大。

② 我国汽车改装行业在地区间发展不均衡。目前，私家汽车改装业发展相对领先的地区以广州、深圳、东莞、珠海为代表。特别是广东地区，由于毗邻专业技能较高的港澳地区，故能够快速准确地了解国际改装车时尚，有着良好的改装市场需求。

③ 我国的改装专业化水平较低。一方面车主缺乏改装的相关知识，另一方面改装好的车辆缺乏专业机构及技术标准，再加上政策法规的一些限制，以及改装车辆保险理赔尚不成熟，改装车以俱乐部形式组织，形式单一等，这些都是我国汽车改装业发展急需解决的问题。

3. 汽车改装的内容

从对汽车改装的位置来看，汽车改装可以分为两大类，即汽车外观的改装和汽车性能方面的改装。

(1) 汽车外观的改装

汽车的整体造型是由线条、比例与视觉感受组合而成的。汽车外观由几个部件组成,如大包围、尾翼、轮翼等。大包围的作用是改善车身周围的气流对运动中车身稳定性的影响,其材料多为碳素纤维。但是,目前国内市场的大包围多数不具备这种功能,主要只是为了美观而设计的。国内的汽车外观改装就以外观造型的重塑为主,主要包括大包围、定风翼、喷漆、贴纸等,都是应车主的要求度身定做的。比如在车上套和车的颜色相同的座椅、在车身上贴一些醒目的小贴画等,都可以让爱车更风光。

外观改造的主要部位包括:大包围、尾翼、轮圈和排气管、前后杠、两裙边、开孔发动机盖、窗边晴雨挡、前大灯装饰板、贴纸、HID 氙气大灯等。外观改装的主要功效就是使汽车更美观,增加高速行驶时的稳定性,并能改变空气在车身周围的流动情况,提高车轮抓地力,这样行驶中的安全性能就会得到提升。

(2) 汽车性能方面的改装。

汽车性能方面的改装主要涉及发动机输出功率、制动性能、减振效果、安全等方面,其中最重要的是汽车动力性的提升和行驶油耗的降低。

汽车动力改装在国内外都是比较流行的产业,就是运用赛车改装技术,在原有车辆的基础上改装,从而比原有发动机增加数倍的动力。现在的改装车辆基本上都是私家车居多,由于这些车主对汽车的了解不多,并不知道改装车的利害关系,而仅根据自己的喜好、想象和推销人员的介绍就盲目施工,从而对爱车造成很大损坏。

汽车性能方面的改装包括发动机的改装、制动系统的改装、悬架系统改装、智能控制系统改装、影音系统改装和灯光照明系统的改装等。

发动机是汽车的心脏,是全车最重要的部分,而且改装起来也是最麻烦的。对发动机最主要的改装就是提高它的输出功率,改装方式有加大缸径、提高压缩比、加多气门等,但是必须要注意的一点是,改装发动机是相当危险的,一不小心引擎就会损坏,甚至引发严重的安全事故。

制动系统是关系行车安全最直接的部分。随着发动机动力的增强,汽车安全性对制动系统的要求会提升,原厂的制动系统会越来越不堪重负。现在市场上销售的新车基本都会采用盘式制动器,但是还有部分车型仍采用前盘后鼓的设计。对于制动系统的改装,既简单又省钱的方式就是换装摩擦系数高的制动蹄片或者是打孔画线的碟盘。

汽车悬架系统的主要作用是支承车身,并且缓冲行驶中的振动。汽车悬架主要有两大类,一类是使用一根轮轴连接左、右轮的同轴非独立悬架,另一类是左、右轮结构各自分开的独立悬架。而独立悬架又主要有麦弗逊式、全拖曳臂、半拖曳臂、双 A 臂多连杆等多种形式。汽车悬架包括弹性元件、减振器和传力装置三部分,分别起缓冲、减振和传力的作用。如果要对汽车的悬架系统进行改装的话,就要按照不同的改装要求,分别对以上三个部分进行强化和改装。

汽车智能控制系统的改装、影音系统改装和灯光照明系统的改装等,由于不对汽车的主要性能造成影响,而且可以随顾客的喜好自己制定标准,此处就不再详细介绍。

4. 汽车改装要求

我国对汽车改装的限制比较严格,对改装有明确的法律规定。《中华人民共和国道路交通安全法实施条例》第六条规定:已注册登记的机动车有下列情形之一的,机动车所有人应当向登记该机动车的公安机关交通管理部门申请变更登记。

① 改变机动车车身颜色的；

② 更换发动机的；

③ 更换车身或者车架的；

④ 因质量有问题，制造厂更换整车的；

⑤ 营运机动车改为非营运机动车或者非营运机动车改为营运机动车的；

⑥ 机动车所有人的住所迁出或者迁入公安机关交通管理部门管辖区域的。

申请机动车变更登记，应当提交下列证明、凭证，属于第①项、第②项、第③项、第④项、第⑤项情形之一的，还应当交验机动车；属于第②项、第③项情形之一的，还应当同时提交机动车安全技术检验合格证明：

① 机动车所有人的身份证明；

② 机动车登记证书；

③ 机动车行驶证。

机动车所有人的住所在公安机关交通管理部门管辖区域内迁移，机动车所有人的姓名、单位名称或者联系方式变更的，应当向登记该机动车的公安机关交通管理部门备案。

汽车改装会对汽车造成危害，特别是在目前的情况下，国内汽车改装业技术人员、改装质量无法保证。常见的危害有以下几种。

① 灯具加装或改造：部分用户更换功率加大的灯泡，灯光亮度增加的同时电流和热量也会增加，易导致灯具出现加速老化的问题；同时因线路负荷增大，对发电机、保险丝、电瓶带来过大的负担；改装不规范，可能存在连接不牢固、密封不良等现象，严重时可能引起车辆火灾。

② 加装车载电器设备：汽车电路的线束和负载是根据电器的功率进行设计和实际测试的，加装不当或加装过多可能导致线路负荷增加，使线路发生短路，轻则毁坏电器设备，重则引起火灾。

③ 盲目隔音：一些车主往往要求将隔音做到极致，甚至不希望听到发动机的声音。但如果驾驶者听不到来自道路和动力系统的声音，就会失去对路况和车况的相关信息，影响行车安全。

④ 轮胎改装：容易导致轮胎异常磨损，车辆起步无力，加速变慢，燃油消耗上升，转向机构、悬架机构磨损加速等问题。

⑤ 车内香水：目前车内香水几乎全部是化学合成的，对内饰塑料有脆化腐蚀的影响，会导致内饰件掉色或开裂，且对身体也有危害。

实训1　安装倒车雷达

1. 实训目的

① 掌握倒车雷达的组成。

② 掌握倒车雷达的安装方法。

2. 实训内容

倒车雷达的安装。

3. 实训设备

实训车辆、倒车雷达设备、常用工具、电胶布、万用表、手电钻、开孔器、接线板等。

4. 实训注意事项

① 实训时必须在指导老师的指导下完成。

② 实训时不能野蛮操作。

③ 注意保持教学场地卫生。

④ 一般车前离地的安装高度为 45～55 cm，车后的安装高度为 50～65 cm。

⑤ 6 或 8 个探头倒车雷达前后探头不可随意对调，否则，可能会引起常鸣误报问题。

⑥ 注意探头安装朝向，要按 UP 标识朝上安装。

⑦ 在打孔安装时，应对探头卡胶或开孔修整一下，免得探头压得太紧，汽车振动使探头改变方向探测到地面，产生误报。

⑧ 探头不建议安装在金属板材上，因为金属板材振动会引起探头共振，产生误报。

5. 实训方法及步骤

（1）倒车雷达的含义

倒车雷达全称为“倒车防撞雷达”，是汽车泊车或者倒车时的安全辅助装置，能以声音或者更为直观地显示告知驾驶人周围障碍物的情况，解除驾驶人泊车、倒车和起动车辆时前后左右探视所引起的困扰，并帮助驾驶人扫除视野死角，提高驾驶与泊车的安全性。

（2）倒车雷达的组成

倒车雷达由感应器（探头）、主机、显示设备或蜂鸣器 3 部分组成，如图 6－11 所示。

1）显示设备或蜂鸣器

显示设备或蜂鸣器是发出和接收超声波信号的机构，它将得到的信号传输到主机里面进行分析，再通过显示设备显示出来。

2）探头

探头装在前后保险杠上，不同品牌和价格的探头有 2、3、4、6、8 只不等，分别管前、后、左、右。

3）主机

主机发射正弦波脉冲给超声波感应器，并处理其接收到的信号，换算出距离值后，以显示器或蜂鸣的形式反映给驾驶人。

（3）倒车雷达的工作过程

上挡倒挡，倒车雷达自动开始工作，测距范围 0.2～1.8 m，所以在停车时，倒车雷达很实用。它使用一种非接触检测技术，能准确测算车身与障碍物间的距离。当车身与障碍物间距离达到某一范围时，探头发出信号，倒车雷达接收到信号后发出警示。倒车雷达工作原理如图 6－12 所示。

图 6－11 倒车雷达的组成

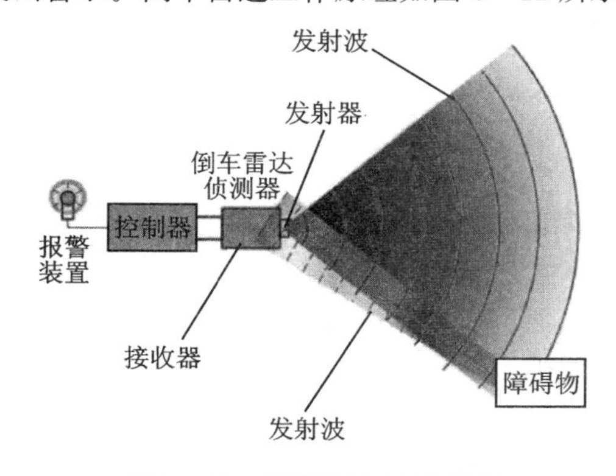

图 6－12 倒车雷达工作原理

(4) 倒车雷达的安装

① 选择一套倒车雷达,目测倒车雷达安装位置。

② 拆除 A 柱内饰板,便于显示器的安装。

③ 拆除左侧前后门边塑料板,方便所布线路隐蔽起来,防止磨损。

④ 拆除完毕后就开始布线(见图 6-13),布线的要求是跟随原车线路走,把倒车雷达显示屏线与原车线路捆绑在一起,这样做的目的是出故障后方便检查,防止线路因行车振动发生摩擦而破皮,减少安全隐患。

⑤ 接倒车灯电源线,先将汽车钥匙开到 ON 挡,将汽车挡位挂入倒车挡,再使用试电笔测量出倒车灯线,接好倒车雷达的电源线,绑好电胶布。

⑥ 确定测量探头安装定位孔位置,从翼子子板边缘和保险杠接缝处开始往保险杠方向测量 41 cm 的位置为探头沿车身长度方向定位,如图 6-14 所示。高度定在离地面 52.5 cm 位置,并做好标记,探头与探头的中间距离、高度要相同,这样装出来的效果才美观。

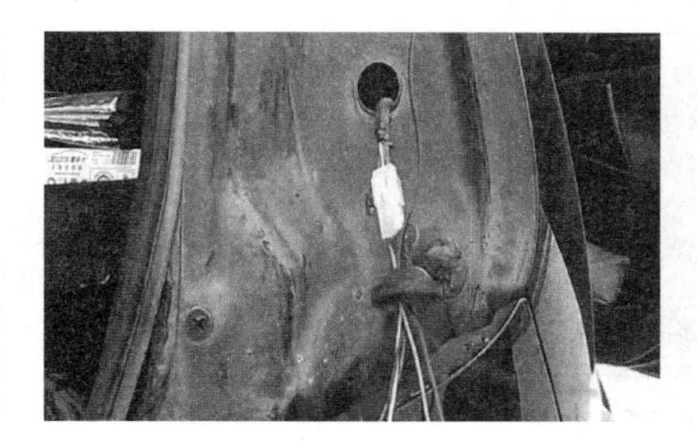

图 6-13　布　线

图 6-14　标记位置打孔

⑦ 确定完位置后,换上专用大小的打孔钻头,在打孔前需要用美纹纸保护打孔周围。

⑧ 将探头线全部走到尾箱里面,探头线要固定稳固防止掉落以免挂断。

⑨ 最后将所有线路与主机连接,固定牢固,防止插头处松动,如图 6-15 所示。此时安装完成。

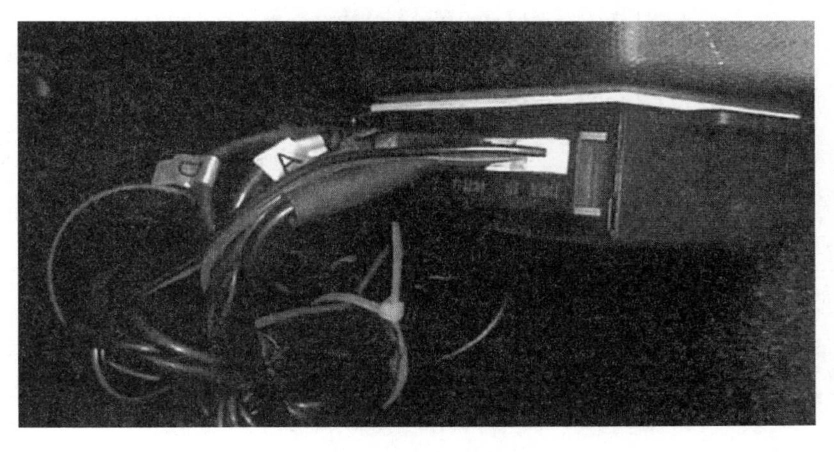

图 6-15　线路连接主机

⑩ 雷达测试：

a. 预警距离测试。将一个障碍物摆在探头的正后方，由远到近缓慢倒车，分别在远、近两端测量障碍物到车尾的实际距离，并和车内倒车雷达显示的障碍物距离相比较。

b. 障碍物方位显示测试。用1～3个障碍物摆放到车尾的左、中、右测试，测试倒车雷达探测显示障碍物方位是否精确。

c. 探测死角测试。将障碍物中心顶偏离探头中心，测试倒车雷达是否发现。

6. “安装倒车雷达”评分标准

“安装倒车雷达”评分标准如表6-1所列。

表6-1 “安装倒车雷达”评分标准

序 号	考核项目	配 分	扣分标准（每项累计扣分不能超过配分）
1	安全文明否决		造成人身伤害、设备重大事故，或恶意顶撞考官，严重扰乱考场秩序，立即终止考试，此项目记为0分
2	安全文明生产	10分	1）不穿工作服、工作鞋、工作帽，各扣1分 2）工具、材料乱放、混放，每次扣2分 3）工具、材料落地或表面未及时清理，每次扣1分 4）考试完后不清理工具、材料或场地，各扣3分 5）不服从考官、出言不逊，每次扣3分
3	准备与检查	10分	1）设备每少准备一件，扣3分 2）设备选择不当，每次扣4分 3）未校验设备，每次扣3分
4	准备工作	10分	作业前不安装五件套，一项扣2分
5	雷达安装	60分	1）拆除A柱内饰板，便于显示器的安装。拆卸错误扣5分 2）拆除左侧前后门边塑料板，方便所布线路隐蔽起来，防止磨损。拆除错误扣5分 3）不按要求布线跟随原车线路走，把倒车雷达显示屏线与原车线路捆绑在一起，扣5分 4）接倒车灯电源，绑好电胶布。操作错误扣5分 5）确定测量探头安装定位孔位置，并做好标记。操作错误扣5分 6）确定完位置后，患上专用大小的打孔钻头，在打孔前需要用美纹纸保护打孔周围。操作错误扣5分 7）未将探头线全部走到尾厢里面，探头线未固定稳固，扣5分 8）未固定牢固，扣5分 9）未测试，扣10分
6	记录	10分	1）维修记录字迹潦草，扣2分 2）填写不完整，每项扣1分
7	合计	100分	

7. “安装倒车雷达”操作工单

“安装倒车雷达”操作工单如表6－2所列。

表6－2　“安装倒车雷达”操作工单

班　级：____________　姓　名：____________　得　分：____________

车　型		发动机型号	
一、准备工作			
1. 工作准备与检查			
2. 材料设备准备			
3. 车辆准备			
二、操作过程			
准备	记录：		
测量	记录：		
安装	记录：		
整理工作场地			

实训2　安装DVD、倒车影视

1. 实训目的

掌握DVD、倒车影视的安装方法。

2. 实训内容

DVD、倒车影视的安装。

3. 实训设备

实训车辆、常用工具、螺钉旋具、电胶布、万用表、与车辆相符的DVD等。

4. 实训注意事项

① 听从安排，不要随意走动。

② 操作所学的系统时必须在指导老师的指导下完成。

③ 注意保持教学场地卫生。

④ 操作所学系统时不能野蛮操作。

⑤ 安装前，检查汽车仪表盘功能显示、车内按键是否正常。

⑥ 导航天线装在车内，建议安装在车前风窗玻璃下方，并水平放置，表面朝上，以便更好地接收信号。车内如果有贴膜，有些膜会影响导航信号的接受。

⑦ 安装过程中，拆下来的汽车配件要放好，避免损坏车内仪表设备。并且，接线的时侯留下的杂物要及时处理掉。

⑧ 布置倒车摄像头连接线时不准被装饰板夹住，以免发生接触不良故障。

5. 实训方法及步骤

(1) 汽车车载导航DVD定义

导航车载DVD是一种以DVD播放、导航功能为主的车载主机，它一般用来取代原车的CD主机。如果是专车专用设计，它的电源插头、音响线将与原车完全对插，不改变原车任何线路，并且外观、尺寸与原车风格统一。

(2) 汽车车载导航DVD的主要功能

① 导航功能。具有GPS全球卫星定位系统功能，让驾驶人在驾驶汽车时随时随地知晓目的确切位置，汽车导航具有的自动语音导航、最佳路径搜索等功能，集成的办公、娱乐功能让驾驶人轻松行驶、高效出行。

② 影音播放。既能够播放电影，也能随时聆听美妙的音乐，支持DVD与CD。

③ 蓝牙免提功能Bluetooh。免提系统直接通过多媒体系统拨号。而其蓝牙手机可放置在车内任何位置，因而得以保持双手紧握方向盘、双眼密切留意路况，即可享受免提通话的便捷。

驾驶过程中通过手机免提功能进行对话，尽情享受免提通话的便捷。听音乐、与朋友共享照片，越来越多的消费者希望能够方便及时地享受各种娱乐活动，而不想再忍受电线的束缚，Bluetooth无线技术是唯一一种能够真正实现无线娱乐的技术。

④ 支持Pod接入。已有多个品牌支持iPod接入，iPod接入使车载DVD导航能同步iPod的音乐，能更好地享受音乐带给驾驶人的美妙感。

⑤ 收音功能。随时随地听收广播，随时知道最新资讯。

⑥ 倒车后视功能。倒车雷达系统，使用声呐传感器或者摄像装置，它们的作用就是在倒车时，帮助驾驶人“看见”后视镜里看不见的东西，或者提醒驾驶人后面存在物品。

经过多年的发展，倒车雷达系统已经升级了技术，改良了性能，不管从结构和外观上，还是性能和价格上，如今的产品都各有特点。使用较多的是数码显示、灾屏显示、多功能倒车镜显示3种。

系统在倒车的时候，车后的状态更加直观可视，对于倒车安全来说是非常实用的配置之一。当挂倒车挡时，系统会自动接通位于车位的高清摄像头，将车后状况清晰地显示在液晶屏上，让驾驶人准确把握后方路况，倒车亦如前进般自如、自信。

（3）DVD的安装

每款车型的中控面板都不一样，因此需要长时间的安装实战才能熟练掌握各车型的拆装方法。

① 检查汽车功能是否正常，控制面板周围有无刮花、损坏。

② 装好车内保护套。

③ 使用拆面板专用工具，将原车面板左下角、右下角、左上角及右上角撬开，如图6-16所示。

④ 取下原车控制面板，如图6-17所示。

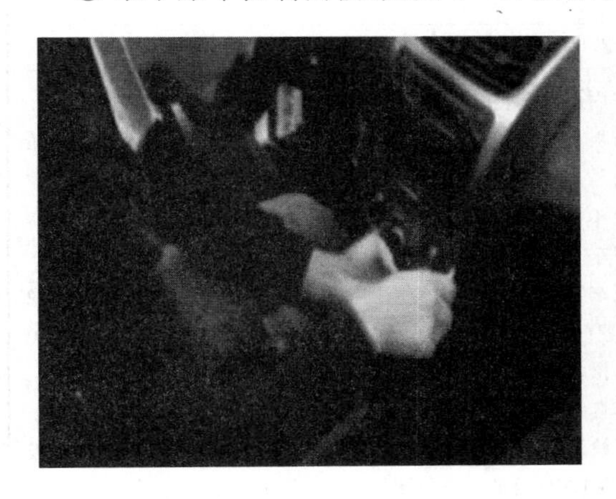

图6-16　撬开面板各角

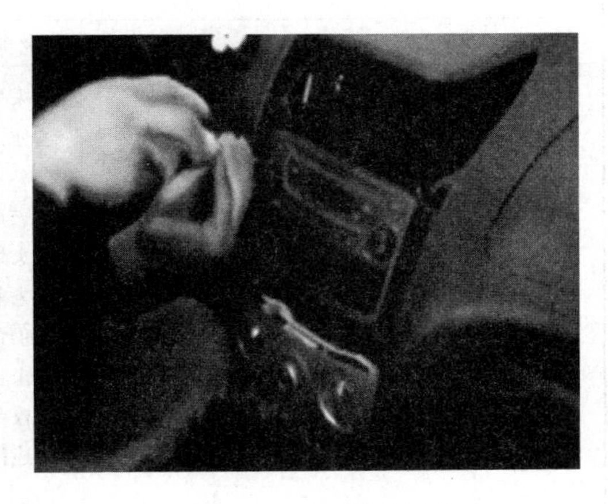

图6-17　取下控制面板

⑤ 取掉原车左右两边固定螺钉。

⑥ 取掉原车插头后，接上专车专用转接插头。将导航天线和倒车后视摄像头的线饰置好。

⑦ 将倒车摄像头线路走好，专用摄像头都是安装在原车牌照灯处，轿车车型最好跟着原车线路走，SUV车型较大，而大部分牌照灯在后备厢盖上。如果线路走下部，摄像头连接线，所配的连接线太短，所以SUV车型大部分还是走车顶。

⑧ 检测倒车灯线，将车电源灯打到 ACC/ON，变速杆挂入倒车挡，用试电笔在尾灯处找到倒车灯线路。

⑨ 连接倒车检测线，将倒车摄像头的倒车检测线与原车倒车灯正负极线相连接。再将 DVD 处的倒车检测线(BACK)连接。

⑩ 测试倒车视频及 DVD 的功能是否能正常使用，匹配好原车方向盘控制键，拆卸掉 DVD 碟盒防振动螺钉。

⑪ 安装复位，按拆除相反的步骤装回 DVD，将后备厢拆除部位复位。

6. “安装 DVD、倒车影视”评分标准

“安装 DVD、倒车影视”评分标准如表 6-3 所列。

表 6-3 “安装 DVD、倒车影视”评分标准

序 号	考核项目	配 分	扣分标准(每项累计扣分不能超过配分)
1	安全文明否决		造成人身、设备重大事故，或恶意顶撞考官，严重扰乱考场秩序，立即终止考试，此项目记 0 分
2	安全文明生产	10 分	1) 不穿工作服、工作鞋、工作帽，各扣 1 分 2) 工具、材料乱放、混放，每次扣 2 分 3) 工具、材料落地或表面未及时清理，每次扣 1 分 4) 考试完后不清理工具、材料或场地，各扣 3 分 5) 不服从考官、出言不逊，每次扣 3 分
3	准备与检查	10 分	1) 工具、设备每少准备一件，扣 3 分 2) 材料选择不当，每次扣 4 分
4	准备工作	10 分	作业前不安装五件套，一项扣 2 分
5	安装 DVD 倒车影视	60 分	1) 未安装车内保护套，扣 4 分 2) 使用拆面板专用工具，将原车面板左下角、右下角、左上角及右上角撬开，扣 4 分 3) 未取下原车控制面板，扣 4 分 4) 未取掉原车左右两边固定螺钉，扣 4 分 5) 未取掉原车插头，接上专用转接插头。将导航天线和倒车后视摄像头的线路布置好，扣 5 分 6) 未将倒车摄像头线路走好，轿车车型未跟着原车线路走，扣 5 分 7) 检测倒车灯线，操作错误扣 5 分 8) 连接倒车检测线，将倒车摄像头的倒车检测线与原车倒车灯正负极相连接。再将 DVD 处的打车检测线连接。操作错误扣 5 分 9) 测试倒车视频及 DVD 的功能是否能正常使用，匹配好原车方向盘控制键，拆卸 DVD 碟盒防震动螺钉。操作错误扣 5 分。 10) 安装复位，按拆除相反的步骤装回 DVD，将后备厢拆除部位复位。操作错误扣 5 分
6	记录	10 分	1) 维修记录字迹潦草扣 2 分 2) 填写不完整，每项扣 1 分
7	合计	100 分	

7. “安装DVD、倒车影视”操作工单

“安装DVD、倒车影视”操作工单如表6－4所列。

表6－4　“安装DVD、倒车影视”操作工单

班　级：＿＿＿＿＿＿＿＿　姓　名：＿＿＿＿＿＿＿＿　得　分：＿＿＿＿＿＿＿＿

<table>
<tr><td>车　型</td><td></td><td>发动机型号</td><td></td></tr>
<tr><td colspan="4">一、准备工作</td></tr>
<tr><td colspan="2">1. 工量具准备与检查</td><td colspan="2"></td></tr>
<tr><td colspan="2">2. 维修手册及材料准备</td><td colspan="2"></td></tr>
<tr><td colspan="2">3. 车辆准备</td><td colspan="2"></td></tr>
<tr><td colspan="4">二、操作过程</td></tr>
<tr><td colspan="2">准　备</td><td colspan="2">记录：</td></tr>
<tr><td colspan="2">拆　卸</td><td colspan="2">记录：</td></tr>
<tr><td colspan="2">安　装</td><td colspan="2">记录：</td></tr>
<tr><td colspan="2">整理工作场地</td><td colspan="2"></td></tr>
</table>

实训3　改装氙气前照灯

1. 实训目的

① 了解氙气前照灯的组成。

② 掌握氙气前照灯的安装方法。

2. 实训内容

氙气前照灯的安装

3. 实训设备

实训车辆一台、氙气前照灯一套、螺钉旋具、常用工具、电胶布、斜口钳等。

4. 实训注意事项

① 先将要安装的氙气灯系统用蓄电池点亮，查看是否有损坏。

② 检查氙气灯安装后与灯罩的距离是否太近，该距离应大于5cm。

③ 安装时应确保安定器的电源端与车子的电源端极性相同。

④ 检查各接口的状况，注意接口是否牢固，并做好电线接口绝缘和防水处理。

⑤ 检查灯泡时注意不要眼睛直视灯泡，以防眼睛因强光灼伤。

⑥ 绝对不要用手触摸氙气灯玻璃体，因为手上的汗液污物附着在玻璃体上导致灯泡散热不均匀，影响寿命，甚至引起爆炸。

⑦ 安定器一定要安装牢固，并且定期检查是否松动脱落，以免出现接触不良，影响使用。

5. 实训方法及步骤

(1) 氙气前照灯的工作原理

氙气灯是依靠瞬间高压激发氙气放电的新型前照灯，又称高强度放电式气体灯，英文简称HID(High Intensity Discharge)。氙气灯打破了爱迪生发明的钨丝发光原理，在石英灯管内填充高压惰性气体(Xenon 氙气)，取代传统的灯丝，在两段电极上有水银和碳元素化合物，透过安定器以23 000 V高压刺激氙气发光，在两极间形成完美的白色电弧，发出的光接近完美的太阳光。

(2) 氙气灯和卤钨灯的区别

氙气灯的亮度高出卤钨灯的3倍以上，对提升夜间驾驶视线清晰度有明显的效果。氙气灯发射的光通量是卤钨灯的2倍以上，同时电能转化为光能的效率也比卤钨灯提高70%以上，所以氙气灯具有比较高的光能量密度和光照强度，而运行时电流仅为卤钨灯的一半。

(3) 氙气灯的性能特性

1) 氙气前照灯的性能优点

① 亮度高，拥有超长及广角的宽广视野，可比传统卤钨灯提升3倍以上，为行车者带来舒适感，视野更清晰，可大大减少行车事故率。

② 光照范围更广，光照强度更大，大大地改善了驾驶的安全性和舒适性。

③ 使用寿命长，约为3 000 h，大幅度超越汽车夜间行驶的总时数。

④ 节电性能强，减少汽车电力系统的负荷，提高车辆性能，节约能源。

⑤ 色温性好，色温在4 300～12 000 K都可选用，其中6 000 K接近日光，深受广大用户好评，而卤钨灯只有3 000 K，光色暗淡发红。

⑥ 恒定输出，安全可靠，当汽车的供电系统和电池出现故障时，安定器自动关闭停止工作。

2）前照灯的性能缺点

① 光效低，光线穿透力低。

② 发热厉害。

③ 工作电流大。

④ 色温不可调。

（4）氙气灯的型号

目前氙气灯按灯头型号分为H系列、90系列和D系列。

① H系列主要有H1、H3、H4、H6、H7、H8、H9、H10、H11、H13等。

② 90系列主要有9004（HB1）、9005（HB3）、9006（HB4）、9007（HB5）等。D系列主要有D1S、D1R、D2R、D1C、D2C、D3C、D4C等。

③ 在汽车氙气灯中应用较多的是H1、H4、H7、9005（HB3）、9006（HB4）、9007（HB5）等型号。

（5）氙气前照灯的组成

氙气前照灯主要由一对高压稳定器（安定器），一对氙气前照灯（H1D）灯泡、一对电源适配线及其附件组成。

1）高压稳定器（安定器）

高压稳定器可接收高压输入，可以自动断电以防意外或短路发生，阻绝高电压触电的危险；工作温度范围广，可在−40～105 ℃工作，可承受发动机室内常态性的高温，降低因温度过高而发生故障的概率。

2）氙气前照灯（HID）灯泡

氙气灯泡通过精准聚焦检测光形，避免造成来车眩光；采用耐高温材质的灯座，避免灯具发生雾化；灯光精巧设计，防止灯管过长接触灯具而造成短路。

3）电源适配器

电源适配器一般由外壳、电源变压器和整流电路组成。

（6）氙气前照灯的安装

以改装氙气前照灯为例，改装前照明灯为黄色暖光，改装后为白光。

① 拆前照灯。拆前照灯之前应先观察相连部件，影响前照灯拆装的部件应先拆除，拆前照灯时注意不要损坏前照灯及相连部件。

② 拆前罩。将拆下的前照灯外侧前端塑料罩拆下，拆之前先拆相连的螺钉和弹簧等部件。拆装时可放在恒温箱中热10～15 min，待密封胶软化后用一字螺钉旋具撬起并趁热去除黏在表面的密封胶。

③ 安装氙气灯。安装时应戴干净手套以防弄脏氙气灯。将事先选好的氙气灯取下灯泡、固定环、弹性圈、定位圈，将氙气灯安装在原灯罩上，并按照安装指示顺序进行安装，安装完成灯泡顺次安装定位圈、弹性圈和固定环，并用卡簧钳锁紧，注意固定环和所选灯泡型号应匹配。

④ 安装灯泡后的测试。将选好的氙气灯正负极和电源适配器的正负极接通测试安定器和灯泡质量是否正常，同时检查光照效果是否符合要求。

⑤ 检查前照灯内部卫生。检查凸透镜是否有脏污及指纹痕，若有指纹痕或污渍应及时去除，检查时不能直视灯光和凸透镜，应和凸透镜呈一定角度，以防伤眼睛。

⑥ 在灯罩防水罩上开孔以备穿插电路引出线。

⑦ 将前灯罩和灯体用密封胶密封，待胶完全干燥后去除多余的胶，并清理干净。

⑧ 连接线组，安装前照灯。按照说明正确连接线组，并检查准确无误后安装防尘罩，将组装好的氙气灯安装到改装车上。

⑨ 在车身选取适当位置固定安定器和电源适配器，并将线路布置美观，远离高温潮湿部位。

⑩ 安装后的检查。对安装后的氙气灯做整体检查，如连线、接头，以及工具是否遗漏在发动机室内等，确保无误后，通过灯光调试后可以交车。

6. “安装氙气前照灯”评分标准

“安装氙气前照灯”评分标准如表 6－5 所列。

表 6－5 “安装氙气前照灯”评分标准

序 号	考核项目	配 分	扣分标准(每项累计扣分不能超过配分)
1	安全文明否决		造成人身、设备重大事故，或恶意顶撞考官，严重扰乱考场秩序，立即终止考试，此项目记 0 分
2	安全文明生产	20 分	1) 不穿工作服、工作鞋、工作帽，各扣 1 分 2) 工具、材料乱放、混放，每次扣 2 分 3) 工具、材料落地或表面未及时清理，每次扣 1 分 4) 考试完后不清理工具、材料或场地，各扣 3 分 5) 不服从考官、出言不逊，每次扣 3 分
3	准备与准备	10 分	1) 工具每少准备一件，扣 3 分 2) 工具选择不当，每次扣 4 分 3) 未检查工具，每次扣 3 分
4	准备工作	10 分	作业前不安装 5 件套一项扣 2 分
5	前照灯拆卸	15 分	1) 拆卸前未观察前照灯及相连部件，而导致部件损坏的，扣 8 分 2) 拆装时未将前照灯放在恒温箱中加热 10～15 min，用一字螺钉旋具撬起并趁热去除黏在表面的密封胶的，扣 7 分
6	氙气灯安装	35 分	1) 安装时应戴干净手套以防弄脏氙气灯。并按照安装指示顺序进行安装，注意固定环和所选灯泡型号应匹配，操作错误 5 分 2) 接通测试安定器和灯泡，检查是否正常，同时检查光照效果是否符合要求，不符合要求扣 6 分 3) 未在灯罩防水罩上开孔以备穿插电路引出线，扣 5 分 4) 未将前灯罩和灯体用密封胶密封，待胶安全干燥后去除胶，并清理干净，扣 5 分 5) 连接线组，安装前照灯，操作错误扣 5 分 6) 未在车身选取适当位置固定安定器和电源适配器，并将线路布置美观，远离高温潮湿部分，扣 5 分 7) 未对安装后的氙气灯做整体检查，有东西遗漏在发动机室内，扣 5 分
7	记录	10 分	1) 维修记录字迹潦草扣 2 分 2) 填写不完整，每项扣 1 分
8	合计	100 分	

7.“安装氙气前照灯”操作工单

“安装氙气前照灯”操作工单如表6-6所列。

表6-6　“安装氙气前照灯”操作工单

班　级：________　姓　名：________　得　分：________

<table>
<tr><td>车　型</td><td></td><td>发动机型号</td><td></td></tr>
<tr><td colspan="4">一、准备工作</td></tr>
<tr><td>1. 工具准备与检查</td><td colspan="3"></td></tr>
<tr><td>2. 材料设备准备</td><td colspan="3"></td></tr>
<tr><td>3. 车辆准备</td><td colspan="3"></td></tr>
<tr><td colspan="4">二、操作过程</td></tr>
<tr><td>准备</td><td colspan="3">记录：</td></tr>
<tr><td>拆卸</td><td colspan="3">记录：</td></tr>
<tr><td>安装</td><td colspan="3">记录：</td></tr>
<tr><td>整理工作场地</td><td colspan="3"></td></tr>
</table>

思考题

1. 汽车功能性装饰主要包括哪些项目？
2. 什么是车载电话？
3. 什么是GPS？
4. 什么是汽车防盗器？
5. 什么是倒车雷达？
6. 什么是自动泊车系统？
7. 汽车改装有什么要求？

项目7　汽车美容护理

【知识目标】

- 了解汽车打蜡的作用及常用车蜡品牌。
- 了解汽车车蜡的种类、用途，及选用方法。
- 了解一般保护蜡和高级美容蜡的区别。

【技能目标】

- 掌握汽车美容工具与设备的使用方法。

【素养目标】

- 培养学生打蜡操作中爱岗敬业的工作态度。
- 培养学生团队合作精神。

汽车在使用过程中车漆免不了有灰尘污物的吸附、酸雨侵蚀，或者机械刮擦引起的漆面损伤。现在国内汽车美容技术在不断升级，相应的美容项目也不断更新。美容护理类的项目最简单的莫过于洗车，但为了给汽车更好的保护，还应对汽车进行打蜡等美容护理。

任务7.1　汽车美容工具与设备

汽车美容是针对美容的具体作业项目、按照汽车美容部位不同材质所需的保养条件，利用专业美容系列技术设备，采用不同性质的汽车美容护理产品及施工工艺，对汽车进行的全新保养护理。

针对汽车美容不同的作业项目，应该选用不同的美容设备、工具及用品。具体作业常见的设备和用品有空气压缩机、高压清洗机、泡沫清洗机、水枪和气枪等。

7.1.1　空气压缩机

空气压缩机是汽车美容护理以及维修的通用设备之一，应用范围很广。空气压缩机在汽车美容护理方面主要用于提供充足的达到预定压力值的高压压缩空气源，以确保汽车美容护理作业车间所有的气动设备都能有效地工作。如用于泡沫清洗机去除清洗后车身面漆上积聚的水渍、各种气动工具（研磨、抛光和除尘工具）、发动机和变速器的免拆清洗以及轮胎充气等，如图7-1所示。

空气压缩机分为单级式和双级式两种，主要性能指标为空气压力、每分钟的压缩空气量和消耗功率。

空气压缩机工作时会发出较大的噪声，应注意做好消声降噪工作。

图 7-1　空气压缩机

7.1.2　高压清洗机

高压清洗机用于汽车外表、发动机、底盘和车轮等的清洗。

1. 高压清洗机的概念和分类

通过动力装置使高压柱塞泵产生高压水来冲洗物体表面的机器称为高压清洗机。它能将污垢剥离、冲走,从而达到清洗物体表面的目的。因为是使用高压水柱清理污垢,所以高压清洗也是世界公认最科学、经济、环保的清洁方式之一。清洗机可分为冷水高压清洗机、热水高压清洗机、电机驱动高压清洗机、汽油机驱动高压清洗机等几种,其中,高压清洗机如图 7-2 所示。

图 7-2　高压清洗机

2. 工作原理

高压清洗机使用普通的自来水为水源,通过其内的电动泵加压,输出的水流压力在 0.2～1.2 MPa 范围内,并可以按需要进行调节。当水的冲击力大于污垢与物体表面附着力时,高压水就会将污垢剥离、冲走,从而达到清洗物体表面的目的。因为是使用高压水柱清理污垢,只有很顽固的油渍才需要加入一点清洁剂,强力水压所产生的泡沫足以将一般污垢带走。在冲洗挡风玻璃和钣金部分时,水压可按要求调小一点,以免造成车体损伤。

3. 分　类

按出水温度来分,高压清洗机分冷水高压清洗机和热水高压清洗机两大类,如图 7-3、图 7-4 所示。两者最大的区别在于,热水清洗机里加了一个加热装置,一般会利用燃烧缸把水加热。使用热水清洗能迅速冲洗净大量冷水不容易冲洗的污垢和油渍,令清洁效率得到大幅度提高。但是往往因为热水清洗机价格偏高且运行成本高(因为要用柴油),大部分用户可能会选择普通的冷水高压清洗机。当然为了提高清洁效率和效果,还是有不少专业客户会选择热水清洗机的。

按驱动引擎来分,分为电机驱动高压清洗机、汽油机驱动高压清洗机和柴油驱动清洗机三大类。顾名思义,这三种清洗机都配有高压泵,不同的是它们分别与电机、汽油机或柴油机相连,由此驱动高压泵运作。汽油机驱动高压清洗机和柴油驱动清洗机的优势在于它们不需要电源，可以在野外作业。

图 7-3　冷水高压清洗机

图 7-4　热水高压清洗机

7.1.3　泡沫清洗机

泡沫清洗机为汽车美容清洁用的主要设备之一。它与高压清洗机的不同之处在于它输出的水不但可以增压，而且还能加入专用的清洗剂，再通过空气压缩机的作用，使清洗剂泡沫化，然后从泡沫喷枪喷出。泡沫清洗机能将泡沫状的清洗液均匀地涂敷于车身外表，通过化学反应，从而起到极佳的除尘和去油污作用，如图 7-5 所示。

图 7-5　泡沫清洗机

使用泡沫清洗机的目的在于清洗剂内加入了强力发泡剂和助洗剂，在压缩空气的搅动下能产生丰富的泡沫，而浓稠的泡沫容易捕集污垢粒子，使油污溶解于泡沫的外表，减少了油污的沉积，所以去污能力特强，并且使清洗剂发挥了最大的效用。泡沫清洗机种类较多，有气动和电动两类。

7.1.4　水枪和气枪

水枪和气枪分别是与高压清洗机和空气压缩机配套使用的，是重要的清洗设备。水枪和气枪种类较多，有的带快速接头，可作快速切换；有的带长短接杆，使用更为方便。水枪和气枪分别如图 7-6 和图 7-7 所示。

图 7-6　水　枪

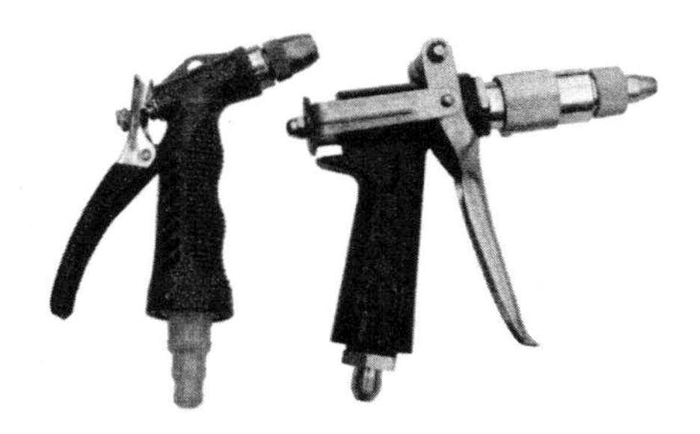

图 7-7　气　枪

气枪通常为外购件，不随空气压缩机附送；水枪则常作为高压清洗机的附件配套使用。高级的水枪带水压和水形调节，高压水枪在汽车清洗中的应用，不但提高了清洗作业的质量，极大地保护了漆面，同时也提高了清洗作业的效率，使用起来十分方便。

7.1.5　抛光机及其附件

1. 抛光机

抛光机也称为研磨机，常用作机械式研磨，抛光及打蜡之用，如图7－8所示。抛光机是一种电动工具，由底座、抛盘、抛光织物、抛光罩及盖等基本元件组成。电动机固定在底座上，固定抛光盘用的锥套通过螺钉与电动机轴相连。抛光织物通过套圈紧固在抛光盘上，电动机通过底座上的开关接通电源后，便可用手对试样施加压力在转动的抛光盘上进行抛光。抛光过程中加入的抛光液可通过固定在底座上的塑料盘中的排水管流入置于抛光机旁的方盘内。抛光罩及盖可防止灰尘及其他杂物在机器不使用时落在抛光织物上而影响使用效果。

图7－8　抛光机

2. 工作原理

抛光机的工作原理是电机带动安装在抛光机上的海绵或羊毛抛光盘高速旋转，由于抛光盘和抛光剂共同作用并与待抛表面进行摩擦，进而达到除漆面污染、氧化层、浅痕的目的。抛光机操作的关键是要设法得到最大的抛光速率，以便尽快除去磨光时产生的损伤层。同时也要使抛光损伤层不会影响最终观察到的组织，即不会造成假组织。前者要求使用较粗的磨料，以保证有较大的抛光速率去除磨光的损伤层，但抛光损伤层也较深；后者要求使用最细的材料，使抛光损伤层较浅，但抛光速率低。

3. 分　类

抛光机有以下几种分类方法：

① 按动力来源有气动式和电动式两种，气动式比较安全，但需要气源；电动式容易解决电源问题，但一定要注意用电安全。

② 按功能分有双功能工业用磨砂/抛光机和简易型抛光机两种。双功能工业用磨砂/抛光机既能安上砂轮打磨金属材料，又能换上抛光盘做车漆护理。此机较重，约2～3 kg，但工作起来非常平稳，不易损坏。此种机型的转速可以调节，适合专业美容护理人员使用。简易型

抛光机实际上是钻机，体积小，转速不可调，使用时难掌握平衡，专业美容护理人员一般不使用此类机型。

③ 按转速分类有高速抛光机、中速抛光机和低速抛光机三种。高速抛光机转速为 1 750～3 000 r/min，转速可调；中速抛光机转速为 1 200～1 600 r/min，转速可调；低速抛光机转速为 1 200 r/min，转速不可调。目前市场上出现有变速抛光机。

4. 抛光机的主要附件

抛光机的主要附件是抛光盘。抛光盘安装在抛光机上与研磨剂或抛光剂共同作用完成研磨/抛光作业。

(1) 抛光盘的分类

按抛光盘与抛光机的连接方式可分为以下 3 种：

螺母盘：适用于带有螺栓接头的抛光机。

螺栓盘：适用于带有螺母接头的抛光机。

吸盘：适用于带有吸盘的抛光机。抛光机的机头用螺钉固定一个硬质塑料聚酯底盘(也叫托盘)，底盘的工作面可粘住带有尼龙易粘平面的物体，这样就可以根据需要选择各种吸盘式的抛光盘，只需将抛光吸盘贴在托盘即可，使用起来极为方便。

(2) 2 种抛光盘的材料

羊毛抛光盘：羊毛为传统式切割材料，研磨能力强、功效大，研磨后会留下旋纹。一般用于普通漆的研磨和抛光，用于透明漆时要谨慎。羊毛抛光盘一般分白色和黄色两种，抛光盘底部有自动粘贴实现抛光盘的快速转换。一般白色羊毛抛光盘切削力强，能去除漆面严重瑕疵，配合较粗的蜡打磨以达到快速去除橘皮或修饰研磨痕；黄色羊毛抛光盘切削力较白色羊毛抛光盘弱，一般配合细蜡做抛光漆面、去除漆面粗蜡抛光痕及轻微擦伤痕，如图 7－9 所示。

但羊毛抛光盘需要定期维护。用梳毛刷或空气喷嘴清洁羊毛轮，清除蜡质。作业时如果羊毛轮被堵塞，应拆下，装上一个干净的羊毛轮，继续进行打磨，同时使用过的羊毛轮要干燥，干燥后，用梳毛刷冲洗干净。注意冲洗时必须使用温水，千万不要用烫水、强烈碱性去垢剂或溶剂冲洗。使用洗衣机清洗只可使用轻柔挡。用空气干燥，最好不要进行机器干燥。

海绵抛光盘：海绵抛光盘切削力较羊毛抛光盘弱，不会像羊毛盘留下旋纹，能有效去除中度漆面的瑕疵，底背有自动粘贴，可快速转换抛光轮。可用于车身普通漆和透明漆的研磨和抛光，即羊毛抛光盘之后的抛光、打蜡之用。建议抛光剂转速在 1 500～2 500 r/min 范围内，不要超过 3 000 r/min，如图 7－10 所示。

图 7－9　羊毛抛光盘

图 7－10　海绵抛光盘

海绵盘按颜色一般可分为以下3种：

黄色盘：一般做研磨盘，质硬，用以消除氧化膜或划痕。

白色盘：一般做抛光盘，质软、细腻，用以消除发丝划痕或抛光。

黑色盘：一般做还原盘，质软、柔和，适合车身为透明漆的抛光和普通漆的还原。

海绵盘按形状可分为以下3种：

直切型：速度快，热能大，灵活；

平切型：面积大，散热好，比较平稳；

波纹型：工作液不易飞溅。

海绵盘的维护：在温水中冲洗后，挤去水分，面朝上放在干净的地方进行干燥。不要使用肥皂或清洁剂清洗，不要机洗或干洗，不要用梳毛刷或螺丝刀清洁海绵轮。

5. 抛光机的使用方法

① 操作人员应按规定的转速进行施工。

② 研磨/抛光时，操作人员不能将研磨机斜放于漆面施工，应将研磨机平放于漆面给研磨机均衡地向下施加压力。

7.1.6　打蜡机及其附件

1. 打蜡机

打蜡机也称轨道抛光机，如图7－11所示。其工作时以椭圆形的轨迹旋转，它的托盘直径比抛光盘大，机体比抛光机轻很多，而且它的双手扶把紧贴机体的中心立轴。专业人员已不再用它来做研磨或抛光，因它的质量、速度和椭圆形的旋转方式使其产生不了足够的热能让抛光剂与车漆进行化学反应。但此机用于打蜡效果很好，因其质量轻，做工细且光盘面积大，比人工打蜡省时省力，而且打蜡时不易产生漆面划痕。

2. 打蜡机的主要附件

打蜡机使用的是固定打蜡托盘，因此其相应的配套件是指和打蜡托盘配套的各种盘套。

打蜡盘套是一种衬有皮革底的毛巾套，其作用是把蜡均匀地涂覆到车身上。打蜡盘套的材料有三种：全棉的盘套、全毛的盘套和海绵的盘套。各种汽车打蜡机盘套有各种规格。目前最广泛使用的是全棉的盘套，如图7－12所示。

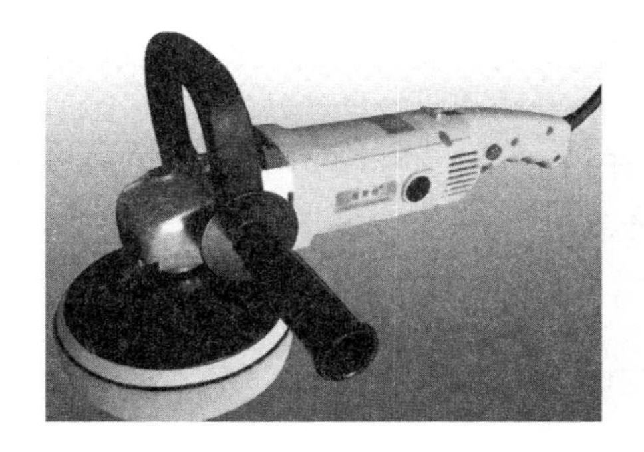

图7－11　打蜡机

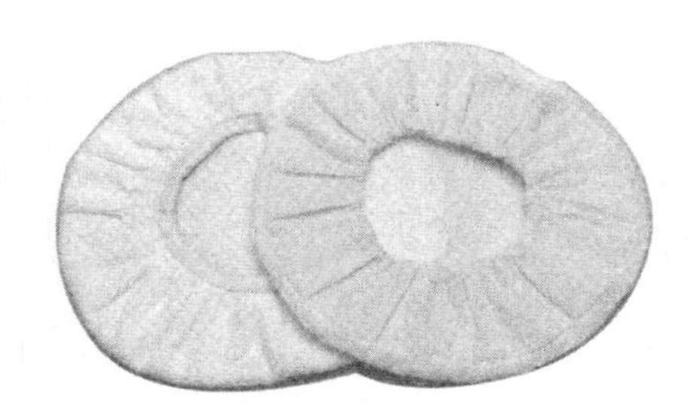

图7－12　打蜡盘套(全棉)

全棉盘套应选择针织密集的、线绒较多的、具有柔软感的盘套。它越柔软，就越能减少发丝划痕，也能把蜡的光泽和深度抛出来。

全棉盘套使用时应注意不能反复使用，最好一辆车更换一个新的。即使不更换新的，旧的也一定要洗干净。清洗时要使用柔顺剂，以免晒干后盘套发硬。

3. 打蜡机的使用方法

打蜡机的使用方法如下：将液体蜡画圈似地倒在打蜡盘上，每次按 0.5 m^2 的面积打匀，直至全车打完。大约静候几分钟，待蜡凝固后，将打蜡盘套装在打蜡机上，确认盘套的绒线中无杂质后开机，然后将打蜡机盘套轻放在车身上，让打蜡机横向与竖向覆盖式地抛光，直至车漆亮泽令人满意为止。

7.1.7 封釉振抛机

封釉振抛机是封釉的专用电动工具，它可以通过振抛机的高频振动与快速转动，与漆面摩擦产生热量，使漆面局部产生一定程度的扩张，使釉剂通过振动均匀地挤压渗透到漆面中，并在漆面上形成一层极薄的保护膜，以有效地保护和美化漆面，如图 7－13 所示。

图 7－13 封釉振抛机

封釉振抛机的使用与抛光机相似。封釉振抛机一般采用吸盘式封釉波纹海绵轮与封釉振抛机的托盘相连，图 7－13 同时也是封釉波纹海绵轮示意图。

7.1.8 吸尘机

车身内经常积聚有大量的灰尘，特别是座椅上的皱褶和一些角落部位的灰尘极难清除。吸尘器是汽车美容车间必备的工具。现在市场上常见的吸尘器主要有便携式、家用型和专业型三种，又分干式和湿式两类。一般来说，专业型的吸尘吸水机效果最好，使用较多，它具有较好的防水性，集吸尘、吸水、风干于一体，配有适合于内饰结构的专用吸嘴，操作简单，其内置的真空泵能产生很大的真空度，再配上形状不一的各种吸头，能很方便地伸进各个角落部位，快速地吸去附着于其上的灰尘。车用吸尘机如图 7－14 所示。

（1）吸尘机的特性

吸尘吸水，干湿两用；容积大，功率大，噪声低，吸力强。

（2）吸尘机的适用范围

① 汽车内顶棚、座椅、仪表台、空气滤清器、空调等。

② 地面、地毯。

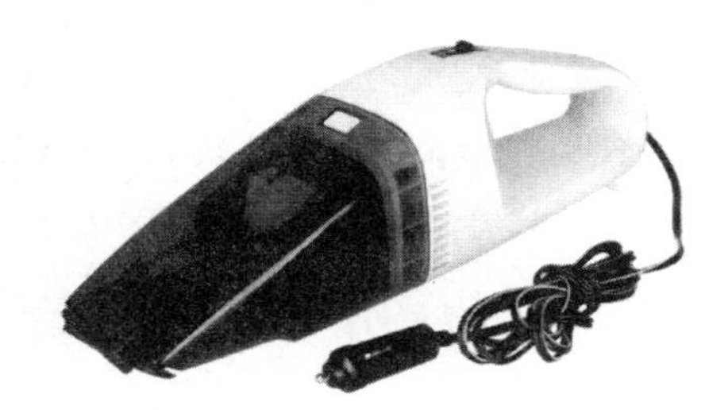

图7-14　车用吸尘机

(3) 注意事项

① 本机不适用于吸取含有爆炸性、易燃及毒性固体或液体的物质。

② 切勿损坏电源线的外表。

③ 应选择防水插头,以免发生漏电意外。

④ 切勿使吸尘管、水软管淤塞。

⑤ 勿使圆桶内垃圾积存过多。

随着科技的不断发展,新产品也不断涌现。近年来,新推出了电热式喷水/吸尘/吸水三合一清洗机。电热式喷水/吸尘/吸水多功能清洗机的工作原理是将电加热热水器与真空吸尘器合二为一(温度可调),在喷出热水的同时又能吸去水分,套上耙头式喷/吸两用嘴又可以作梳理清洗,一物多用,不但大大地提高了工作效率,还可以加入清洗剂或芳香剂,令清洗效果更佳。市场上有多种规格可供选择。

7.1.9　高温蒸气清洗机

车身内饰和地毯等纤维绒布织品极易积聚污垢,使细菌极易繁殖,而除尘机只能除尘,无法清除细菌,拆装内饰和地毯也十分麻烦,因此清洁的难度很大,蒸气清洗机的出现有效解决了这个难题,如图7-15所示。

图7-15　高温蒸气清洗机

蒸气清洗机具有以下特点:

① 倡导纯物理清洗方法。利用高温蒸气对纤维织物等进行深度清洗,去除藏匿在其中的细菌和烦人的油渍,无须任何化学清洗剂的辅助,可在短时间内产生150 ℃和3.2 bar(1 bar=

1 000 Pa)的高温蒸气,使蒸气喷射于需要清洁的内饰表面上,起到快速灭菌的作用,特别是对空调系统出风口的清洁效果更佳。蒸汽机还可加入各种芳香剂,使清洁后的车内空间芳香舒适。

② 节省能源。双水箱作业将加热时间和能源消耗降至最低。

③ 无须等待。操作者可以利用源源不断的蒸气进行连续清洁作业。

④ 方便的操作面板。从蒸气到热水,温度自由调节。

7.1.10 专用甩干桶

车上的座椅套,可拆式地毯和脚垫等织物容易弄脏,每隔较长一段时间应取下,并用水或用泡沫清洗剂清洗,彻底去除灰尘、污渍和杀灭滋生细菌。由于这些织物体积大、分量重,水洗后难以用普通脱水机脱水。

汽车美容专用甩干桶,容量大,转速高,功率大,能在数分钟时间内达到很好的脱水效果,是汽车美容店必备的设备。

7.1.11 高效多功能洗衣机

汽车上的座椅套、头枕套等织物极易弄脏,每隔一段时间都要进行清洗。为了节省车主的时间,在美容的同时,要做好织物的清洗。

汽车美容店使用的洗衣机不同于家庭用的普通洗衣机,它要求能清洗较大质量的织物(至少 5 kg),而且必须是清洗、烘干和免烫三合一的高效多功能洗衣机。这样才能在完成了汽车美容的同时,也完成了各种织物的清洗和烘干,不会影响用车时间。

7.1.12 自动洗车机

全自动洗车机可以根据不同的洗车部位选择不同的程序,程序所包括的清洗顺序:车身外表清洗、使用清洁剂清洗、车轮清洗、烘干、打蜡、外表(前后)烘干。自动洗车装置如图 7-16 所示。

图 7-16　自动洗车装置

任务7.2 汽车打蜡

7.2.1 车蜡概述

车蜡是传统的汽车漆面保养物。车蜡以天然蜡或合成蜡为主要成分，它通过渗透入漆面的缝隙中使表面平整而达到增加光亮度的效果。传统汽车打蜡是以上光保护为主，而今随着汽车美容业的发展，汽车打蜡被赋予新的内涵，即研磨蜡的出现及日益广泛的应用。如果一部车打了蜡，要想达到较好的光亮效果就需要比较厚的蜡层。但车蜡属于油性物质，油膜与漆面的结合力差，保护时间较短，这种蜡常因下雨或冲洗等因素流失，有时甚至附着在挡风玻璃上而形成油垢，因此汽车美容打蜡应该定期进行。

7.2.2 车蜡的作用

1. 防水作用

汽车经常暴露在空气中，免不了受到风吹雨淋，车蜡能使车身漆面上的水滴附着物减少60%～90%，高档车蜡还可以使残留在漆面上的水滴进一步平展，呈扁平状，最大限度地减少水滴因强烈阳光照射时的聚焦作用造成的漆面暗斑、侵蚀和破坏，如图7－17所示。

图7－17 打蜡后的防水效果

2. 抗高温作用

车蜡的抗高温作用是对来自不同方向的入射光产生有效反射，防止入射光线穿透透明漆，导致底色漆老化变色，延长漆面的使用寿命。

3. 防紫外线作用

其实，车蜡防紫外线作用与它的抗高温作用是并行的，只不过日光中的紫外线较易于折射进入漆面，防紫外线车蜡充分考虑了紫外线的特性，使其对车表的侵害最大限度地降低。

4. 防静电作用

车蜡防静电作用主要是隔断空气及尘埃与车身漆面的摩擦。通过打蜡，不但可有效防止车表静电的产生,还可大大降低带电尘埃对车表的附着。

5. 上光作用

上光是车蜡的最基本作用之一,经过打蜡的车辆,都能不同程度地改善其漆面的光洁程度,使车身恢复亮丽本色。

6. 研磨抛光作用

当车身漆面出现浅划痕时,可使用研磨抛光蜡,若划痕不严重,抛光和打蜡作业可一次性完成。

7. 防划伤作用

坚硬的蜡膜可以抵御车辆高速行驶时空气中悬浮的尘埃、砂粒等对车体的冲击以及洗车、擦车时砂粒、硬物的摩擦,防止划痕的产生。

车蜡除了具有上述作用外,还具有防酸雨、防盐雾等作用,选用时可根据需要灵活掌握。

7.2.3 车蜡的分类

① 按物理状态不同分类:车蜡按其物理状态的不同可分为固体蜡和液体蜡两种。在日常作业中,液体蜡应用相对广泛,如美丽狮勋章蜡、水晶棕榈蜡等。

② 按生产国别不同分类:车蜡按其不同生产国,可大体分为国产蜡和进口蜡。目前,在国内汽车美容行业中使用的车蜡中:中高档车蜡,绝大部分为进口蜡,有进口蜡垄断之势;低档蜡在中国车蜡中占有较大的份额。常见进口车蜡多来自美国、英国、日本、荷兰等,例如美国龟牌系列车蜡、美国美丽狮系列车蜡、美国普乐系列车蜡等。国产车蜡最常用的有彩虹、魔兽、鹰牌等。

③ 按其作用不同分类:车蜡按其作用不同,可分为防水蜡、防高温蜡、防静电蜡及防紫外线蜡多种。

④ 按其功能不同分类:车蜡按其主要功能分为上光蜡和抛光研磨蜡两种。国产上光蜡的主要添加成分为蜂蜡、松节油等,其外观多为白色和乳白色,主要用于喷漆作业中表面上光。国产抛光研磨蜡主要添加成分为地蜡、硅藻土、氧化铝、矿物油及乳化剂等,颜色有浅灰色、灰色、乳黄色及黄褐色等多种,主要用于浅划痕处理及漆膜的磨平作业,以清除浅划痕、橘纹、填平细小针孔等。

7.2.4 常用车蜡品牌介绍

1. 英特使车蜡

① 英特使玫瑰红镜面蜡:本品由人工蜡和天然蜡混合而成,用于新车及金属漆面轿车,能够在漆面上形成两层蜡膜,上层能抵御紫外线和含酸碱水的雨侵蚀,下层能对漆面添加油分,养护漆面,并能防御有害物质的渗透。抛光时使用本品效果更好。

② 英特使钻石镜面蜡:本品是一种高级美容蜡,1996 年巴黎国际汽车用品博览会上被评为四星级车蜡,它具有钻石般的高贵品质,含巴西天然棕榈蜡级特别色彩增艳剂,用后可防止各类有害物质对漆面的侵害,车身光如镜面,且能长时间保留。适用于各种颜色的高级轿车。

③ 绿宝石金属蜡:本品是由各不相同的蜡提取物及含无毒研磨剂聚合物组合成的特别混合物,用后车身可迅速光亮,耐清洗,并延长漆面寿命。适用于金属漆车身表面。

④ 红景天三重蜡:本品由三种不同蜡提取物高度熔炼而成,是多种独特品质的组合产品,无论车漆表面干燥或湿润均可使用,且可一次性抛光整个漆面,省时省力,甚至在曝晒的环境

下作业也不会严重影响其效果。本蜡防护功能卓越，可耐受各种清洗剂清洗，保持时间长。

2. 冈底斯车蜡

① 汽车水晶蜡：本品耐磨、透明，不易被分解，能长时间保持车漆光亮如新，抗紫外线，耐酸雨，防油污和沥青等。使用时只需薄薄涂一层，立刻光彩照人。较一般车蜡持久5～10倍。

② 汽车水彩蜡：能使漆面很快去污、去氧化膜及水渍，并覆盖一层光滑、坚韧的保护膜。具有省时、省力、清洁、保养、抗氧化等功效。使用后，汽车表面亮丽光滑，并可防紫外线、静电、酸雨等对漆面的影响。

③ 汽车油蜡：能使漆面很快去污、去氧化膜及水渍，并覆盖一层光滑、坚韧的保护膜。

④ 汽车镜面抛光蜡：镜蜡主要用于处理一般粗蜡、细蜡抛光后遗留的抛光痕，处理后漆面能产生镜面反射光泽，且保持时间长，是一种品质优良的抛光机用镜面抛光剂。

3. 普乐车蜡

① 普乐车蜡P24：一种添补增光剂，可以去除轻度氧化层，还可以去除抛光后形成的轻微痕迹和涡旋。

② 普乐素色车蜡增光剂P47：一种抛光研磨蜡，可快速完成清洁抛光和上蜡作业，省时省力。

任务7.3　车　蜡

如何正确选择车蜡？目前，市场上车蜡种类繁多，有固体和液体之分，车蜡质量也不一样。各种车蜡性能不同，其作用与效果也不一样，所以在选用时必须要慎重，选择不当不仅不能保护车体，反而使车漆变色。一般情况下，应根据车蜡的作用特点、车辆的新旧程度、车漆颜色及行驶环境等因素综合考虑。

7.3.1　车蜡主要品种

1. 新车保护蜡

新车漆面十分娇嫩，易产生轻微划痕，新车保护蜡不含任何的研磨剂等，以确保车漆表面的光滑，如图7-18所示。新车保护蜡的特有功能是含有大量高分子聚合物，如魔兽新车蜡采用纳米分子技术，超硬蜡壳；超强泄尘、泄水能力；防止氧化、风沙划痕；含抗UV成分，超长持久保持。配合新车无划痕特点采用纳米高分子技术在漆面形成坚硬的保护层，特有的化学分子结构不含任何抛光材料，独特的泄尘、泄水性能，氟素合成技术，更强的持久保护能力，独特的抗擦洗配方。

图7-18　新车保护蜡

2. 钻石蜡

钻石蜡是一种高级美容蜡，它具有钻石般的高贵品质，使用后漆面产生水晶效果，超高亮度，丝般手感，特殊的驱水、泄尘能力，含抗UV成分，不怕阳光暴晒，抗洗涤，且能长时间保留，为蜡中极品，适用于各种颜色的高级轿车。

3. 至尊硬蜡

至尊硬蜡不怕洗涤，超硬保护，坚固耐用，真正抗划痕；超强防水，能完全截断雨水及酸雨的渗透，能持久保护，光泽耀眼夺目，可持续数月之久。不怕高温，耐酸碱侵蚀，独特的氟素纳米技术，顶级虫白蜡与超硬树脂为基础，不怕风沙划痕、擦洗划痕，超强防水性能，蜡壳形成后，不怕强光曝晒，耐酸碱侵蚀，真正是车漆钢甲保护层。

4. 水晶蜡

水晶蜡为多种聚合物合成，不含石蜡成分，配以持久树脂精的独特配方，能使漆面形成长久性保护膜。增强其面透彻感，去污，防水，耐酸雨腐蚀，抗静电。能清除车体表面的细孔、焦油、树汁、氧化物、尘垢等，延长抛光寿命，避免车漆产生皱纹、划痕、氧化、脱落及发黄。

5. 彩色蜡

彩色蜡有白、红、黄、绿、蓝、黑、灰多种颜色选择，针对不同颜色的车漆增艳效果而研制，具有培养颜色效果，并能修饰局部补漆产生的色差或褪色。它具有清洁、上光和保护功能，可使划痕减轻或消失。与原漆本色浑然一体，使旧漆焕然一新。

6. 表板蜡

表板蜡适用于仪表台、保险杠、胶条等塑胶、皮革制品的清洁翻新，能使表面形成一层保护膜，防污，防老化，防静电。使用时直接将表板蜡喷于硬性表面上，用干布擦匀即可。

7. 抗 UV 蜡

抗 UV 蜡由高分子聚合脂组成，具有抗 UV 成分，防酸雨，抗氧化，耐腐蚀，是恶劣环境下车漆的保护神；超抗洗涤，独特高分子聚全脂配方，使车漆更亮，更长久；含有抗 UV 吸收剂、折射剂和稳定剂，特有合成工艺，长期使用抗 UV 蜡，可防止车漆氧化、褪色发乌、龟裂、发白的症状，抗 UV 蜡含清洁、保护、上光三种功效。

8. 防水蜡

防水蜡具有超强防水的特点，完全迅速且极具泼水效果，超长时间保护车漆。顶级防水树脂(空气反应型配方)可以完全阻断雨水酸雨侵蚀，并产生无与伦比的光泽效果，超抗洗涤，效力持久，是普通防水蜡的三倍。

9. 光洁蜡

光洁蜡由多种高分子聚合物组成，天然植物配方，强力去污，轻松去除发丝划痕，防止漆面发白、发污变色。独特还原成分，对漆面无伤害，可有效地修复因长年使用造成的车漆氧化、老化、褪色及漆面发丝划痕、氧化膜。含抗 UV 成分，防止紫外线造成的氧化腐蚀。

10. 复彩护漆上光蜡

复彩护漆上光蜡集去除微划痕和上光为一体，能快速清除车身表面的轻微划痕、擦纹、花斑，去除旧漆膜的氧化层和哑光色。使老化、褪色、失光的漆面恢复原有的色泽和光洁度，用打蜡的时间，得到研磨与上光双重效果。

11. 清洁砂蜡

清洁砂蜡为快干型蜡，光洁度高，用于清洁汽车表面，能防止汽车漆面褪色、污垢，清除轻微划痕、擦纹、花斑，去除旧漆膜的氧化层和哑光色。使老化、褪色的旧漆面恢复原有的色泽和光洁度，如图 7－19 所示。

图 7－19　清洁砂蜡

7.3.2　车蜡的选择

1. 根据漆面的质量来选择

对于中高档轿车，其漆面的质量较好，宜选用高档车蜡；对于普通轿车或其他车辆，可选用一般车蜡。

2. 根据漆面的新旧来选择

新车或新喷漆的车辆，应选用上光蜡，以保持车身的光泽和颜色；对旧车或漆面有漫反射光痕的车辆，可选用研磨蜡对其进行抛光处理后，再用上光蜡上光。

3. 根据车蜡的使用环境来选择

由于车辆的运行环境不尽相同，所以在车蜡的选择上对汽车漆面的保护应该有所侧重。例如，沿海地区宜选用防盐雾功能较强的车蜡；化学工业区应选用防酸雨功能较强的车蜡；多雨地区宜选用防水性能良好的车蜡；光照好的地区宜选用防紫外线、抗高温性能优良的车蜡；如果汽车经常行驶在泥泞、尘土、砾石等恶劣道路环境中，则应选用保护功能较强的硅酮树脂蜡。

4. 根据季节不同来选择

夏季一般光照较强，宜选用防高温、防紫外线能力强的车蜡。

5. 根据车漆颜色选择

选用时还必须注意车蜡与车漆颜色相适应，一般深色车漆选用黑色、红色、绿色系列的车蜡；浅色车漆选用银色、白色、珍珠色系列的车蜡。

7.3.3　一般保护蜡与高级美容蜡的区别

一般保护性车蜡是由蜡、硅、油脂等成分混合而成的，属于油性物质，它可在漆面形成一层油膜而散发光泽。但由于油膜与漆面的结合力差，保护时间较短，这种蜡常常因下雨或冲洗等因素流失，有时甚至附着在挡风玻璃上，而形成油垢。另外，存留在车表的水滴一般呈半球状，会产生透镜作用，聚焦太阳光以致灼伤漆面。高档美容蜡的附着力比较强，用水多次冲洗也不会流失，不用担心光泽在较短时间失去，一般能达到2～3个月之久。并且施工后车蜡表面水滴呈扁平状，透镜作用不明显。高档美容蜡外观效果非常好，但价格有些高，因为这类车蜡除了具有一般保养蜡功能外，它还含有一种活性非常强的渗透剂，能使车蜡迅速渗透于漆层内，它特殊的分子结构，可与漆面之间产生牢固的结合力，上蜡后的漆面看起来浑然一体，效果颇佳。另外，高档美容蜡一般要经过许多道复杂的前处理工序，即使是新车上蜡，也要经过清洗、风干、镜面处理等多道工序，因此技术含量高，效果一流，持久耐用。

任务7.4　汽车打蜡方法

7.4.1　打蜡方法

① 汽车清洗：为了保证打蜡的效果，打蜡前对车辆必须进行彻底清洗。

② 上蜡：上蜡可分手工上蜡和机械上蜡两种，手工上蜡简单易行，无论是手工还是机械上蜡，都要保证漆面均匀涂抹。手工上蜡时，首先将适量的车蜡涂在海绵上（专用打蜡海绵），然后按一定顺序往复直线涂抹，每道涂抹应与上道涂抹区域有1/5～1/4的重合度，防止漏涂及保证

均匀涂抹。机械上蜡时将车蜡涂在打蜡机海绵上，具体涂抹过程与手工雷同。值得注意的是，在边、角、棱处的涂抹应避免超出漆面，而在这方面手工涂抹更容易把握，如图 7－20、图 7－21 所示。

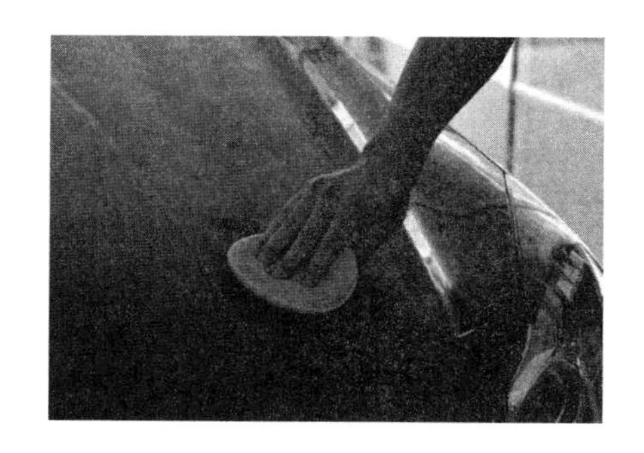

图 7－20　手工上蜡

③ 抛光：根据不同车蜡的说明，一般涂抹后 5～10 min 即可进行抛光。抛光时遵循先上蜡抛光的原则，确保抛光后的车表不受污染，抛光作业通常使用无纺布毛巾做往复直线运动，适当用力按压，以清除剩余车蜡。最早的车蜡是从石油中提取的石蜡，如今的车蜡主要成分是聚乙烯乳液或硅酮类高分子化合物，并含有油脂和添加剂成分。但由于车蜡中富含的添加成分不同，使其物质形态性能上有所区别，进而划分为不同的种类。

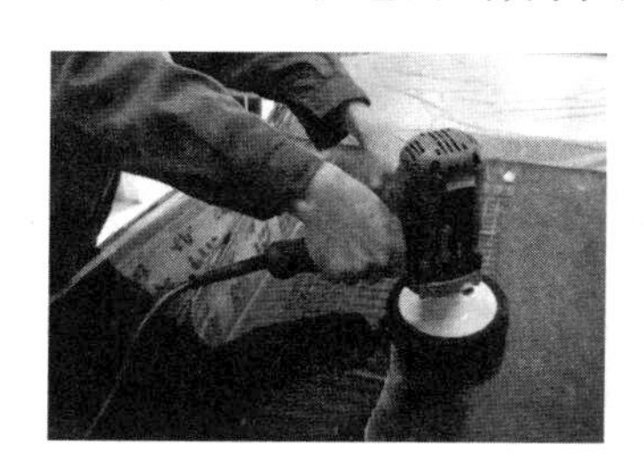

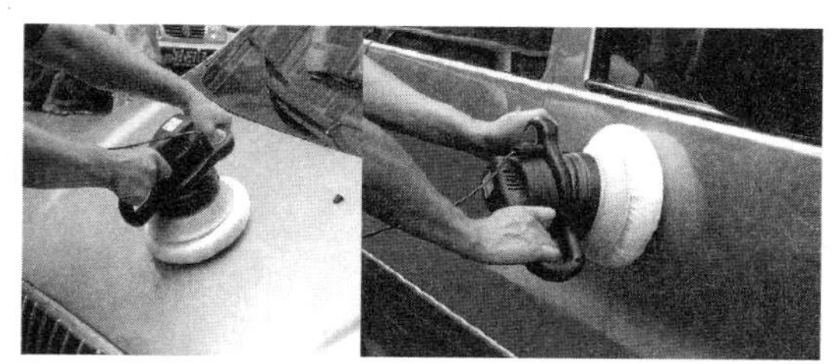

图 7－21　机械上蜡

在进行手工打蜡时应注意以下问题：

① 打蜡作业环境清洁，通风良好，有条件可设置专门的打蜡工作间。

② 应在阴凉处给汽车打蜡，否则车表温度高，车蜡附着能力会下降，影响打蜡效果。

③ 打蜡前要对非施工区进行防护，如橡胶件、塑料件都是不需要涂抹的非施工区，注意要用纸胶带粘好，防止车蜡涂在上面，以免蜡干燥后不易被清除。

④ 打蜡时，手工海绵及打蜡机海绵应该打圈运行，使其更均匀地施涂于漆面，同时保证和漆面的结合。

⑤ 打蜡时应遵循先上后下的原则，即先涂抹车顶、前后盖板、车身侧面等。

⑥ 打蜡时，若海绵上出现与车漆相同的颜色，可能是漆面已经破损，应立即停止打蜡，进行修补处理。

⑦ 擦拭结束后，要仔细检查，清除车牌、车灯、门边等处残存车蜡，以免影响美观。

7.4.2　汽车打蜡注意事项

① 新车不要随便打蜡。有人购回新车后便给车辆打蜡，这是不可取的。因为新车本身的漆层上已有一层保护蜡，过早打蜡反而会把新车表面的原装蜡去掉，造成不必要的浪费，一般新车购回五个月内不必急于打蜡。如果是刚买的第一辆新车，不知如何保养漆面，最好找汽车美容技师询问一下，根据车漆打个保护蜡也是一个很不错的选择。

② 要掌握好打蜡频率。由于车辆行驶的环境、停放场所不同，打蜡的时间间隔也应有所不同。一般在车库停放，多在良好道路上行驶的车辆，每 3～4 个月打一次蜡；露天停放的车

辆，由于风吹雨淋，最好每2～3个月打一次蜡。当然，这并不是硬性规定，一般用手触摸车身感觉不光滑时，并且色泽不鲜艳时，就可再次打蜡。

③ 打蜡前最好用洗车液清洗车身外表的泥土和灰尘。切记不能盲目使用洗洁精和肥皂水，因其中含有的氯化钠成分会腐蚀车身漆层、蜡膜和橡胶件，使车漆失去光泽、橡胶件老化。如无专用的洗车液，可用清水清洗车辆，将车体擦干后再上蜡。

④ 应在阴凉处给汽车打蜡，保证车体不致发热。因为随着温度的升高，车蜡的蜡素会随着车漆温度一起挥发，影响打蜡质量。

⑤ 上蜡时，应用海绵块涂上适量车蜡，在车体上直线往复涂抹，不可把蜡液倒在车上乱涂或做圆圈式涂抹（注意：在室外打蜡最好采用直线涂抹，室内采用圆圈式涂抹）；一次作业要连续完成，不可涂涂停停；一般蜡层涂匀后，等5～10 min再用新毛巾擦亮，但快速车蜡应边涂边擦。

⑥ 车身打蜡后，在车灯、车牌、车门和后备厢等处的缝隙中会残留一些车蜡，使车身显得很不美观。这些地方的蜡垢若不及时擦干净，还可能产生腐蚀。因此，打完蜡后一定要将蜡垢彻底清除干净，这样才能得到完美的打蜡效果。

⑦ 抛光作业要待上蜡完成后的规定时间内进行，且抛光运动也是直线往复。未抛光的车辆绝不允许上路行驶，否则再进行抛光，易造成漆面划伤。抛光结束后，要仔细检查，清除车牌、车灯、门边等处残存车蜡，防止产生腐蚀。

⑧ 打蜡结束后，设备及用品要做适当清洁处理并妥善保存。

实训　车身打蜡、抛光、镀晶

1. 实训目的

① 熟悉打蜡、抛光、镀晶的设备、工具及材料。

② 掌握打蜡、抛光、镀晶的操作方法及步骤。

2. 实训内容

① 车身打蜡。

② 车身抛光。

③ 车身镀晶。

3. 实训设备、工具、材料

① 实训车辆。

② 打蜡机、打蜡海绵涂垫、白色粗抛海绵轮、黑色波浪海绵轮、纯棉干毛巾、擦车纸、超细纤维布、抛光海绵。

③ 专用中性汽车清洗液、漆面处理剂、镀晶剂、车用固体蜡或液体蜡、镜面抛光剂等。

4. 注意事项

（1）打蜡注意事项

① 车身及缝隙处必须干净，不能有残留污垢和水分。

② 涂蜡应选在室内或阴凉干燥处，涂蜡时车体应完全冷却。

③ 用涂蜡海绵在车身上打圈，将蜡均匀涂抹在车身表面上，要求用蜡适量。

④ 涂抹均匀，没有遗漏，力度均匀，动作轻柔。

⑤ 涂蜡前要用保护膜保护车身塑料件、橡胶件和玻璃。

(2) 抛光注意事项

① 抛光前车上不抛光部件需要做上保护。

② 注意保持车身清洁,缝隙处不能有污垢。

③ 抛光作业要待上蜡完成后在规定时间内进行,且抛光运动也是直线往复。

④ 抛光需要正确选择抛光盘,粗磨抛光选白色粗抛海绵轮,精细抛光选黑色波浪海绵轮。

⑤ 抛光时,抛光机的抛光速度应适宜,防止速度过快、抛光盘过热而破坏车漆。

⑥ 抛光后设备及用品摆放到位,垃圾及时处理。

(3) 镀晶注意事项

① 不要在阳光直射下作业,不要在高温漆面上作业。

② 镀晶剂在与皮肤接触的情况下用清水洗掉。

③ 镀晶剂在与眼睛接触的情况下用清水彻底冲洗。

④ 严禁入口,如误食请及时就医。

⑤ 不要让儿童接触本品。

⑥ 本品高度易燃。

⑦ 喷雾对眼睛有刺激性,可引起嗜睡和头晕。

⑧ 做好呼吸防护,避免吸入喷雾。

⑨ 避免与皮肤接触。

5. 实训方法及步骤

(1) 打蜡的操作方法及步骤

1) 洗车并做保护

对车身进行彻底清洗,清洗时用专用中性汽车清洗液,清洗后要将车身彻底擦干,尤其是车身的缝隙位置不能有残留的污垢和水分。确保车体完全冷却。车身上的塑料件、橡胶件和玻璃必须使用美纹纸或保护膜进行保护,防止蜡涂抹到上面无法去除。

2) 打蜡

打蜡可分为手工打蜡和打蜡机打蜡两种,手工打蜡简单易行,打蜡机打蜡效率高。无论是手工打蜡还是打蜡机打蜡,都要按一定的顺序进行,要保证车身漆面涂抹得均匀一致。打蜡时每次不要涂得太厚,打太多的蜡不但增加成本,而且会增加抛光的工作量,还容易粘上灰尘,使抛光摩擦时产生划痕。

① 手工打蜡。手工打蜡用打蜡海绵沾适量车蜡,以划小圆圈旋转的方式均匀涂蜡;圆圈的大小以不漏漆面为准,每圈覆盖前一圈的1/2～3/4,圆圈轨迹沿车身前后直线方向,见图7-22。

全车打蜡顺序:把漆面分成几部分,按右前机盖→左前机盖→右前翼子板→右前车门→右后车门→右后翼子板→后备厢的顺序研磨右半车身,按相反顺序研磨左半车身,直到所有漆面无遗漏。在全部漆面上均匀涂一层薄车蜡,以漆面明显覆盖一层车蜡为准,喷漆的前后塑料保险杠也要涂蜡。

② 机械打蜡。机械打蜡是将液体蜡倒在蜡盘上,每次按0.25 m^2 的面积涂匀,待车蜡凝固后开启打蜡机在车身上横向或纵向进行覆盖式抛光。用打蜡机打蜡时,用手控制好打蜡机,开启开关,注意涂抹时的力度、方向及均匀度。车身表面在边、角、棱处的涂布使用打蜡机打蜡时不易把握。而在这方面手工打蜡更有优势。如果发现蜡打得不均匀,产生无序的反光现象,

可用抛光机重新进行抛光，直到出现光线反射面一致。机械打蜡如图7－23所示。

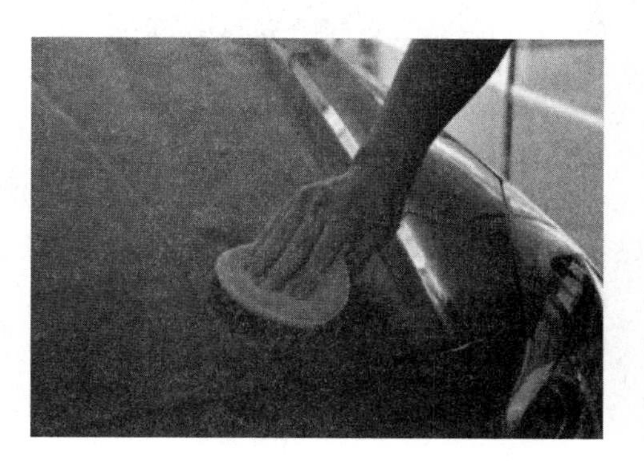

图7－22　手工打蜡

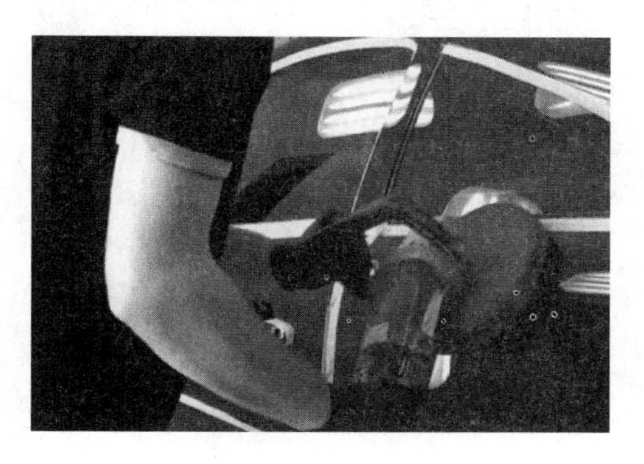

图7－23　机械打蜡

③ 擦蜡和提光。打蜡后5～10 min蜡表面开始发白，用手背在不明显位置抹一下，如果手背上有粉末，抹过的漆面有光亮，说明蜡已经干燥。即可用柔软干燥干净的毛巾或软海绵抛蜡，抛蜡可以用手工操作，也可以机械进行抛蜡，直到整个车表没有残蜡。抛蜡后彻底清洁顺序与上蜡一样，直到漆面上的倒影清晰可见。

④ 清理缝隙。将残留在汽车表面缝隙里的车蜡清理干净，让车保持彻底的干净。检验全车漆面干净整洁、手感光滑；车蜡均匀，车表没有残蜡或打花；亮度和颜色均匀，漆面有镜面效果，在漆面上可清晰显现倒影。

⑤ 现场清理。工具、材料注意归位，垃圾迅速处理，清洗海绵球、刷子、毛巾和合成麂皮。

（2）车身抛光操作方法及步骤

以镜面抛光剂为例介绍抛光实际操作过程。

① 对车身表面进行彻底清洁，尤其是要去除车身表面顽固污渍，并注意车身缝隙，同时观察车身表面有无划痕，若车身漆面损伤，不能直接进行抛光处理。

② 对车身不需要抛光的位置进行保护遮盖，如玻璃、车轮、前格栅、车表、车牌等部位。

③ 将镜面抛光剂均匀地涂抹到车身漆面上，并且用软布进行擦拭。

④ 使用抛光机配黑色海绵轮，将抛光剂均匀涂覆在汽车漆面，并抛光至返亮效果，使旧漆迅速还原、显色。

⑤ 最后使用干净抹布擦去抛光后留下的蜡和手指印等残痕。

⑥ 使用抛光机施加中等压力，保持抛光速度1 800 r/min左右，去除漆面各种缺陷。抛光处理如图7－24所示。粗磨抛光选白色粗抛海绵轮，精细抛光使用黑色波浪海绵轮。抛光后表面处理。使用擦车纸或海绵将蜡均匀地涂覆在车身表面，等待几分钟，在蜡迹完全干透前使用抹布将漆面抛亮，获得光亮如新的漆面效果，汽车抛光前后对比效果如图7－25所示。

（3）镀晶操作方法及步骤

① 先用洗车液或洗车泥对漆面进行清洁处理，并用柔软毛巾擦干。

② 根据汽车漆面状况，对其进行适当的处理。如果是新车，可直接跳过这一步；如果漆面有细微划痕或者出现老化现象，必须用去旋纹抛光剂修复及还原漆面。

③ 将漆面处理剂喷在抛光后的漆面上，可达到脱脂和密封漆面的效果。稍后用清洁的超细纤维布抹除油渍，抹匀全车直至表面洁净。

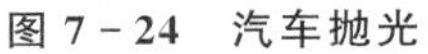

图 7-24　汽车抛光

图 7-25　抛光前后对比

④ 将适量漆面镀晶剂喷洒在专用抛光海绵上。

⑤ 然后在漆面上沿直线方向纵横擦拭，直到覆盖薄薄的一层。每次处理一小块漆面，最大不超过 0.5 m^2。

⑥ 等待 30 s，立即用另外一块超细纤维布轻轻擦拭漆面，直到将镀晶剂擦干，否则镀晶剂会挥发结晶。

⑦ 按照以上流程将全车漆面做完之后需要再晾 1 h 左右等待其自然硬化，在此期间漆面不可沾水。另外需要注意，7 天之内不能洗车。

⑧ 镀晶前后漆面对比，如图 7-26 所示。

图 7-26　汽车镀晶前后对比

6. “车身打蜡、抛光、镀晶”评分标准

“车身打蜡、抛光、镀晶”评分标注如表 7-1 所列。

表 7-1　“车身打蜡、抛光、镀晶”评分标注

序　号	考核项目	配　分	扣分标准(每项累计扣分不能超过配分)
1	安全文明否决		造成人身、设备重大事故，或恶意顶撞考官，严重扰乱考场秩序，立即终止考试，此项目记 0 分
2	工具选择及正确使用	5 分	1) 不能正确选择工具，每次扣 2 分 2) 不能正确使用工具，每次扣 3 分

续表7-1

序　号	考核项目		配　分	扣分标准(每项累计扣分不能超过配分)
3	打蜡作业	洗车前保护	6分	1)车身清洗不干净,每处扣2分 2)车身的缝隙位置有残留的污垢和水分,扣2分 3)车身上的塑料件、橡胶件和玻璃没有用美纹纸或保护膜进行保护,每处扣2分
		打蜡	5分	1)打蜡时车身漆面涂抹不均匀,每处扣2分 2)打蜡涂得太厚,每次扣3分
		擦蜡提光	5分	1)擦蜡后车标有残留,每处扣2分 2)抛光后漆面倒影不清晰,扣3分
		清理缝隙里的车蜡	4分	汽车表面缝隙里的车蜡没有清理干净的,每处扣2分
		检验	10分	1)漆面不干净整洁、手感不光滑,每处扣2分 2)车标有残蜡或打花,每处扣3分 3)亮度和颜色不均匀,漆面没有镜面效果,每项扣2分
4	抛光作业	清洁并观察车身表面	6分	1)车身清洗不干净,每处扣1分 2)车身的缝隙位置有残留的污垢和水分,扣2分 3)车身表面有划痕、漆面损伤而未检查出来,每处扣3分
		车身保护遮盖	6分	对车身不需要抛光的位置未进行保护遮盖的,每处扣3分
		涂抹抛光剂	6分	抛光剂不均匀,每处扣3分
		抛光机抛光	6分	抛光后车身留有蜡和手指印等残痕,每处扣3分
		抛光后表面处理	6分	抛光后表面未进行处理的,每处扣3分
5	镀晶作业	清洁并处理车身表面	10分	1)车身清洗不干净,每处扣2分 2)车身的缝隙位置有残留的污垢和水分,扣3分 3)车身表面有划痕、漆面损伤而未处理,每处扣3分
		除油	6分	对抛光后的漆面未除油,扣6分
		涂晶	6分	镀晶剂涂抹不均匀,每处扣3分
		擦拭	8分	涂晶后未及时擦拭表面,扣8分
6	安全文明生产		5分	1)不穿工作服、工作鞋、不戴工作帽,各扣1分 2)零部件乱放,每次扣1分 3)工具设备表面未及时清理,每次扣1分 4)考试完后不清理场地,扣1分 5)不服从考官、对考官出言不逊,每次扣1分
7	合计		100分	

7. “车身打蜡、抛光、镀晶”操作工单

“车身打蜡、抛光、镀晶”操作工单如表7-2所列。

表 7-2 “车身打蜡、抛光、镀晶”操作工单

班　级：________________ 姓　名：________________ 得　分：________________

<table>
<tr><td colspan="2">一、车辆、工具、设备的检查</td></tr>
<tr><td>1. 车辆的检查</td><td rowspan="3">备注：1～3 不用做记录</td></tr>
<tr><td>2. 工具、设备的检查准备</td></tr>
<tr><td>3. 材料的检查准备</td></tr>
<tr><td colspan="2">二、操作过程</td></tr>
<tr><td colspan="2">1. 车身打蜡操作步骤</td></tr>
<tr><td colspan="2">2. 车身抛光操作步骤</td></tr>
<tr><td colspan="2">3. 车身镀晶操作步骤</td></tr>
</table>

思考题

1. 什么是空气压缩机？其工作原理是什么？
2. 什么是抛光机和打蜡机？
3. 什么是车蜡？
4. 如何选择合适的车蜡？
5. 一般保护蜡和高级美容蜡的区别是什么？

项目 8 汽车车漆护理性美容

【知识目标】

- 了解汽车车漆发展史。
- 了解涂料的组成、作用、分类等相关知识。
- 了解汽车镀膜和封釉的概念、作用及原理。
- 熟悉汽车打蜡、镀膜、封釉的区别。
- 了解新车开蜡的相关理论知识。

【技能目标】

- 掌握汽车镀膜和封釉的操作方法。
- 掌握新车开蜡的操作方法。

【素养目标】

- 培养学生在实训操作中不怕脏、不怕累的劳动精神。
- 培养学生实训操作中团队协作精神及精益求精的工匠精神。

漆面就像人的皮肤，而酸雨、氧化物、紫外线就像是细菌、螨虫一样会破坏汽车的“皮肤”。现在，虽然汽车漆面护理的重要性已得到重视，但对汽车漆面的护理不仅仅是洗车打蜡这么简单。因为漆面受损会影响到车身的安全，所以做好养护就十分重要。目前，市场上对漆面的美容护理主要是封釉和镀膜。

任务 8.1 汽车车漆发展史

8.1.1 车漆简史及作用

车漆就如汽车的外衣，大家都希望它光鲜亮丽，而不同的车漆自然会有不同的特点。在 20 世纪，车漆取得了跨越式的发展，20 世纪 20 年代是醇酸漆，60 年代是丙烯酸漆，70 年代，金属漆和珍珠漆逐步被汽车制造商替代，配上高亮度的清漆，使汽车颜色日益美观并开始影响客户对汽车的购买选择。到了 20 世纪 80 年代，随着各国对环保的日益重视，低污染油漆成为新一代产品开始应用，高固体成分的丙烯酸油漆和清漆已普遍被汽车厂使用。90 年代，划时代的水性涂料成功研制并应用于越来越多的各大汽车公司的生产厂。同时，超高体成分油漆和耐擦伤清漆也被成功开发，目前已开始被日产、丰田和各大汽车厂使用。

普通漆的结构：金属—电解漆层—底漆—色彩漆。

透明漆比普通漆要多一层：是一种通用聚氨酯或氨基甲酸酯形成的透明表层。

透明漆涂装示意图如图 8 - 1 所示。

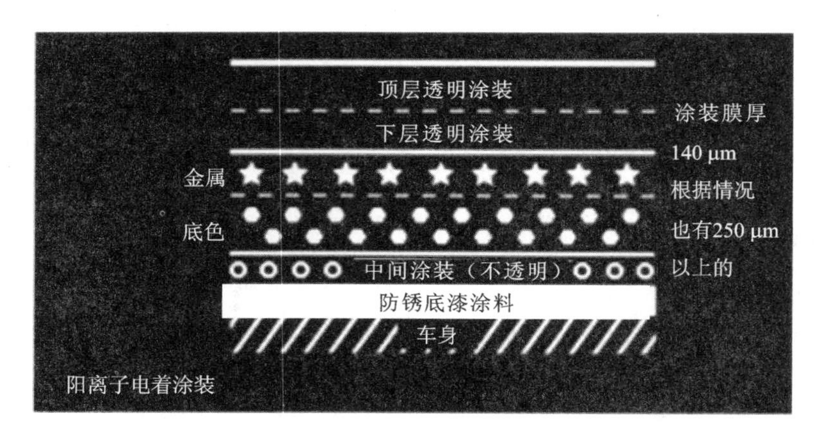

图 8-1 透明漆涂装位置示意图

1. 透明漆使用的两个目的

一是增加漆的亮度和反光度；二是用以保护色彩漆层。值得注意，由于透明漆的出现，现有色彩漆的厚度比以前薄了很多。这个道理很简单，原来的色彩漆不但是美观层，同时也是保护层，有了透明漆后，它只起美观层的作用，因此也就没必要喷涂得很厚了。现在汽车制造厂都采用透明漆技术，进口车自 20 世纪 80 年代起大部分都采用透明漆。

目前，汽车的透明漆材料包括四种：氨基甲酸酯(尿烷)、聚氨酯、氟、聚酯。

2. 透明漆的特点

① 透明漆美观，光泽度很高。正因如此，它非常"娇气"，很容易出现划痕，一个稍微有些硬度的物体，如牛皮纸等在漆面上滑过后便可造成划痕。如果洗过车之后，用稍有些发硬的毛巾或麂皮去擦车，就会出现遍体发丝般的划痕。

② 除美观外，透明漆层一般具有减少紫外线照射的保护功能(色彩漆层不含此功能)。只要透明漆层完好无缺，就可以有效地延缓色彩漆的老化(褪色)。

③ 透明漆护理的好坏，通常是通过"倒影线条"来反映的。拿一张报纸，放在车漆表面，若能从透明漆反射的光影中读报，就说明这辆车的透明漆有影深，表层光滑如镜。普通漆得不到此种效果。

④ 透明漆比普通漆更易受到环境的污染。有害物质的主要来源为：车尾气中排放的二氧化碳等炭黑；飞机航空油中飘落的杂物，酸雨、酸雾、酸雪等。一旦这些杂物落在车上，被空气中的水分所浸润，马上就会变成可腐蚀透明漆的酸性溶液，稍一加温(阳光中的紫外线)，便开始发生化学反应，侵蚀车漆的保护层，一两次的损害并不明显，但若长期不做护理，最终这种化学反应会侵蚀到色漆层、底漆层甚至金属层。

8.1.2 21 世纪汽车车漆的发展趋势

从汽车诞生百年以来，汽车漆料也已有 70 多年历史，特别在近年来得到了突飞猛进的发展。目前汽车涂层的各项性能，如装饰性、防腐蚀性、抗石击性、施工性以及耐候性等都有了很大程度的提高和改善，已达到一定的水平。

随着各国对环保的日益重视，21 世纪汽车车漆的主要发展趋势是除了为适应市场竞争的需要和追赶新潮流，努力提高汽车涂层的外观饰性、耐擦性、抗石击性和耐环境对涂膜的污染性外，还必须具备以下三点：一是环保，二是提高涂装经济性，三是能提高产品的附加值。为满足上述几方面的需求，汽车车漆趋向水性化、高固体化、非异氰酸酯化方向发展。

1. 涂料的水性化

早在20世纪60年代中期，欧洲、北美的车用底漆就率先完成了水性化的历程，电泳底漆投入使用；20世纪80年代中后期又完成了底色漆的水性化工作；20世纪90年代初期水性罩光清漆也开始进入市场。

汽车修补漆的水性化速度相比之下就要缓慢得多，迄今只有少数几家公司有商品供应市场。目前汽车修补漆的水性化比较成功的品种是双组分聚氨酯系涂料的水性化。

2. 涂料的高固体化

20世纪80年代，随着各国对环保的日益重视，高固体成分的聚氨酯高温烤漆、丙烯酸聚氨酯漆和清漆普遍被汽车厂采用。高固体成分涂料的出现，可以大大减少有机溶剂的挥发量。但是，由于种种原因，高固体成分漆料在我国汽车修补行业中推广缓慢，这可能与我国至今为止尚无严格的汽车涂装车间的VOC排放限制法令有关。随着人们对保护地球环境、减少大气污染越来越重视，相信我国政府也将会制订出切合实际的环保法规。

任务8.2 汽车修补涂料

8.2.1 涂料基本知识

1. 涂料的作用

汽车涂料的主要功能有保护作用、装饰作用、特殊标识作用。

(1) 保护作用

汽车的用途非常广泛，活动范围宽广，运行环境复杂，经常会受到水分、微生物、紫外线和其他酸碱气体、液体等的侵蚀，有时会被磨、刮而造成损伤。如果在它的表面涂上涂料，就能保护汽车免受损坏，延长其使用寿命。经过涂装的板材被雨淋后不会与雨水直接接触，避免生锈。

涂料的防护作用可以从两方面保护汽车：一、车身表面经涂装后，使零件的基本材料与大气环境隔绝，起到一种屏蔽作用而防止锈蚀；二、有些涂料对金属来讲还能起到缓蚀作用，比如磷化底漆可以借助涂料内部的化学成分与金属反应，使金属表面钝化，这种钝化膜加强了涂膜的防腐蚀效果。

(2) 装饰作用

现代汽车不但是实用的交通运输工具，而且是一种工业美术品，具有艺术性。汽车涂装的装饰性主要取决于涂层的色彩、光泽、鲜艳程度和外观等方面。

汽车的色彩一般根据汽车的类型、车身美术设计和流行色等来选择。其主要由色块、色带、图案构成，使车身颜色与车内颜色相匹配，与环境颜色相协调，与人们的爱好以及时代感相适应。

(3) 特殊标识作用

涂装的标识作用由涂料的颜色来体现。用颜色做标识广泛应用在各个方面，目前已经逐渐标准化了。例如：在工厂用不同的颜色标明水管、空气管、煤气管、输油管等，使操作人员易于识别和操作；道路上用不同颜色的画线标明不同用途的道路；在交通上常用不同的颜色涂料来表示警告、危险、前进及停止等信号，以保证交通安全。

在汽车上涂装不同的颜色和图案以便区别不同用途的汽车。例如：消防车涂成大红色；邮政车涂成橄榄绿色，字及车号为白色；救护车为白色并做红十字标记；工程车涂成黄色与黑色相间的条纹，字及车号用黑色等。

2. 涂料的组成

各种涂料都是由主要成膜物质、次要成膜物质和辅助成膜物质三部分组成的。

主要成膜物质是涂料的主要成分，它是涂料的基础，没有它就不能形成牢固的涂膜。主要成膜物质有油脂和树脂两大类。

次要成膜物质是构成涂膜的组成部分，它不能离开主要成膜物质单独成膜，虽然涂料中没有次要成膜物质照样可以形成涂膜，但有了它可赋予涂膜一定的遮盖力和颜色，并能增加涂膜的厚度，提高涂膜的耐磨、耐热、防锈等特殊性能。

辅助成膜物质主要有溶剂和添加剂两大类，它不能单独形成涂膜，但有助于改善涂料的加工、成膜及使用等性能。

3. 涂料的分类、命名及型号

(1) 涂料的分类

涂料一般按涂料中主要成膜物质分类。

根据国家标准以涂料基料中主要成膜物质为基础的分类方法，若主要成膜物质为混合树脂时，则按在涂膜中起主要作用的一种树脂为基础作为分类依据。这样，便可以根据其类别、名称了解其组成、特性及施工方法等。据此分类方法，将涂料产品分为 17 大类。

(2) 涂料的命名

涂料的名称由三部分组成，颜色或颜料的名称、成膜物质的名称、基本名称，即涂料全名＝颜色或颜料名称＋成膜物质名称＋基本名称。

颜色位于名称的最前面，若颜料对涂膜性能起显著作用，则可用颜料的名称代替颜色的名称，如铁红醇酸底漆、锌黄酚醛防锈漆等。

涂料名称中的成膜物质名称应作适当简化，如聚氨基甲酸酯简化成聚氨酯等。

如果基料中含有多种成膜物质，则选取起主要作用的一种成膜物质命名，必要时也可选取两种成膜物质命名，主要成膜物质名称在前，次要成膜物质在后，如环氧硝基磁漆、硝基醇酸磁漆等。

基本名称采用我国广泛使用的名称，如清漆、磁漆等。汽车修补漆如图 8－2 所示。

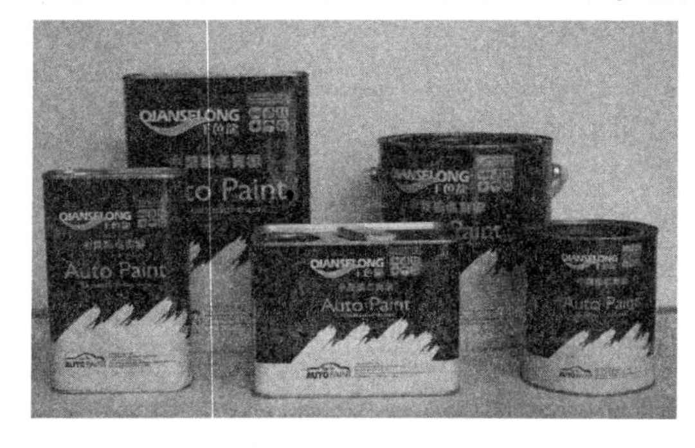

图 8－2　汽车修补漆

8.2.2　汽车常用修补材料

汽车涂料是一种粉末态流动有机物质，涂敷在物体表面上，干燥固化后形成连续的牢固附着的一层膜。其包括底漆、原子灰、中涂漆、面漆等。

1. 底　漆

底漆的一般性能要求：底漆对底材表面应有良好的附着能力；对其他面漆或中涂层要有良好的结合能力。底漆干燥后要有很好的物理性能和机械强度；能随金属伸缩、弯曲；能抵抗外来的冲击力而不开裂、不脱落；能够抵抗其上面涂层的溶剂溶蚀而不会咬起。底漆要具有一定的填充力，能够填平底材上微小的高低不平、孔眼和细小的纹路等。底漆要便于施工，涂膜流平性要好，不流挂、干燥快而且要容易打磨平整、不粘砂纸，保证漆面平滑光亮。底漆的使用应根据涂装的要求和使用的目的，采用不同类型的底漆；根据工件表面状态和底漆的性质选择适当的涂装方法。

底漆涂膜的强度和结合能力的大小决定于涂膜的厚度、均匀度及其是否完全干燥，底漆涂膜一般不宜过厚，以 15～25 cm 为宜(在汽车表面装饰性要求不高，底漆上直接喷涂面漆的情况下膜厚可以在 50 cm 左右)，过厚则涂膜干燥缓慢，还容易造成涂膜强度不够和附着力不良。

环氧树脂底漆：环氧树脂底漆简称环氧底漆，是物理隔绝防腐底漆的代表。环氧树脂是线型的高聚物，以环氧丙烷和二酚基丙烷缩聚而成。它具有极强的黏结力和附着力，良好的韧性和优良的耐化学性。

侵蚀底漆：侵蚀底漆以化学防腐手段来达到其防腐目的，主要代表为磷化底漆。

磷化底漆：以聚乙烯醇缩丁醛树脂溶于有机溶剂中，并加入防锈颜料，如四盐锌铬黄等制成，使用时与分开包装的磷化液按一定比例调配后喷涂。

2. 原子灰

原子灰又称加乘聚合型腻子，是一种膏状或厚浆状的涂料，它容易干燥，干后坚硬，能耐砂磨。原子灰一般使用刮具刮涂于底材的表面(也有使用大口径喷枪喷涂的浆状原子灰，称为“喷涂原子灰”)，用来填平补齐底材上的凹坑、缝隙、孔眼、焊疤、刮痕以及加工过程中造成的物面缺陷等，使底材表面达到平整、匀顺，使面漆的丰满度和光泽度等能够充分地显现。

3. 中涂漆

中涂漆是指介于底漆涂层和面漆涂层之间所用的涂料，也称底漆喷灰，俗称“二道浆”。

(1) 主要功能

主要是改善被涂工件表面和底漆涂层的平整度，为面漆层创造良好的基础，以提高面漆涂层的鲜映性和丰满度，提高整个涂层的装饰性和抗石击性。

(2) 性能要求

应与底、面漆配套良好，涂层间的结合力强，硬度配套适中，不被面漆的溶剂所咬起。应具有足够的填平性，能消除被涂底漆表面的划痕、打磨痕迹和微小孔洞、小眼等缺陷。打磨性能良好，不黏砂纸，在打磨后能得到平整光滑的表面。具有良好的韧性和弹性，抗石击性良好。耐候性是面漆的一项重要指标。要求面漆在极端温变湿变、风雪雨雹的气候条件下不变色、不失光、不起泡和不开裂。面漆涂装后的外观更重要，要求漆膜外观丰满、无橘皮、流平性好、鲜映性好，从而使汽车车身具有高质量的协调性和外形。另外，面漆还应具有足够的硬度、抗石化性、耐化学品性、耐污性和防腐性等性能，使汽车外观在各种条件下保持不变。

4. 面　漆

面漆是汽车整个涂层中的最后一层涂料，它在整个涂层中发挥着主要的装饰和保护作用，决定了涂层的耐久性能和外观等。汽车面漆可以使汽车五颜六色，焕然一新。汽车面漆是整个漆膜的最外一层，这就要求面漆具有比底层涂料更完善的性能。

8.2.3　涂料颜色调配

1. 颜色调配原理

(1) 光与颜色

所谓光线就是能够在人的视觉系统上引起明亮的颜色感觉的电磁辐射，人们凭借光线，才能看到物体的颜色。光是一种电磁辐射，也是一种电磁波，人们通常所见到的光线称为可见光，它是指在电磁波谱中占据一定范围，能够被肉眼感觉到的电磁辐射形式，其波长范围为400～700 nm，在此范围之外还有紫外线和红外线等射线。人们平时所观察到的彩虹就是可见光的一种表现形式，它的色彩按红、橙、黄、绿、青、蓝、紫的顺序排列，这些彩色光结合在一起就构成了白色光，也称日光或自然光。

(2) 颜色的特征

① 色调：色调(也叫色相)是一定波长单色光的颜色相貌。色相是色彩的第一种性质(属性)，这一特性使人们可将物体描述为红色、橙色、黄色、绿色、蓝色和紫色。色彩系统中最基本的色调是红色、黄色和蓝色，也称为“三原色”，几乎所有的颜色都可以用它们调配出来。而橙色、绿色、紫色又是红、黄、蓝三原色按 1∶1 的比例两两调配出来的，称为“三间色”，这六种颜色又统称为颜色的六种基本色调。我们把这些色调排列成一个圆环，沿着圆环的周边每向前一步，色调都会产生变化。若从色光的角度来看，色调又随波长变化而变化，紫红、红、橘红等都是表明红色类中间各个特定色调，这三种红之间的差别就属于色调差别。同样的色调可能较深或较浅。

② 明度：明度是人们看到颜色所引起视觉上明暗(深浅)程度的感觉，也叫亮度、深浅度、光度或黑白度。明度随光辐射强度的变化而变化，是色彩的第二个最容易分辨出的属性。

明度是一种计量单位，它表明某种色彩呈现出的深浅或明暗程度。同一色调可以有不同的明度，例如红色就有深红、浅红之分。不同色调也有不同的明度，如在太阳光谱中，紫色明度最低，红色和绿色明度中等，黄色明度最高，人们感到黄色最亮就是这个道理。明度可标在刻度尺上，从黑至白依次排列，越近白色，明度越高；越近黑色，明度越低。因此无论哪个颜色加上白色，也就提高了混合色的明度；而加入灰色，则要根据灰色深浅而定，如图 8-3 所示。

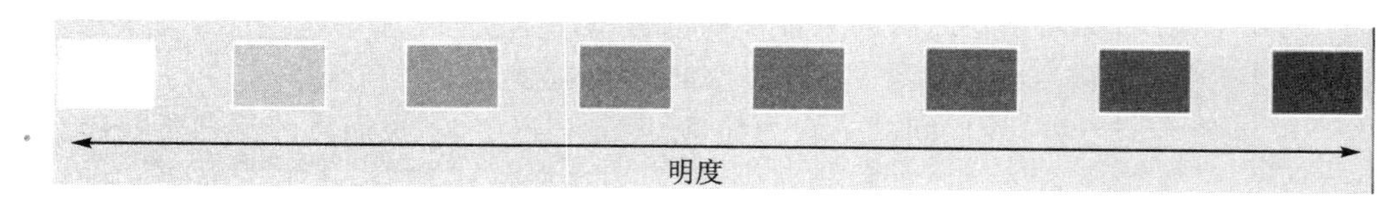

图 8-3　色彩明度

③ 彩度：彩度是表示颜色偏离具有相同明度的灰色的程度，是颜色在心理上的纯度感觉。彩色还有纯度、鲜艳度或饱和度之称。彩度是色彩的第三个性质，也是一种不易觉察并经常受到曲解的性质。除非比较同一色调和明度的两种颜色，才会意识到它的表现形式。做这种比较时，

通常会使用“鲜艳”“黯淡”“鲜亮”“浑浊”这样一些词语来进行描述，如图8－4所示。

当某一颜色浓淡达到饱和，而又无白色、灰色或黑色渗入其中时，即称正色。若有黑、灰渗入，即为过饱和色；若有白色渗入，即为未饱和色。每个色调都有不同的彩度变化，标准色的彩度最高（其中红色最高，绿色低一些，其他居中），黑、白、灰的彩度最低，被定为零，称之为消色或无彩色。除此之外其他颜色称之为有彩色和无彩色。有彩色有色调、明度和彩度变化；无彩色只有明度变化，没有色调和彩度。无彩色从白到黑的黑白层次为明度等级，从0～10共11个等级。

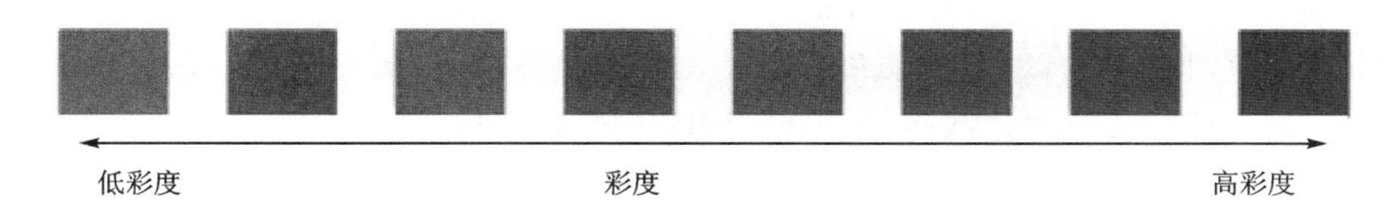

图8－4 彩度变化

④ 纯度：纯度又称饱和度或色度，是指颜色接近光谱上红、橙、黄、绿、青、蓝、紫七种标准色的程度。当某一颜色浓淡达到饱和，而又无白色、灰色或黑色渗入其中时，即呈纯色（亦称正色）。若有黑、灰渗入，即为过饱和色；若有白色渗入，即为未饱和色。一切工作色相都有不同的纯度变化，标准色的纯度最高，黑、白、灰的纯度最低。普通颜色总夹杂着一些杂质成分，所以颜料在反射色光的同时，杂质反射的色光也会附带反应，因而表现出的颜色总是不及色谱上的标准色。所以凡是接近标准色的颜色料就是纯度较高的颜料，它呈现的色彩也就越鲜艳。

物体颜色的纯度往往与物体的表面结构有关。如果物体表面粗糙，光线的漫反射作用将使颜色的饱和度降低；如果物体表面光滑，颜色的饱和度就越高。色漆为什么湿的时候色泽觉得鲜艳，干了以后颜色会变暗呢？因为颜料是由极细颗粒组成的，湿的时候，颜料颗粒之间的空隙被溶剂填满，表面变得光滑，减少了漫反射的白光掺和，所以颜色的饱和度就较高。色漆干了，溶剂被蒸发，颜色颗粒显露，表面变粗糙了，因此色泽就变得灰暗了，颜色就变深了。

2. 颜色感觉效应

（1）颜色情感作用

自然界的五颜六色引起人们的各种心理活动（感觉、感情、联想方面的变化），不同的色彩会产生不同的心理反应。由于人们的传统习惯、生活方式和民族风俗等不同，对色彩的心理反应有共同点，也有差异。

（2）颜色感觉作用

颜色的感觉效应是指色彩对人所产生的心理、生理作用和影响。不同的色彩能给人们以不同的感觉，色彩直接影响着人们的精神，这种影响因年龄、性别、爱好等不同而有差异。

比如黑色象征权威、高雅、低调、创意，也意味着执着、冷漠、防御；白色象征纯洁、神圣、善良、信任与开放；绿色象征自由和平、新鲜舒适；黄绿色给人清新、有活力、快乐的感受；明度较低的草绿、墨绿、橄榄绿则给人沉稳、知性的印象。

任务8.3 汽车封釉和镀膜

新车耀眼夺目，光彩照人。但随着时间的推移，漆面就会逐渐老化。因而车主常选用封釉或镀膜为爱车进行美容养护，使车辆光亮如新。

8.3.1 汽车封釉简述

车身表面分三层：车漆、色彩漆、光釉。为保证新车漆跟外部环境有一个隔绝层，使其不会直接受紫外线、空气污染和酸雨的侵蚀，需要对漆面做处理，否则时间长了，光釉表面就会形成氧化层。

汽车行驶在各种路面，很容易附着上脏污的东西，刚刚洗完的车开出去不久，车漆上就会成了灰蒙蒙的一片。而釉表面不粘、不附着的特性，使得漆面即使在恶劣和污染的环境中也能长久保持洁净，而且还可以有效地抵御温度对车漆造成的影响，漆面的硬度也可以得到大幅度的提高，具有防酸、防碱、防褪色、抗氧化、防静电、高保真等功能。新车买了之后就去封釉，可以留住车漆的艳丽，光彩永驻；旧车做封釉可以使氧化褪色的车漆还原增艳，颇有翻新的效果。车展上的样车大多都经过了封釉处理，因此看起来晶莹剔透，光彩照人。

汽车封釉美容的基本原理是依靠震抛技术将釉剂反复深压进车漆纹理中，形成一种特殊的网状保护膜，从而提高原车漆面的光泽度、硬度，使车漆能更好地抵挡外界环境的侵袭，有效减少划痕，保持车漆亮度。

8.3.2 封釉的操作方法

操作前准备：封釉前，首先要对全车抛光，以避免氧化层在釉和漆面间形成隔离，影响封釉效果。与普通车蜡相比，封釉在光泽度、耐磨度、漆面保护效果、持久性上都具有明显的优势。在光泽度上，采用封釉技术的车光泽度可达95%以上。在耐磨度上，封釉能使漆层表面形成一层坚硬的保护层，防止行车时的风沙天气、泥沙飞溅及长期洗车造成的磨损，而普通车蜡只是在表面附着，保护膜很薄，耐磨度较低。

图8-5所示为封釉振抛机。

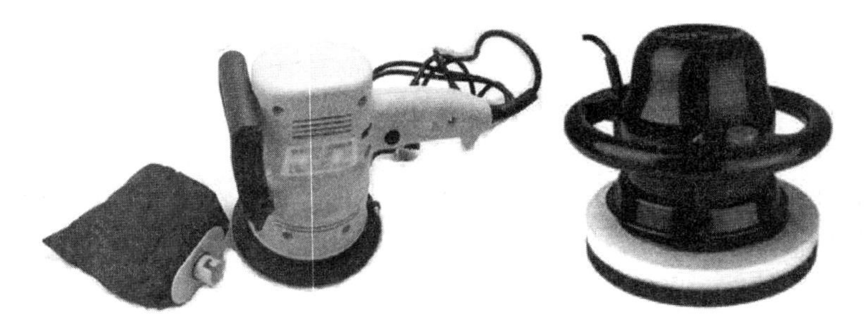

图8-5 封釉振抛机

1. 洗车与除蜡

① 清洗车身并去沥青或蜡层等污渍(用除蜡水除蜡)；

② 用专业洗车液洗净车上残液与残蜡。

2. 抛光以及抛光过程

① 海绵抛光盘浸湿，安装在研磨机上，空转5 s，将多余水分甩净。

② 把研磨剂摇匀，倒在海面抛光盘上少许，用抛光盘在漆面上涂抹均匀。

③ 调整研磨机转速到1 800～2 200 r/min，启动研磨抛光机，沿车身方向直线来回移动，抛光盘经过的长条轨迹之间相互覆盖三分之一，不漏大面积漆区。

④ 在抛光时应不断保持抛光盘和漆面处于常温状态，在漆面温度超过 20 ℃时对研磨的漆面喷水降温。

⑤ 对于车身边角不宜使用研磨抛光机的位置，采用手工方法抛光，用干毛巾沾抛光剂抛光。喷漆的保险杠，要注意温度不宜过高。注意边角、棱角，不要用力抛，因为这些地方漆膜较薄。

⑥ 漆面抛光后，用纯棉毛巾将整车清洁干净。

抛光部位顺序：按右车顶→右前机盖→左前机盖→右前翼子板→右前车门→右后车门→右后翼子板→后备厢盖的顺序研磨右半车身，按相反顺序研磨左半车身。做车顶时可打开车门，在门边垫毛巾，踩在门边上操作。

要点：要控制抛光盘的转速和湿度，注意漆面的温度和边角棱角。

质量标准：漆面色泽一致；和抛光前相比，亮度有明显改善，接近于新车；出现自然光泽，用报纸在漆面上看倒影清晰。

注意事项：控制抛光机的转速，不可超过选定速度的范围；保持抛光方向的一致性，应有一定的顺序；要换抛光剂的同时应更换海绵轮，不可混用海绵轮。

3. 漆面抛光的技术施工标准

① 在阴凉、光线好的专业美容车间进行抛光(避免风沙落在漆面造成划伤)。

② 所有抛光盘应在使用前清洗干净、平整，确保没有残留的颗粒。使用后，应马上清洗干净，放在阴凉处风干。

③ 抛光剂使用前用力摇匀，以保持良好作用。

④ 穿专业的工作服进行抛光(施工人员不可挂代容易刮坏车漆的装饰品，服装不可带纽扣)。

⑤ 漆面抛光后，应光亮如新，细腻光滑。

⑥ 车表及边角缝应干净，无灰尘，无露白现象。

4. 封　釉

第一遍封釉：将产品充分摇匀，直接将产品倒在车身上，常温工作，不要在阳光直射下，车身(发动机罩)降温后最佳。用干净的软布，轻快而有力地“划圈”，直到镜靓釉消失并出现光泽(手压力越大，去污渍力越强，油漆面氧化层去得越清，漆面就越光泽，附着力越强)，这一步可选择封釉机上釉，效果最佳。

技术要点：不要在阳光下操作。

质量标准：缺少视觉上的深层次的倒影和看上去没有一层薄膜的感觉，只有手感上有极度光滑的感觉。

第二遍封釉：重复第一遍封釉，10～20 min 干燥后，将其擦掉，镜靓釉效果立即呈现。

质量标准：视觉上有深层次的倒影和看上去有一层薄膜的感觉，手感极度光滑。

技术要点：

① 执行漆面抛光的施工技术标准。

② 封釉时，漆面应干净干燥。

③ 封釉应分块进行，保证镜面釉在漆面上稍干未干的状态进行振抛。

④ 不得在全车漆面涂抹后再进行振抛。

⑤ 封釉后，漆面上应明显感觉有硬膜的效果。

⑥ 全车封釉后，擦净车表和边角缝里的釉粉。

8.3.3 封釉打蜡的优势

封釉的最大特点就是含特有固化剂，使用后通过对汽车漆面的渗透作用，形成带固化剂的透明“保护衣”，并层层积累，不溶于水。它独有的漆面保护性和还原性，达到了基底护理的目的，从而能有效去除污垢，具有渗透并塞满漆孔的功能；同时汽车封釉后，还具有防氧化、耐高温、防褪色、防酸碱、防静电、抗高温和抗紫外线等功能。

实验表明，做封釉后，汽车漆面可以经受住高达 320 ℃的高温。而在硬度方面，如果以金刚石的硬度为 10 分计，那么普通汽车漆面的硬度不到 1 分，而做了封釉后，汽车漆面的硬度可以提高到 7 分。

与汽车打蜡比较，封釉的优势是：

① 封釉不溶于水，可以避免汽车打蜡后怕水的缺陷。由于汽车打蜡所使用的蜡都是溶于水的，因此如果汽车刚刚打完蜡后碰上阴雨天气，打上的蜡就会被雨水所溶解，起不到保护漆面和美容的作用。同时由于蜡可以溶于水，打完蜡后给洗车也造成了诸多不便，而封釉则因为不溶于水，因此做完封釉后，不用担心被水溶解的现象发生，可以长期保护汽车漆面。

② 封釉不会损害汽车漆面。由于传统的汽车打蜡都要先洗车后打蜡，频繁的洗车打蜡自然会对汽车漆面造成危害，久而久之漆面就会变薄，而釉则采用一种类似纳米的技术，使流动的釉在汽车漆面表层附着并以透明状硬化，相当于给汽车漆面穿上一层透明坚硬的“保护衣”，而起到保护汽车漆面的作用。

③ 封釉可以节省保养时间。做一个套餐的封釉之后，保护期为一年，同时避免了经常洗车的烦恼，汽车表面的灰尘可以轻松擦去。

8.3.4 封釉的注意事项

一般情况下，汽车封釉后还需要注意一些问题，而这些问题又特别容易忽略，即

① 封釉后 8 h 内切记不要用水冲洗汽车，因为在这段时间内，釉层还未完全凝结将继续渗透，冲洗将会冲掉未凝结的釉。

② 做完封釉美容后尽量避免洗车，因为产品可防静电，因此一般灰尘用干净柔软的布条擦去即可。

③ 做了封釉美容后不要再打蜡，因为蜡层可能会黏附在釉层表面，再追加上釉时会因蜡层的隔离而影响封釉效果。

④ 由于釉的不同，再加上路况和环境的影响，一般是 2 个月到半年封一次釉效果最好。

8.3.5 汽车镀膜

1. 含　义

汽车镀膜是指将某种特殊的药剂涂装在车漆表面，利用这种药剂在车漆表面的化学反应，形成一层很薄、坚硬、透明的保护膜，从而在一定期间内保护车漆不受外界污秽、杂质等的影响，最终达到车漆不氧化、易清洁、保靓丽的功效目的。

2. 镀膜的技术原理

汽车镀膜是在传统抛光工艺的基础上，使用专用喷枪，将镀膜产品均匀地喷涂在车漆表

面，然后用专用海绵采用螺旋式涂抹的方法使液态药液均匀地涂附在车身上，最后用纯棉毛巾进行擦拭。汽车镀膜后的漆面抗氧化、耐磨损、耐腐蚀、抗高温性更强，且膜层分布更加均匀、细腻，硬度更高，亮度更持久。并且将车漆变成了一个连续的表面，整体漆表密度增加。同时也带来了一个好的叠加性能，即叠加无数遍后层与层之间也不产生界面，更不会发生"起皮"的现象。产品被涂抹在车漆表面后，在自然环境下，分子结构在有机硅的作用下发生奇妙的变化，从链状的结构转化成分子链与链之间的交叉连接的网状结构，好像毛线织成了毛衣，就似一张无形的连续网，将车漆保护起来，分子结构的这种变化提升了产品的物理、化学以及机械性能，即在车漆表面形成一个膜层，阻隔车漆被氧气氧化并防止其他损坏物腐蚀氧化车漆，用于车表后出现光亮持久、手感如丝、雍容华贵的理想效果，镀膜前后效果比较如图 8-6 所示。

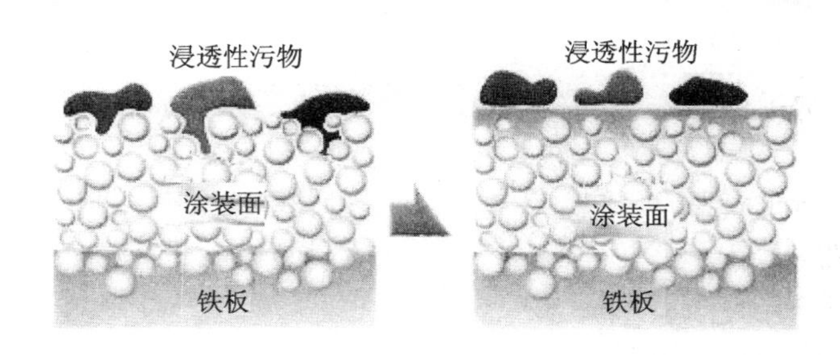

图 8-6　镀膜前后效果比较图

3. 汽车镀膜的作用

① 汽车镀膜具有抗漆面氧化、老化的作用：在漆面形成离子膜，将车漆与空气完全隔绝，能有效防止车漆氧化、老化。

② 能够有效地抗紫外线：电离子镀膜在车漆表面形成一层致密的正负离子膜，能有效反射阳光及紫外线，防止紫外线灼伤车漆。

③ 耐腐蚀：致密的正负电离子膜具有超强抗腐蚀性，汽车镀膜能有效防止酸雨等腐蚀性物质对车漆造成的损害，同时防止车漆褪色。

④ 耐高温：电离子膜本身具有耐高温的特质，能有效反射阳光和外部的热辐射，防止高温对车漆的伤害。

⑤ 防划痕：电离子膜可以将车体表面的硬度提高到 7H ，远高于车蜡或釉 2H～4H 的硬度，能更好地保护车漆不受沙砾的伤害，可以说是起到了护车铠甲的作用。

⑥ 高光洁：电离子镀膜剂中含有的纳米级 TiO_2 及其他高光亮度材料，可以使车漆表面的光亮度达到 95 度以上，而新车出厂经开蜡后其车漆表面的光亮度只有 70～80 度。

⑦ 易清洗：电离子镀膜具有超强的自洁性和拨水性，不易黏附灰尘、污渍，清洗时只用清水即可达到清洗的效果，使车辆保持高清洁度和光泽度。

⑧ 超持久强大的韧性和延伸性：通常保护车漆表面亮度，形成镜面效果 2 年以上，远远超过打蜡和封釉。

⑨ 超环保使用水基环保材料，自身不氧化，更不会对车漆产生二次污染，而传统的打蜡封釉项目对车漆容易造成二次污染。

⑩ 超爽滑电离子镀膜在车漆表面形成的膜层细腻爽滑，致使水液滴入成线状滑落。

4. 汽车镀膜的优势

① 保持时间长久:一般的镀膜产品可以保持一年左右。

② 成本低廉:虽然单次价格镀膜产品价格较高,但从日均成本而言,镀膜产品价格却是打蜡、封釉等汽车美容用品之中最低的。采用镀膜产品后,日常的维护如洗车等都会减少,不但节省了时间,还减小了养护成本。

③ 硬度高:对车漆的保护性强。镀膜类产品是在车漆上附着一层高硬度的薄膜,可以对车漆起到有效的保护作用。

④ 对车漆的损害最低:因为镀膜采用了温和的涂抹及擦拭的附着方式,靠膜本身的分子结合力附着在漆面上,避免损伤车漆。

⑤ 降低洗车频率:采用镀膜产品后,可以把每周一次的洗车延至每月一次,可以节约大量的时间。

⑥ 保值:采用了镀膜产品后,汽车使用几年后,漆面还光亮如新,汽车的评估价格也会因此而提升。

⑦ 外观靓丽,车漆更新:因为镀膜后,等于在车漆外部附着了一层无色的透明玻璃膜体,使车漆看上去更加光亮。

5. 车镀膜的注意事项

一般情况下,镀膜之前都要先做前期处理,就是要去掉氧化层、铁粉、油污等,把完整的漆面呈现出来。其实不止镀膜,其他护理产品都需要先做漆面前期处理,这样出来的效果更好,原因是,如果漆面和护理产品之间隔着东西就会影响它们之间的附着力。

除了产品的特殊说明以外,譬如固化时间、操作环境等各个产品不一样,最主要的是抛光环节,因为抛光不当容易造成不可逆的漆面损伤,所以要选择专业的汽车美容店进行抛光镀膜护理,如图 8－7 所示。

图 8－7　汽车镀膜后的效果

8.3.6　汽车镀膜与车蜡、封釉的区别

1. 产生效果不同

① 打蜡：蜡的主要成分是石油，含矽的成分，功效保用时间短，只有7～15天，久经紫外线照射会锈蚀车漆，特别是车蜡中的研磨颗粒，会在貌似光亮的车漆上形成涡状发丝划痕，刚打完蜡时，这些划痕暂时可被蜡遮掩，但蜡会因温度变化和洗车而流失，显出满是划痕的漆面，于是不得不继续打蜡直至抛光。而抛光对透明漆层的损害则更大，一般3次抛光后，透明漆层将被去除，从而加速汽车变旧，蜡本身起不到增强硬度和抗紫外线的作用，外部会因为温度过高很快流失，不抗静电（粘灰）。蜡的亮度是"虚"光，光泽不来自于漆，达不到最终的镜面效果，光泽也没有深度，保留的时间很短，最多只能发一两个月的光，经过雨水冲刷，蜡的光泽就没有了，打蜡的"虚"处就暴露出来了。说到底，车蜡对车漆起不到理想的效果，时效性差。同时，经常使用这些蜡制品，只会导致车漆加速变旧，细心的车友都有体会，白色的车只要用蜡不到半年就发黄。

② 封釉：汽车封釉是从车蜡衍生出的新概念，是一种从石油副产品中提炼出来的石油制品，并通过专用的振抛机把釉压入车漆内部，形成网状的牢固保护层。同打蜡的原理一样，由于温度上升以及其他因素，封釉会导致车漆氧化。

2. 原料选用的不同

"釉"与蜡都是从石油中提炼的，加上一些辅助原料制成。受原料所限，容易氧化，不持久的问题无法解决。所以新的镀膜采用不氧化原料及稳定的合成方式（玻璃 SiO_2 材质）、植物及硅等环保又稳定的原料来提炼合成。避免了在车漆表面造成"连带氧化"的问题，并可长期保持效果。

3. 养护理念不同

封釉与打蜡的养护理念是将"釉"或"蜡"加压封入车漆的空隙中，与车漆结合到一起。优点是与车漆融为一体，增亮效果明显。由于它们自身的易氧化性，会连带漆面共同氧化。导致漆面发污，失去光泽。为避免这个缺陷，镀膜采取日本最先进的玻璃 SiO_2 材质，变结合为"覆盖"：以透明的"膜"的形式附着在漆面，避免漆面受外界损伤。同时也避免了保护剂本身对车漆的影响，长期保持车漆的原厂色泽。由于膜层本身结构的紧密，很难破坏，使得它可以大幅度降低外力对漆面的损伤。

4. 操作工艺的不同

原料及理念的差异，必然造成工艺上的区别："釉"和"蜡"因为要与漆面充分结合，所以附着方式要用高转速的研磨机把药剂加压封入漆面，称为封釉。这种压力同时作用在漆面上，经常会造成漆面损伤。镀膜采用了温和的涂抹及擦拭的附着方式：靠膜本身的分子结合力附着在漆面上，避免损伤车漆。

任务8.4　新车漆面护理

8.4.1　新车开蜡

汽车生产厂家为防止新车在储运过程中漆膜受损，都会喷涂封漆蜡，尤其是进口车。国外

轿车在出口时在汽车外表涂有保护性的封漆蜡以抵御远洋运输途中海水对漆膜的侵蚀。封漆蜡极厚,并且十分坚硬,也可避免大型双层托运车运输途中受树枝或强力风沙剐蹭及抽打。

封漆蜡不同于上光蜡,该蜡没有光泽,严重影响汽车美观。另外,汽车在使用中封漆蜡易黏附灰尘,且不易清洗。因此,购车后必须将封漆蜡清除掉,同时涂上新车保护蜡。清除新车的封蜡称为“开蜡”。

8.4.2　新车开蜡的类型

1. 新车封蜡的类型

① 油脂封蜡:车体蜡壳呈半透明状态,多用于长途海运的出口汽车。它可提供蜡壳极硬的保护层,即使碱性极高的海水飞溅于涂有封蜡的车体表面,也不能对其造成任何损害,并可防止大型双层托运车在途中遇到树枝或其他人为造成的轻微损伤,保证了新车在出厂后一年内不受其他有害物质的侵蚀。

② 树脂封蜡:车体蜡壳呈亚透明状态,主要用于本国短途运输的汽车,可为车身提供一年以上良好的硬质保护层。这层保护膜在厚度上大概是油脂封蜡的三分之一,能防止运输新车过程中人为轻微剐蹭所造成的划痕现象,但无法抵御海水的侵蚀,所以这种树脂封蜡不适合在海洋运输中为汽车提供防止碱性物质侵蚀的保护层。

③ 硅性油脂保护蜡:车体蜡壳呈透明状态,新车出厂时为汽车提供短期的保护层,能有效防止紫外线、酸碱气体、树汁、虫尸、风沙抽打等一般的侵害。对于海水或运输新车过程中所造成的剐蹭现象却不能起到很好的保护作用,所以,国外这种新车保护蜡已在20世纪70年代被各大汽车生产厂商所淘汰。

根据不同的封蜡,开蜡的程序和方法略有不同。

2. 开蜡所需工具

① 专用洗车海绵:这种中密度海绵具有极好的包容性,在清洁车身过程中能将沙粒及尘土深藏于气孔之内,避免了因擦洗工具过硬而不易包容泥沙给车体造成划痕,配合高润滑性阴离子表面活性剂(高泡洗车液)更可保证操作中万无一失。

② 高密度纯棉毛巾:三遍开蜡工序中都需使用,因质地比较柔软,即使清洁车体后表面仍存有少量泥沙,开蜡过程中也不致对漆面造成影响外观效果的较大伤害,所以纯棉毛巾应是开蜡过程中必不可少的重要工具之一。

③ 塑料异形刮板:这种刮片制料较软,具有一定韧性,加之垫有纯棉毛,所以操作时不会对漆面造成任何损伤。验车时可用此方法清除手指触及不到的地方,如板块连接处、车标等。

④ 防护眼镜:防止施工中毛巾擦洗车体时药剂飞溅入眼。如有类似现象发生,应立即用清水冲洗,情况严重者应马上就医。

⑤ 橡胶手套:因多数开蜡液均属轻质性煤油类产品,渗透分解性极强,有害于皮肤,所以应使用橡胶手套采取防护措施。

⑥ 油脂开蜡洗车液:市场上80%的产品属于非生物降解型溶剂,主要原料提炼于石油,强碱性药剂,因此使用时应注意劳动保护。

⑦ 树脂开蜡洗车液:本品属于多功能轻质水溶性清洁剂,含有树脂聚合物的溶解元素,渗透性较好,使用起来比较安全。

⑧ 强力脱蜡洗车液:本品属于生物降解型产品,主要提炼于天然橙皮,并含有阴离子表面

活性剂，泡沫丰富，分解性较好，因此成本也较高，如图8-8所示。

图8-8 强力脱蜡洗车液

3. 油脂封蜡开蜡过程

① 将车体污物冲净，然后用配制好的脱蜡洗车液清洁车身，冲洗后无须擦干。

② 将油脂开蜡洗车液均匀喷洒于车体。

③ 晾3 min后，喷洒少许清水，用半湿的毛巾按顺序全车擦拭，然后用配制好的脱蜡洗车液清洗全车，冲净后无须擦干。

④ 将油脂开蜡洗车液再次喷洒于某一板块，晾1 min后，将喷洒过药液的板块用半湿性毛巾再次擦拭，这时此板块残留封蜡应可完全清除，然后用脱蜡洗车液清洁。

⑤ 验车时，应将车身连接缝隙处残留的封蜡清除干净，并将全车外表用脱蜡洗车液再次清洁，擦干后打蜡即可。

4. 树脂封蜡开蜡过程

① 用高压水枪将车体大颗粒泥沙冲洗干净，然后用配制好的脱蜡洗车液均匀喷洒于车体，并用洗车海绵擦拭全车，冲净后无须擦干。

② 将树脂开蜡洗车液均匀喷洒于单一板块，晾1 min后，将喷洒过药液的板块用半湿性毛巾擦拭，然后用脱蜡洗车液清洁此板块。按此方法逐块清洗，直至将全车封蜡清除。

③ 将车身连接缝隙处残留的封蜡用塑料刮片垫半湿性毛巾清除干净。

④ 用配制好的脱蜡洗车液将全车再次清洁，擦干后打蜡即可。

5. 硅性油脂保护蜡开蜡过程

① 将车身大颗粒泥沙冲洗干净。

② 将强力脱蜡洗车液用喷雾器均匀喷洒于车体。

③ 用洗车海绵按汽车板块顺序将全车快速擦拭。

④ 最后用高压水枪将车身擦掉的蜡质及污物冲净，擦干后打蜡即可。

6. 注意事项

① 进行开蜡工序前，必须将全车外表清洁，以免操作时因车体携有沙粒给漆面造成划痕。

② 开蜡中所使用的毛巾应不断清洁，以保证清除掉的封蜡不致存留在毛巾上太多而不便于继续施工。

③ 如在擦除封蜡过程中发现"吱吱"的响声，应立刻停止施工，说明毛巾中存有沙粒，清洗干净后才可使用。

④ 封蜡停留于车体表面两年以上的车辆，应在开蜡后进行抛光，然后打蜡即可。

⑤ 因开蜡后新漆膜暴露在外，极易受到氧化，所以应使用耐氧化性较好的新车保护蜡进行上光。

8.4.3 新车上蜡

人们通常说的新车蜡实际有两种，一是"新车蜡"，一是"新车保护蜡"。此两种蜡虽然名称相似，品质却完全不同。新购买的车应首先使用"新车保护蜡"，它有大且高分子聚合物成分，有很强的抗氧化、抗腐蚀功能，这些成分在洗车时不会被洗掉，用一次可保持一年左右。许多厂家将不含抛光剂的柔和的蜡统称为“新车蜡”，它们适用于车漆完整无缺的车辆和日常洗车后使用，如图 8-9 所示。

图 8-9　新车上蜡及效果

1. 新车上蜡认识误区

新车漆不同于旧车漆，新车使用的蜡与旧车也有区别。严格地讲，新车应是人们的保护重点，但社会上对车漆的保护却存在各种错误的认识。

误区一：新车本身就有蜡。

“新车出厂时就有蜡，所以不用再打蜡”，这是人们听到的最错误的一种说法。新车出厂时的确应该有蜡，但这种蜡叫“运输保护蜡”，是为了防止在运输过程中污垢侵蚀或海运生锈而做的一种临时保护措施。如果车上有这种蜡，买车后第一件事儿就是要把它“开”掉。

误区二：新车不用打蜡。

“新车不用打蜡”的错误理论来自以下两种观念。

一是新车漆本身就很亮，所以没必要打蜡。这种人对汽车蜡有错误的认识：蜡只是起一个上光的作用。蜡首先要对车漆起保护作用：防雨、防酸、防紫外线等，然后才是增光。新车从第一天起就需要保护，因此也就需要打蜡。

二是新车漆加透明漆，它已起了保护作用。对色彩漆层而言，透明漆是在起着保护作用，汽车生产商的本来用意也正如此，但透明漆本身也是漆，谁来保护透明漆呢，它们要靠汽车蜡。

误区三：新车随便用什么蜡都可以。

有些人认为新车随便使用什么蜡都可以，随便选什么特性的蜡都可以。这是一个误区，绝不是什么蜡都可以。新车必须使用新车蜡，也就是不含抛光磨料的蜡，否则会对新车漆造成涡状划痕。

2. 新车上蜡工艺

① 用多功能清洗剂开蜡（剩余产品日后还可清洗轮胎、内饰或家用）。

② 打新车保护蜡。

③ 每天清晨(等车身露水干后)用蜡掸子将车身尘土掸净。

④ 每周或每两周用不脱蜡洗车液洗车(用鹿皮擦干)。

⑤ 每两月打一次新车蜡。

⑥ 切忌用洗涤灵或任何脱蜡洗车液洗车。

⑦ 切忌接受玻璃丝状滚刷的电脑洗车房服务。

上蜡是一个没什么技术难度的活,选一个合适的产品,自己动手就可以。如果是一些细小的刮痕,尤其是一些经常使用的地方,如开门处,就可以用抛光剂处理,一些常用的品牌就能达到车主的要求。

如果刮痕比较明显,就可以用抛光蜡,或者研磨膏处理。这些产品操作起来都十分简便。

上蜡的效果一般能保持一个月左右,但要注意,刚打完蜡的车不要急于开出去,经过阳光暴晒,蜡面很难擦拭,再沾上灰尘,就会擦出一道道划痕。另外,如果还嫌车的光泽不够的话,就可以选用一些上光的产品,如离子保护蜡或者有防水效果的上光产品,这样,爱车就真的光亮如新了。

3. 新车上蜡的步骤

① 用胶带分割出需要打蜡的部位。

② 倒入适量抛光剂于绿色的海绵块上(如果划痕轻,就直接用绿色海绵;如果划痕较深,就用带有细磨砂灰色面)。

③ 顺着有刮痕的地方直线来回擦拭。

④ 几分钟后,用软布擦拭干净。

⑤ 擦拭完毕,察看打蜡效果。

实训　全车封釉

1. 实训目的

① 熟悉全车封釉所用工具、设备。

② 掌握封釉的操作工艺。

2. 实训内容

全车封釉。

3. 实训所用工具、设备、材料

① 实训车辆。

② 抛光机、波浪海绵、羊毛轮、专业擦巾。

③ 中性清洗剂、胶带报纸、研磨剂、釉。

4. 注意事项

① 封釉后 8 h 内切记不要用水冲洗汽车,因为在这段时间内釉层还未完全凝结,将继续渗透,冲洗将会冲掉未凝结的釉。

② 做了封釉美容后不要再打蜡,因为蜡层可能会黏附在釉层表面,上釉时会因蜡层的隔离影响封釉效果。

③ 由于釉的不同,再加上路况和环境的影响,一般 2～6 个月封一次釉效果最好。

5. 实训步骤

① 车体外表清洗：用清水冲洗车身，用中性清洗剂将漆面的泥土、粉尘、细沙粒等彻底清洗干净。

② 打磨：若车身表面有橘皮纹，应先用研磨方法去除。打磨前先用水冲洗待磨部位，打磨时勤用水冲洗，以免漆面有砂砾磨坏漆面，打磨的手势为五指合拢，用手掌打磨不要用手指打磨，以推拉的方式打磨，不要旋转打磨、推拉距离不要太长。筋条处的部位要避让，因为这个部位车漆较薄弱。不要在一个部位长时间打磨，根据眼睛观察和经验不断变换地方，以免磨漏底漆。

③ 车身非施工处保护：用胶带把所有装饰条、门把手、倒车镜、玻璃封条封好以防封釉时弄脏。粗糙面和麻面，用报纸胶带包裹起来。

④ 使用抛光机浅抛车身浅划痕：用抛光机配合研磨剂、羊毛轮做研磨处理。开始研磨时研磨的压力要根据漆的强度和漆面的厚薄来决定。然后再使用抛光机振抛划痕。

⑤ 抛光机去眩光：使用低速抛光机配合波浪海绵加研磨剂，去除抛光时研磨剂留在车身上的光环，之后用手巾擦干净，操作手法是用低速抛光机横向或竖向一下压一下地抛，把光环赶到边缘部位，根据车漆的硬度选择合适的力度。

⑥ 封釉：在车身表面喷倒封釉剂，用封釉机将封釉通过振动挤压，使釉更好地渗透进车身并增强牢固度，封釉后停留 15 min 再做，直到表面形成一层保护层。一般根据车漆老化程度须反复 2～3 次，封釉时要横、竖交替震涂，以达到均分。一般每处要交叉振涂 6 次，振涂时不要太快。

⑦ 清洁：封釉后用专业擦巾将残留的研磨剂和釉清理干净。

⑧ 检查实施结果：检查有无抛漏的地方，装饰条有无抛环，门边、门缝、玻璃，下底边有无清理干净。

6. “全车封釉”评分标准

“全车封釉”评分标注如表 8-1 所列。

表 8-1 “全车封釉”评分标注

序号	考核项目		配分	扣分标准（每项累计扣分不能超过配分）
1	安全文明否决			造成人身、设备重大事故，或恶意顶撞考官，严重扰乱考场秩序，立即终止考试，此项目记 0 分
2	工具选择及正确使用		10 分	1）不能正确选择工具，每次扣 2 分 2）不能正确使用工具，每次扣 3 分
3	全车封釉	车体外表清洗	5 分	漆面未清洗干净、有泥土、粉尘、细沙等，每处扣 1 分
		打磨	10 分	1）打磨后仍然有橘皮纹，扣 2 分 2）因砂砾磨坏漆面，扣 5 分 3）五指合拢未用手掌打磨而用手指打磨的，扣 3 分 4）在一个部位长时间打磨而磨漏底漆的，扣 10 分
		车身保护	10 分	车身非施工处未用报纸、胶带包裹起来的，每处扣 5 分
		浅抛车身浅划痕	5 分	未用抛光机配合研磨剂、羊毛轮做研磨处理，扣 5 分

续表 8-1

序　号	考核项目		配　分	扣分标准(每项累计扣分不能超过配分)
3	全车封釉	去眩光	5分	1) 未使用低速抛光机配合波浪海绵加研磨机,扣2分 2) 未用低速抛光机横向或竖向一下压一下地抛,扣3分
		封釉	20分	1) 用封釉机将封釉通过振动挤压,扣3分 2) 封釉时未横、竖交替振涂,扣2分;未涂均匀,扣3分 3) 未交叉振涂,扣3分;振涂时过快,扣2分
		清洁	10分	封釉后未用专业擦巾将残留的研磨剂和釉清理干净,扣5分
		检测实施结果	15分	1) 有抛漏的地方,扣5分 2) 装饰条有抛坏,扣5分 3) 门边、门缝、玻璃、下底边卫生未清理干净,每处扣3分
4	安全文明生产		10分	1) 不穿工作服、工作鞋,不戴工作帽,扣1分 2) 零件乱放,扣2分 3) 设备或工具表面未及时清理,扣1分 4) 考试完后不清理场地,扣3分 5) 不服从考官、对考官出言不逊,每次扣3分
5	合计		100分	

7. “全车封釉”操作工单

“全车封釉”操作工单如表8-2所列。

表8-2 “全车封釉”操作工单

班　级:________　姓　名:________　得　分:________

一、车辆、工具、设备的检查	
1. 车辆检查准备	备注:1~3不用做记录
2. 工具、设备检查准备	
3. 材料检查准备	
二、操作过程	
全车封釉操作步骤:	

思考题

1. 什么是车漆?车漆的主要作用是什么?
2. 什么是汽车封釉?
3. 什么是汽车镀膜?
4. 打蜡、封釉和镀膜的区别?
5. 什么是新车开蜡?

项目9　汽车漆修复性美容

【知识目标】

➢ 了解汽车漆膜修复的工具及设备。

➢ 了解汽车漆膜修复工艺方法。

➢ 了解汽车漆膜常见病态的原因。

【技能目标】

➢ 掌握汽车漆膜修复的工具及设备的使用方法。

➢ 熟悉汽车漆膜修复前除旧漆的方法。

➢ 掌握漆膜常见病态的修复方法。

【素养目标】

➢ 培养学生在实训操作中不怕脏、不怕累的劳动精神。

➢ 培养学生实训操作中团队协作精神及精益求精的工匠精神。

汽车修复性美容是指对喷漆后的漆面问题进行处理。由于自然条件所限，比如酸雨、沙尘暴等，或者人为因素，比如剐蹭、磨损或者是老化等原因，使得汽车漆膜出现一些病态，这时就需要对漆膜进行修补。

任务9.1　汽车漆膜修补工具与设备

9.1.1　除锈工具

1. 刮　刀

刮刀是工件表面精加工刀具，具有锋利的刃口。多采用TLzA碳素钢或滚动轴承钢制成，有的镶有硬度合金的刀头。一般分为平面刮刀和曲面刮刀两种，应根据加工工件的表面准确的选用。刮刀如图9－1～图9－3所示。

图9－1　汽车钣金刮刀

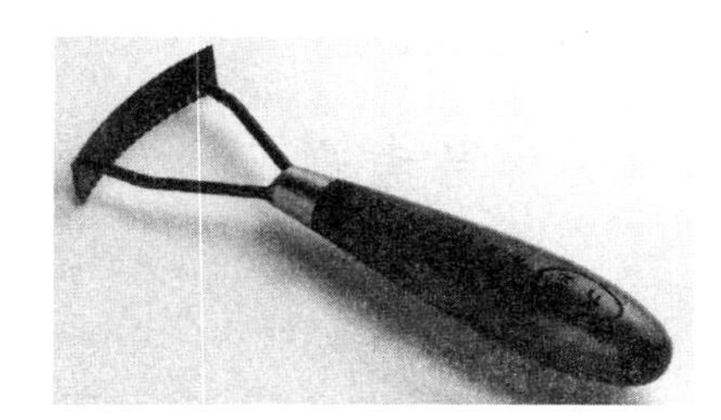

图9－2　汽车油泥刮刀

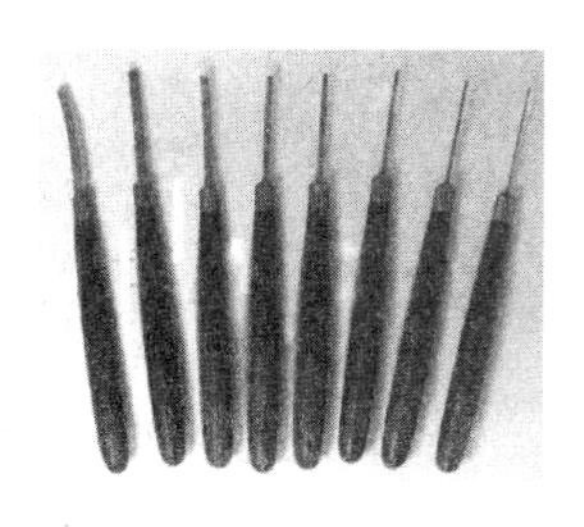

图9－3　刮　刀

刮刀使用的安全注意事项有以下几点。

① 刮刀应装有牢固光滑的手柄：因为在刮削时用力较大，如果把柄部脱落或断裂，都会给人造成伤害；特别是在用挺刮法时，刮刀尾部应装配光滑的、接触面较大的把柄，以防伤害作业者的腹部或身体的其他部位。

② 刮刀在不使用时，应放在不易坠落的部位，以防掉落时伤人及损坏刮刀；不要将刮刀同其他工具放在一个工具袋中，应单独妥善保管。

③ 被刮削的工件一定要稳固牢靠，高度适宜人员的操作，在刮削时，不许被刮削的工件有移动、滑动的现象。

2. 扁　铲

扁铲的用途很广泛，通常在汽车护理工序中，维修工用于铲除旧漆膜和旧腻子。扁铲如图 9－4 所示。而个别的维修人员就用扁铲来做调节原子灰或腻子调和的专用工具。值得注意的是，不要将用过的扁铲没清洗干净就用来调和原子灰，这将影响原子灰的黏度。

3. 钢丝刷

钢丝刷可以用来清除零件表面外表的污迹（清除蓄电池柱头的氧化物及车身底盘的积垢），是必不可少的修补工具之一，如图 9－5 所示。使用钢丝刷时，不要用它碰比较精密的面及汽车的装饰表面。

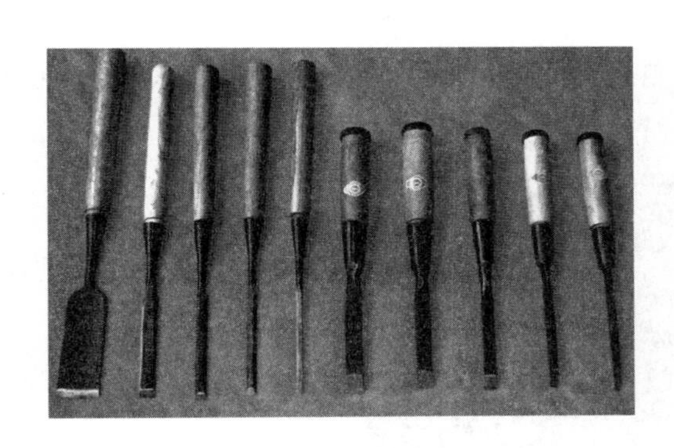

图 9－4　扁　铲

图 9－5　汽车专用钢丝刷

4. 锉　刀

锉刀是用高碳钢 T13 或 T12 制成的，锉刀分为普通锉、特种锉和整形锉三类。

普通锉又分为平锉、方锉、圆锉、半圆锉和三角锉等，如图 9－6 所示；特种锉分直锉和弯锉等；整形锉俗称组锉，由许多各种形状和断面的锉刀组成一套，如图 9－7 所示。另外还有粗锉刀、细锉刀、双细锉刀和油光锉刀。

锉刀的安全使用注意事项：

① 锉刀必须装柄后方可使用，否则锉刀的尾尖有可能扎伤手及手腕或身体的其他部位。

② 要正确使用锉刀。一般用右手握紧锉柄，左手握住或扶住锉刀的前边，两只手均匀用力，推进锉刀；断面比较小的锉刀在使用时，施力不要过大，以免使锉刀折断；锉削速度不要过快，一般在每分钟 20～60 次为宜。

③ 锉刀和锉柄上防止油脂污染，在锉削的工件表面也不宜被油脂污染。防止锉刀打滑，造成事故。

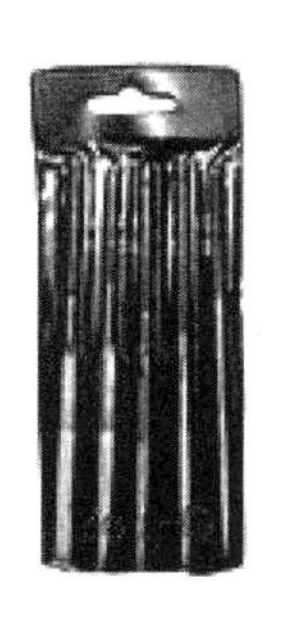

图 9－6　普通锉

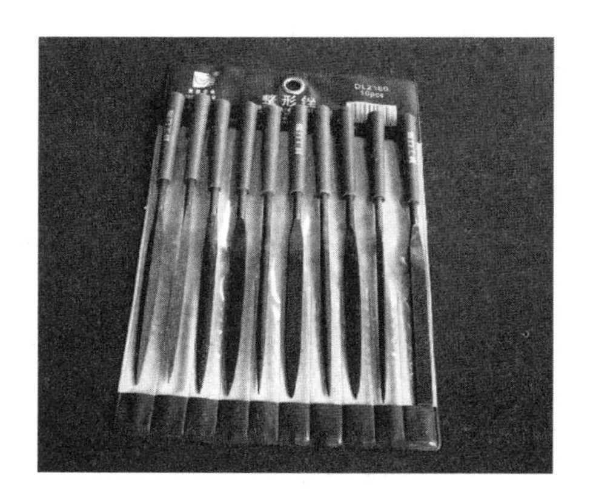

图 9－7　整形锉

④ 锉削时不要用嘴吹切屑，以防切屑飞入眼内；也不要用手去清除切屑，以防切屑扎破手指和手掌，应该使用刷子清扫除掉。

⑤ 锉刀用后，应妥善放置，不应重叠摆放，以免损坏锉齿；放在操作台上时，不要露出台面，以防掉下伤脚。

⑥ 严禁将锉刀当作其他工具使用，更不能当扁铲、撬棍使用，以防折断伤人。

5. 砂　纸

砂纸是用黏合剂把磨料贴在特制的纸或布上制成的。砂纸用磨料粒度数码表示，数码越小，磨料越粗。磨料粒度不同，用途也不同。图 9－8 所示为国内常用砂纸表。

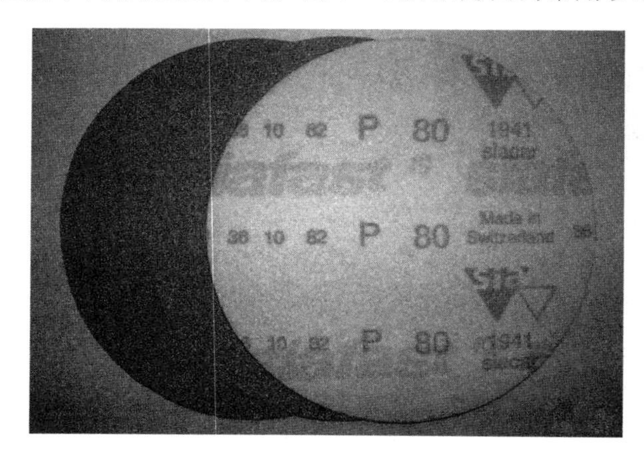

图 9－8　砂　纸

9.1.2　刮涂工具

1. 钢片刮板

钢片刮板由弹性极好的薄钢片制成，其特点是弹性好、刮涂轻便、效率高，刮后的腻子层平整，既可用于局部刮涂，也可用于全面刮涂。比较适用于小轿车、大型客车等表面的腻子刮平。

2. 刮灰刀

刮灰刀及拿法如图 9－9 所示。

刮灰刀又称油灰刀，它是由木柄和刀板构成的，木柄由松木、桦木等制作而成，刀板用弹性较好的钢板制作。规格有宽窄（以刀头宽度）等多种。

特点：成品灰刀的规格多，弹性好，使用方便。

注意：宽灰刀有 100 mm 宽和 75 mm 宽两种，适于木车厢、客车大板等平整大物面腻子刮涂或基层清理，中号灰刀的宽度多为 50～65 mm，主要用于调配腻子、小面积腻子补刮及清除旧漆等。窄灰刀多用于调配腻子或清理腻子毛刺等。

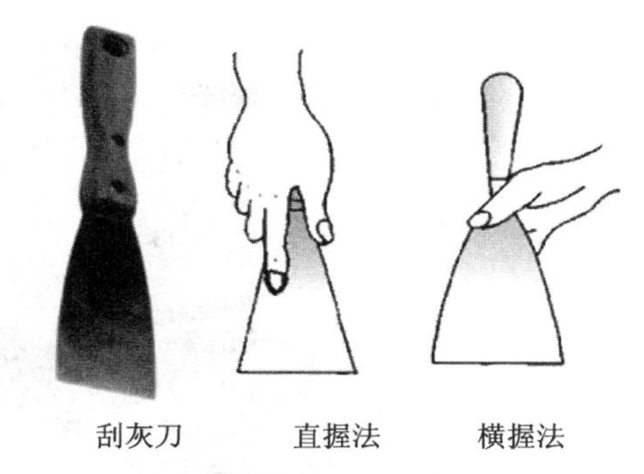

图 9－9　刮灰刀的拿法

3. 橡胶刮板

橡胶刮板采用耐油、耐溶剂和膨胀系数小的橡胶板制成，外形尺寸和形状根据需要确定，橡胶刮刀弹性极好，刮涂方便，可随物面形状的不同进行刮涂，以获得平整的腻子层。尤其对凸形、圆形、椭圆形等物面，使用橡胶刮板刮涂，质量更优。适于刮涂弧形车门、叶子板等，如图 9－10 所示。

4. 牛角板

牛角板由优质的水牛角制成，如图 9－11 所示。

特点：使用方便，可来回刮涂（左右刮涂）。

牛角板主要用于修饰原子灰的补刮等。使用后，应清理干净置于木夹上存放，以防变形，影响使用。

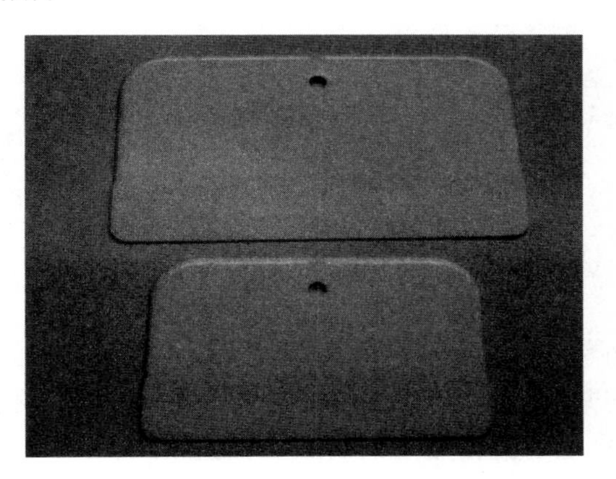

图 9－10　橡胶刮板

图 9－11　牛角板

9.1.3　打磨工具

1. 手工打磨

汽车车漆修补手工打磨工具主要是用砂布包垫板进行打磨的，常用的垫板由木制或硬橡胶制成。垫板可选用长 180～200 mm、宽 50～60 mm、厚 25～30 mm 的木制垫板或橡胶制垫板，砂纸、砂布是打磨工具的辅助材料。

2. 机械打磨工具

汽车车身表面护理打磨工具按动力装置的不同可分气动打磨工具和电动打磨工具。气动工具主要用于清除钢铁表面上的铁锈、旧涂层及打磨原子灰等，具有体积小、质量轻、速度快、使用安全、可水磨或干磨等优点；电动打磨工具的主要作用同气动打磨工具，具有噪声小、震动轻、粉尘飞扬少等优点，但质量通常比气动打磨工具大些，且不适于水磨，如图 9-12 所示。

图 9-12　机械打磨工具及机械打磨

9.1.4　涂刷工具

1. 漆　刷

漆刷有很多种类，按形状可分为圆形、扁形和歪脖形三种；按制作材料可为分硬毛刷和软毛刷两类。硬毛刷主要用猪鬃、马鬃制作，软毛刷由狼毫、猫毛、绵羊和山羊毛等制作。按制作尺寸可分为 12 mm、19 mm、25 mm、38 mm、50 mm、65 mm、75 mm 等。

注意：在选购毛刷时，通常以毛直、口齐、刷斗与刷柄组合牢固、刷毛中无脱毛现象为上品。

2. 毛笔和画笔

毛笔和画笔在涂装作业中用来描字、画线，涂刷不易涂到的部位和局部补漆用。常用画笔主要为长杆画笔，毛笔以狼毫为好。

9.1.5　调色设备

1. 调漆机

调漆机又称油漆搅拌机，各大油漆公司都有调漆机和其配套产品，有 32、38、59、108 等各种规格的调漆机。调漆机配有发动机、搅拌桨，利用这种工具很容易混合倒出涂料。涂料中的树脂、溶剂及颜料经过一段时间就会分离，这是由其密度不同所致。因此，涂料在使用以前需要充分混合，如图 9-13 所示。

2. 电子秤

电子秤又称配色天平，是一种称涂料用的专用天平，帮助计算适当的混合比。电子秤由托盘秤、电子显示器、集成电路板组成，常用的电子秤量程可达 7 500 g，精确度为 0.1 g，由明亮的发光二极管做显示器，安装在托盘上方，使用方便，属于专为汽车修补漆称量用的配套产品，如图 9-14 所示。

电子秤的操作过程是：

① 水平放置电子秤，避免高温、振动。

② 打开电子秤总电源开关，按下电子秤电源处，暖机 5 min。

③ 按下归零键，将被秤物轻置于秤板中心，依序操作。

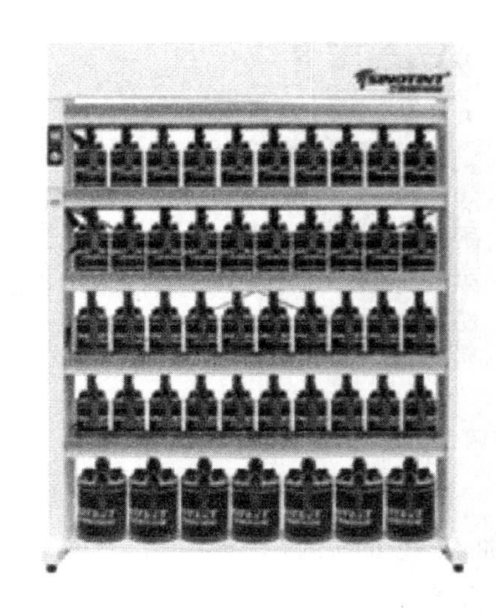

图9-13 调漆机

图9-14 配色天平

④ 使用完毕后，按下电子秤电源关闭键，关闭电子秤电源总开关。

3. 阅读机

根据查阅油漆配方的工具不同，目前国内有胶片调色和电脑调色。胶片调色即通过阅读机阅读菲林片，查配方。因这种方式成本低，操作简单，所以目前采用较多。电脑调色即电脑中存有所有色卡配方，用户只需将自己所需漆号和分量输入电脑就可以直接查阅计算好的配方数据，快捷、方便、准确，而且数据更新快，是一种先进的调色方法。目前各大油漆公司都具有完善的电脑调色系统。

阅读机操作过程如下：

① 打开阅读机总电源开关。

② 拉开置片板，将微缩胶片依正确方向置入置片板上。

③ 推回置片后，打开机座底部电源开关。

④ 检视微缩胶片，查出颜色配方。

⑤ 使用完成后，关闭机座底部白色开关，拉出置片板，取出微缩胶片，推回置片板。

⑥ 关闭阅读机总电源开关。

4. 电脑调色

电脑调漆就是利用电脑中的程序查阅配方、计算配比量。目前市场使用的调漆软件较多，但基本功能没有多大差别。某些电脑调漆系统，将电子秤与电脑相连，这样在调漆时，一旦某一色母漆加多后，电脑则自动重新计算配比量，从而保证调漆的精度，如图9-15所示。

9.1.6 喷涂设备

喷涂设备主要指喷枪。喷枪的作用是将油漆和其他液态材料喷涂到被涂物表面上。要做好喷涂工作，保证喷涂质量必须正确使用和维护喷枪。

1. 喷枪的类型

按涂料供给方式分，空气喷枪有吸力式、重力式、压送式三种类型。

图 9－15　电脑调色机

(1) 吸力式喷枪

吸力式空气喷枪是使用最普遍的一种喷枪。油漆置于罐内，扣动扳机，压缩空气冲进喷枪，气流经过气帽开口时形成局部真空，罐中的油漆被真空吸住已开启的针阀，形成雾状喷射流。

(2) 重力式喷枪

重力式空气喷枪是利用油漆自身重力流入喷嘴进行雾化喷射的。这种喷枪适用于较稠的涂料（如车身填料）的喷涂，如图 9－16 所示。

(a) 重力式空气喷枪

(b) 压送式空气喷枪

图 9－16　喷　枪

(3) 压送式喷枪

压送式空气喷枪是利用压缩空气进入油漆罐中，推动油漆从细管进入喷嘴的。

2. 喷枪的结构

喷枪主要由气帽、喷嘴、针阀、扳机、气阀、调节钮和手柄等组成。

空气帽引导压缩空气撞击涂料，使其雾化成有一定直径的漆雾。空气帽上有 3 个小孔，为中心孔、辅助孔、侧孔。中心孔位于喷嘴末端，产生喷出涂料所需的负压。辅助孔可促进涂料的雾化，喷出空气量的多少与涂料雾化好坏有很大关系。侧孔喷出的气流可控制喷雾的形状，当扇形调节旋钮关上时，喷雾的形状是圆形；当调节旋钮打开时，喷雾的形状变成长方形。

3. 喷枪的调整与操作

(1) 喷涂模式的调整

喷涂模式的调整是指喷雾扇形区域的调节,喷雾扇形取决于空气和雾化的涂料液滴的混合是否合适(就像发动机的工作取决于空气和燃油的混合是否合适)。涂料的喷涂应平稳,喷涂出的湿润涂层应没有凹陷或流泪现象,在一般情况下要想获得合适的喷雾扇形,有三种基本调节方式。

① 空气压力调节:喷枪喷嘴处的压力对于得到合适的喷雾扇形有明显的影响。空气压力的调节一般可通过分离/调压器来调节,但由于空气从调压器经过输气软管到达喷枪,还受到摩擦力作用,因此存在压降。调压器处测得气压与喷枪处测得气压的差值取决于输气管的长度和直径,一般来说孔径越大压降越小,管长越短压降越小,但管长一般不超过 10 m。因此,应该在喷枪处测量气压值,而且人们所提到的压力值是指喷枪处的气压。

测量气压的最可靠的方法是使用一块插在喷枪和输气管接头之间的气压表。有些喷枪本身就带有气压表,可用来检查和调节喷枪处的压力值,而大多数喷枪的气压表是可选件,建议在生产实际中应使用气压表。

② 喷雾扇形调节:通过调节喷雾扇形控制旋钮可以调节喷雾直径的大小。调节喷雾形状时,将扇形控制旋钮旋紧到最小,可使喷雾的直径变小,喷涂到板件上的形状变圆;将扇形控制旋钮完全打开,可使喷雾形状变成宽的椭圆形。较窄的喷雾可用于局部修理,而较宽的喷雾则用于整车喷涂,图 9-17 所示为扇形控制旋钮从旋紧到最小到完全打开时喷雾形状的变化。

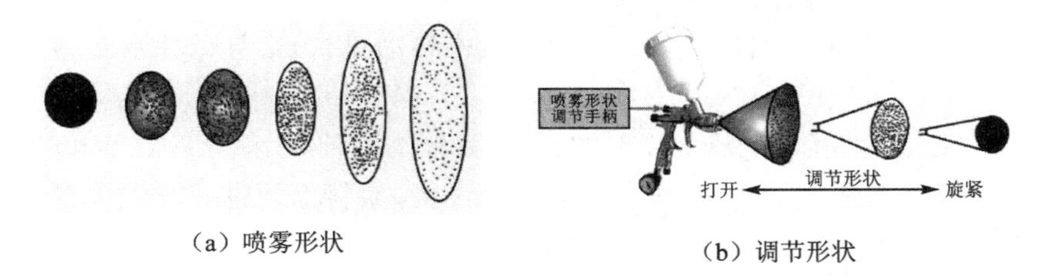

(a) 喷雾形状　　(b) 调节形状

图 9-17　喷雾扇形调节

③ 涂料流量调节:调节涂料控制旋钮可调节适应不同喷雾形状所需的涂料流量。逆时针转动涂料控制旋钮可增大出漆量,而顺时针转动将减小出漆量。

最佳的喷涂压力是指获得适当雾化、挥发率和喷雾扇形宽度所需的最低压力。压力过高会产生过多弥漫的喷雾,从而导致用料量增加,而涂层流动性降低,这是因为在涂料到达喷涂表面之前已有大量的溶剂被蒸发掉了,易产生橘皮等缺陷。

如果压力过低,会使涂层的干燥困难,因为大多数溶剂都保留下来了,因此容易产生气泡和流挂。

(2) 喷涂试验

设定好空气压力、喷雾扇形、出漆流量后,就可以在遮盖纸或报纸上进行喷雾形状测试。喷涂清漆类涂料时,喷枪与测试纸相距为 15～20 cm,而喷涂磁性漆时则相距 20～25 cm。试验应在瞬时内完成,将扳机完全按下,然后立即释放。喷射出来的涂料应在纸上形成长而窄的形状,然后旋转喷雾扇形旋钮,使试样达到一定高度为止。一般情况下,进行局部修理时,试样高度从底部到顶部应达到 10～15 cm;进行大面积或全身修理时,试样高度从底部到顶部应在

23 cm 左右(通常情况,试样高度在 15～20 cm 即可)。如果涂料颗粒粗大,可以旋进涂料流量控制旋钮 1/2 圈以减少流量;如果喷得太细或过干则旋出涂料流量控制旋钮 1/2 圈,以达到增大涂料喷出量的目的。

(3) 喷涂操作要领

① 喷枪与工件表面的角度(喷涂角度):喷枪与工作表面必须保持垂直,绝对不可由手腕或手肘做弧形的摆动。

② 喷枪嘴与工件表面的距离(喷涂距离):正常的喷涂距离应与喷枪的气压、喷枪的扇面调整大小以及涂料的种类相配合。一般喷涂距离为 15～20 cm(可按涂料供应商提供的工艺条件操作)。实际距离可通过对贴在墙上的纸张试喷而定,如图 9-18 所示。

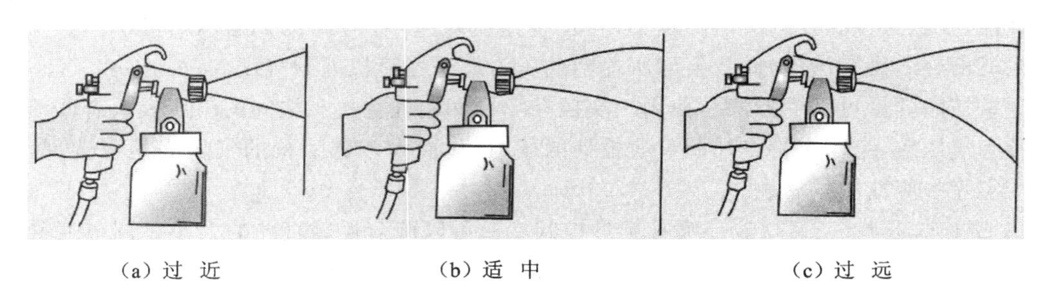

(a) 过 近　　(b) 适 中　　(c) 过 远

图 9-18 喷涂距离

③ 喷枪的移动速度(喷涂的移动速度):喷枪的移动速度与涂料干燥速度、环境温度、涂料的黏度有关,以 30～60 cm/s 的速度匀速移动。喷枪移动过快,会导致涂层过薄,而喷枪移动过慢,会导致出现流挂的现象。

④ 喷涂压力:正确的喷涂气压与涂料的种类、稀释剂的种类、稀释后黏度和喷枪的类型有关。压力过低极有可能雾化不好,会使稀释剂挥发过慢,涂料像雨淋一样喷涂到工件的表面,容易产生流泪、针孔、气泡等现象。而压力过高则有可能过分蒸发,严重时形成所谓干喷现象。

9.1.7 干燥设备

干燥设备也称烘干设备,其种类很多。按其外形结构可分为室式、箱式、通道式 3 种形式;按其操作方式可分为周期式和连续式;按加热或传热方式可分为对流式、辐射式和感应式等。

目前,我国常用的干燥设备主要是对流式和辐射式干燥两种。

1. 对流式干燥设备

对流式干燥式设备是利用热源以对流方式传递的原理制造的。其通常由箱体、电热丝、电炉板、排雾管、小钢轨及活动推架组成。

对流式干燥设备具有以下特点:

① 对流式干燥设备加热均匀,能保证涂层的颜色不变。

② 烘干温度范围较大,基本能满足一般类型涂料烘干温度的要求。

③ 设备使用管理和维修较为方便,使用费用较低。

④ 热量的传导方向和溶剂蒸发的方向相反。漆层的表面受热后干燥成膜,使漆层下面的溶剂蒸气不易跑出,干燥速度变慢。如果溶剂蒸气的压力克服不了漆膜的阻力,冲破膜表面产生针孔,因此漆膜质量受到影响。

⑤ 烘干时,必须将烘室内的空气加热,热量消耗大。

⑥ 由于空气的导热性差,涂层的导热性差,故对流式干燥的速度较慢。

2. 辐射式干燥设备

辐射是热传递的一种方式,这种加热方法是将热能转变为各波长电磁振动的辐射能,其过程称为热辐射。以红外线为辐射源的干燥设备,称为红外干燥设备。

红外线干燥设备由碳化硅管、碳化硅板、红外线辐射等组成。

9.1.8 烤漆房

车身修理会不断产生粉尘和污物,许多微小的尘粒几乎无法控制其散发方向。在这样的环境中进行喷漆显然是不合适的,因此需要设置独立的喷漆房,为喷漆提供一个清洁、安全、照明良好的密封环境。这样做,既可以隔开其他工序对喷漆的影响,又可以将喷漆所造成的污染得到有效的控制和治理。其唯一的缺点就是不能就地烤漆,后来人们研究出烤漆房。该房是将喷漆和烤漆合二为一的厂房设备。由于这种设备占地面积小、设备利用率高、投资少、经济实用等特点,所以被现代汽车维修厂或汽车美容店广泛使用。其主要由房体、通风系统、空气过滤系统、加热系统、照明系统、废气处理系统等组成。

1. 通风系统

喷漆房有两种形式:一种是单室式,只具有喷漆功能;另一种是双室式,同时具有喷漆和烘干功能。

风机和过滤器都设置在喷漆房外。换气系统应达到每小时全换气两次或更多次的要求。冬季温度比较低,冷空气对冷物料喷成的冷面层会带来不利的影响,此时,在空气供给系统中应增加恒温装置,以提供温度适宜的空气来满足喷漆的需要。

目前换气系统有三种形式:正向流动喷漆房、反向流动喷漆房和下向通风喷漆房。

2. 空气过滤系统

喷漆房最重要的安全设施是过滤系统,其作用主要是将混杂在喷漆房空气中的油漆粒子和其他污染物过滤掉,使排出的气体不致污染大气。另外,进入喷漆房的空气也要过滤才能保证喷漆的质量。目前使用的过滤系统有两种,即干过滤系统和湿过滤系统。

(1) 干过滤系统

干过滤系统就像一个筛子,在气流通过时,将油漆粒子和污物截住,只允许干净的气体通过。目前向下通风式喷漆房在进风口处安装有进风口棉,过滤空气中较大的尘埃粒子,使进入喷漆房空气中的尘埃不至于过早地充满和堵塞顶棉,保证喷漆房有足够的风压;顶棉安装于喷漆房的顶部,为喷漆房做最后的过滤系统以保证喷漆作业顺利进行,收集 10 μm 以上的细小尘埃微粒;在底处安装有底棉或V型过滤纸来收集喷漆房在作业时产生的过量喷漆游离粒子,使排放气体达到环境保护的要求。

(2) 湿过滤系统

典型的下向通风喷漆棚采用水过滤系统(湿过滤系统)。棚内污浊空气经过水幕的冲洗,将油漆粒子和其他杂物带走,由排污水系统收集,经过清洗的空气再由排风机排到大气中。

3. 喷漆的操作方法与日常维护

(1) 喷 漆

① 根据环境温度,确定是用升温喷漆还是用常温喷漆。

② 当环境温度低于 10 ℃时，先将温控仪温度设定在 20 ℃，接通电源，将喷漆开关打到升温喷漆，这时漆房的温度保持在 20 ℃，处在最佳喷油温度状态。

③ 当温度高于 20 ℃时，到常温就可喷漆，漆房内不需要升温，只需通风。

(2) 烤　漆

① 调节好烤漆时所需要的温度及时间，打开风机开关，再打开烤漆开关，即开始烤漆。

② 新鲜空气经加热器加热后进入烤漆房使温度升高，当温度升至设定温度后 15 s 左右，风机自动关闭。漆房保持设定温度范围内进行烤漆。

③ 当温度降到比设定温度低 45 ℃时，风机自动工作，使漆房内温度保持恒定。

④ 当烤漆时间到达设定时间时，烤漆房自动关闭，烤漆结束。

9.1.9　压缩空气供给系统

空气压缩机是空气供给系统的心脏，通常称为气泵，它将空气的压力从普通的大气压压缩到预定的压力值。按气泵的结构可分为活塞式、膜片式和螺旋式；按缸数可分为单缸、双缸和三缸；按工作方式可分为一级压缩式和二级压缩式。

活塞式压缩机的结构：活塞式压缩机由曲柄连杆机构、冷却系统、润滑系统和自动调节系统四大部分组成。曲柄连杆机构主要包括活塞、连杆、曲轴、曲轴箱、缸体、缸盖、进排气阀等部件。冷却系统有风冷式和水冷式。风冷式主要靠缸体和缸盖上的散热片散热；水冷式冷却器靠冷却液进行散热；润滑系统一般采用飞溅式润滑，在每个连杆的大头盖上装有油勺，当连杆运动时，油勺随之划开油面，将润滑油溅至各摩擦部位。

随着活塞的上升，空气被压缩，缸内压力增加到超过气缸外气体压力时，排气阀打开，压缩空气进入储气筒。当活塞上升到上止点时，排气阀被弹簧力关闭，如此反复运动使储气罐内空气压缩到一定的空气压力。

在日常使用空调压缩机时，也要对空调压缩机进行维护和保养。

任务 9.2　汽车漆膜修复工艺

9.2.1　除旧漆

1. 机械法

所谓机械法，就是采用专用电动或气动打磨机，除去旧漆的方法。这种方法是目前应用比较广泛的一种除漆方法，其工作效率高，旧漆膜清除彻底，同时也能彻底清除锈蚀，能一步达到除膜、除锈的目的。

除漆除锈机和磨灰机以动力驱动作为工具，磨灰机上附有砂纸，用于打磨油漆表层、原子灰或底漆，除漆除锈机可快速地除去狭缝及不平表面锈与旧漆，在一些小面积角位除锈除旧漆时，可用小型除漆除锈机。

用电动或气动磨灰机进行除漆除锈作业时，如果使用的是硬打磨头时，要保持与涂膜表面相平行，否则会在金属表面留下划痕；如果是柔性打磨头，与涂膜表面的接触方式应采用倾斜的方式。

2. 喷沙法

喷沙法是利用压缩空气、高压水流将沙粒、水流、金属弹丸颗粒喷射到车身表面，以沙粒、水流、弹丸的冲击与摩擦，将旧漆膜清除干净。其最大的优点在于汽车车身上的某些孔隙、缝隙或手都很难伸进去的部位，可采用喷砂办法将旧漆膜清除干净。在汽车修理行业中使用的喷砂打磨系统一般又可分压入式和虹吸式两种。

3. 化学法

化学除膜法具有工作简单、工作效率高、旧漆膜清除彻底等优点。其缺点是易燃、易发挥、有毒等。化学除漆法有碱性脱漆和有机溶剂脱漆法两种方法。

4. 火焰法

对于一些腻子层较厚、清除旧漆层较多的车面时，火焰法是一种行之有效的方法。使用设备（主要是喷枪和气焊枪）喷出的高温火焰把旧漆层烧软，随后用铲刀把旧漆层铲除。经火焰处理后的碳化物及疏松的部分旧底漆、腻子应清除干净，防止新涂膜产生气泡、脱落等现象。

火焰法的优点是设备简单，经济实用，能在任何状态下工作，对金属结构和机械强度无影响。缺点是对汽车大平面的表面进行加热时会引起变形，因此在用喷枪加热大平面时，要求控制加热程度，不可追求铲除速度，过分加热将导致外表变形。

9.2.2　金属表面除锈

汽车漆膜损坏使金属表面极易产生锈蚀，因此对裸露的金属表面进行处理是车身表面喷涂工作的关键，其目的是增强涂层的附着力和防止金属锈蚀。它是决定涂层寿命的唯一重要因素。

金属除锈法大致可分为手工除锈法、机械除锈法、化学除锈法三种。在施工时应注意，根据被涂物的材质、形状、厚度、大小、涂料品种、施工条件和质量等因素来确定采用何种方法。

9.2.3　底漆的施工

1. 头道底漆的施工方法

① 首先检查待涂金属表面是否干净，应达到无锈、无尘、无水、无油和其他污物。

② 按指定的稀释剂稀释底漆，并按照说明书调配好底漆。

③ 配用专用工具，在金属表面喷涂一层薄薄的头道底漆。

④ 待头道底漆干燥后才进行二道底漆的喷涂。

2. 二道底漆的施工方法

① 检查头道底漆是否干透。

② 使用指定的稀释剂稀释二道底漆。

③ 按施工要求选择好喷枪，并调整和检查好喷枪。在平板上试喷，观察扇辐是否合适。

④ 以上工作完成后，进行喷涂二道底漆。首先薄薄地喷涂一层二道底漆，并使其自然干燥。

⑤ 接着再喷涂三道底漆和四道底漆，每道涂层的厚度为15 μm左右，每道涂层留出一定的待干燥时间，使二道底漆干燥后，再进行打磨。

⑥ 手工打磨时最好采用湿打磨，因为湿打磨比干打磨好。湿打磨最好采用400号水砂纸，而干打磨采用320号、360号砂纸。在打磨边角、脊背、折边等突出部位时要小心，打磨时

力度要合适。如果不小心将部分二道底漆甚至头道底漆都砂掉，则必须重复上述工艺过程。

⑦ 用橡皮刮刀检查涂装质量。

3. 封底底漆的施工方法

① 在已喷涂的二道底漆的表面，用清洗溶剂清洗二道底漆表面。

② 按照说明书稀释封底底漆。

③ 在适当压力下喷 1～2 道封底底漆，其厚度不能超过产品说明书的指标。

④ 完成上述工作后，让封底底漆自干 30 min。

9.2.4 原子灰的施工

1. 原子灰的刮涂过程

（1）刮原子灰之基本动作

原子灰涂布时不可一次厚补，分为 2～3 次重涂为基本。依部位或形状以下面方法区分作业：

① 第一次刮原子灰将刮刀竖起沿着铁板薄薄压挤补。

② 第二次刮原子灰将刮刀倒斜 35～45°，重涂时比需要量稍微多点，重叠时渐广。

③ 最后刮刀成倒平状，将表面刮平，同时将原子灰周围刮薄。

（2）平面部分之涂布

① 以压挤方法将涂布面全部涂布。

② 最终将原子灰外围部分刮薄，应缩小与周围的涂膜段差。

③ 将涂布之原子灰的 1/3～1/2 量重涂，将原子灰与原子灰间之段差缩小。同时周围部分要刮薄。

④ 重复③动作将涂布面按需要量刮涂。

⑤ 刮平涂布面使其无原子灰间的段差。

（3）弧形表面部刮刀之涂布

刮弧形部分及角落使用有弹性的橡胶刮刀较容易施工。

（4）菱角线条原子灰涂布

菱形线无法拉直时可使用以下方法：

① 沿着菱角线贴胶带单边涂布原子灰。

② 第①步时所涂布的原子灰形成半干燥时，撕去胶带。

③ 第①步时所涂布的原子灰上沿着菱角线贴胶带。

④ 反方向涂布原子灰。

⑤ 半干燥后撕去胶带。

2. 原子灰层的打磨方法

打磨原子灰层主要是为了取得平整光滑的平面。原子灰的打磨方法有以下几种打磨方法：

（1）粗打磨

① 视打磨原子灰的情况来选用圆形或方形的磨灰机。

② 把磨灰机贴住原子灰表面后再开动，否则会碰损磨灰托盘或加深打磨深度。磨灰托盘必须全面贴合原子灰表面，不能施力过大，将原子灰表面打磨出大致形状。

按照刮原子灰最长方向来回打磨，然后再按垂直、斜向的方式进行打磨，不能超出原子灰范围。

（2）中打磨

① 用手掌触摸粗打磨的原子灰表面，感觉粗打磨后的状况。

② 更换干磨砂纸，用干磨砂纸细磨原子灰，打磨羽状边（打磨位置超出原子灰刮涂范围，应与工件的表面有一个平滑的过渡），打磨出最终的表面。

打磨要领：将打磨机轻压在原子灰层表面，左右轻轻移动磨灰机，切忌使劲重压。

打磨时应注意：打磨头的工作面应保持与原子灰表面平行。打磨时不能施力过大，应将打磨机轻轻压住，靠旋转力进行打磨。若施力过大，就不能形成平整表面。

（3）手工打磨修整

使用磨灰机大致形成平整表面之后，必须进行手工打磨修整，手工打磨修整使用手工打磨板较为方便，其大小应与打磨作业面积相适宜。手工打磨板的移动方法和使用打磨机相同。另外，若能巧妙地使用双面软磨块配合合适的砂纸打磨弯角等，可以很快修正变形。

打磨结束后，若发现有气孔和小的伤痕，应采用填眼灰填补。

气孔和伤痕的修补：待其干燥后，干磨采用320号砂纸；若湿打磨采用600号砂纸。

在汽车涂装中的打磨工艺已逐渐用干磨系统代替湿磨，因为湿磨对环境、工作者、喷涂等诸多方面产生很多不良的影响。

9.2.5　面漆的施工

1. 施工前的准备

① 检查：对待喷涂物面进行全面检查，如发现底漆层不平整、不光滑，应进行打磨；对残留原子灰和其他污物应清除干净。

② 遮盖：全涂装和局部修补涂装，不需要喷涂的部位都应遮盖起来。对于这种遮盖作业，所用的纸和粘贴带都有定型产品，可以根据不同的场合灵活选用。

③ 调色：调色是利用一系列的调色设备，按原车颜色进行调配的。在进行调配颜料时，要注意根据修补车的面积大小来估计用料，防止颜料不够或过多造成浪费。

出厂的面漆黏度通常很高，目的在于减慢沉淀的速度，因此在使用时除了将油漆先充分搅拌均匀，还要稀释到适合的喷枪雾化的黏度。黏度调整工艺如下。

步骤1：按工艺规定的黏度，分几次加入适量稀释剂，用油漆调配比例尺调配。

步骤2：过滤。无论哪种涂料都必须过滤后使用，液态涂料的过滤，通常用铜丝网或不锈钢丝网筛过滤；装饰性要求高的涂料品种，也可采用先粗后细的两次过滤方法，以提高过滤速度；过滤时，不要使用硬质工具在筛网内搅拌，以免损坏筛网。在采用集中输漆的场合，涂料的过滤是通过安装在供漆管路上的过滤器进行的。

步骤3：用手指堵住黏度测量杯底的小孔，将过滤后的涂料倒入杯内至规定刻度线。

步骤4：松开手指，同时用秒表记录时间，直到全部滴落完毕，则所记录的时间即为所调涂料的黏度。

2. 喷枪的调整与试验

按照施工的要求对喷枪进行调整，喷枪的调整有空气压力调整、喷雾扇形调整和涂料流量调整。调整后的喷枪要进行喷涂试验。

任务9.3　汽车漆膜常见病态的原因与修复

汽车在涂装过程中或在使用中漆膜出现划痕、斑点等缺陷，对车身表面的美观有很大影响。因此，应对漆膜缺陷产生的原因认真分析，并采取必要的预防和治理措施。

导致漆膜病态的因素是多方面的，为预防和尽量减少漆膜病态的产生，除正确合理的使用合格的涂料外，还应严格执行正确的涂装工艺，选择良好的涂装施工环境，同时还必须注意使用条件及使用中的维护。当发现漆膜出现病态时，必须首先找出产生的原因，并及时采取相应的措施予以解决。

9.3.1　涂装过程中产生的漆膜病态

涂装过程中产生的漆膜病态，一般与涂料质量、涂装工艺、干燥固化、施工操作方法、被涂物面状态、涂装设备、涂装环境等因素有关。现将汽车涂装过程中常见的漆膜病态及其防治方法详述如下。

1. 刷　痕

(1) 现　象

修补涂装采用刷涂施工时，涂膜干燥后产生未能流平的痕迹，使涂膜表面不平整、不光滑。

(2) 原　因

① 涂料的流平性差。

② 涂料施工黏度高。

③ 刷涂技术不佳，操作不当，漆刷质量差。

④ 涂装环境气温低。

(3) 防　治

① 严格控制涂料质量，调整到最佳施工黏度。

② 使用合适工具，正确地进行施工。

③ 必要时可添加少量高沸点溶剂。

④ 涂膜出现刷痕现象，应打磨后重新涂装。

2. 流　挂

(1) 现　象

涂料涂于垂直表面，在漆膜形成过程中湿膜受到重力的影响向下流动，使漆膜厚薄不均匀而呈流滴或挂幕下垂的状态，如图9-19所示。

(2) 原　因

① 涂料中使用重质颜料或研磨不均。

② 涂料黏度过低。

③ 所用溶剂挥发过慢或与涂料不配套。

④ 喷枪的喷嘴直径过大，气压过小。

⑤ 喷涂操作不当，喷涂距离和角度不正确，喷枪移动速度过慢，造成一次喷涂重叠。

⑥ 漆膜过厚。

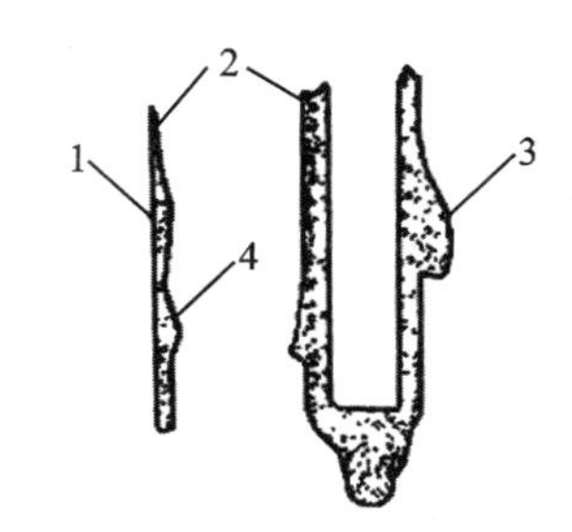

1—底材；2—涂层；3—流挂；4—垂流或下沉

图9-19　流挂示意图

⑦ 喷涂环境温度过低或周围空气中溶剂蒸汽含量过高。

⑧ 在光滑的旧漆膜上涂新漆时,也易发生流挂。

(3) 防 治

① 调整涂料配方或添加阻流剂。

② 正确选择溶剂,注意溶剂的溶解能力和挥发速度。

③ 涂料的黏度要适中(硝基漆为 10～20 Pa·s,烘干涂料为 20～30 Pa·s)。

④ 喷硝基漆喷枪的喷嘴直径要小一些,气压以 0.4～0.5 MPa 为宜。

⑤ 提高喷涂操作熟练程度,喷涂均匀,注意正确的行枪距离和角度,一次不宜喷涂太厚。

⑥ 加强换气,施工场所的环境温度保持在 15 ℃以上。

⑦ 在旧漆膜上涂新漆要预先打磨。

⑧ 施工中出现流挂,一般应在涂膜未干前予以修平。若涂膜已干,可用水砂纸轻轻打磨平整,不得磨穿其他部位。

3. 收 缩

(1) 现 象

漆膜不均匀,表面有局部收缩形成露底的麻点、花脸等,漆膜均失去平滑状。

(2) 原 因

① 被涂表面不干净,有水、油、灰尘、肥皂、石蜡等异物附着。

② 溶剂挥发速度与烘烤温度不相适应,例如烘干漆用慢干溶剂。

③ 黏有不同涂料的喷雾。

④ 残存遮蔽胶带或修补涂装中旧漆层吸漆。

⑤ 底漆过于平滑。

⑥ 涂装环境空气不清洁,有灰尘、漆雾、蜡雾等。

⑦ 涂装工具、工作服、手套不干净。

(3) 防 治

① 确保被涂面洁净,严禁裸手、脏手套和脏抹布接触。

② 用涂料稀释剂彻底擦净底材表面,使之清洁,或用砂纸打磨。

③ 在旧涂层上喷漆时,应用砂纸充分打磨,并擦干净。

④ 确保压缩空气清洁,无油、无水。

⑤ 确保涂装环境清洁,空气中无尘埃、油雾和漆雾等飘浮。

⑥ 出现收缩现象,待干燥后用砂纸打磨,再用溶剂擦净后涂装。

4. 橘 皮

(1) 现 象

喷涂涂料时,湿膜不能充分流动,未形成平滑的干漆膜面,出现似橘皮状凹凸不平的痕迹,如图 9-20 所示。

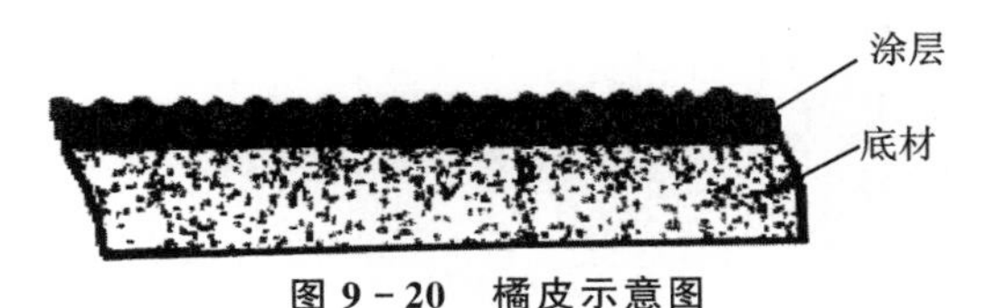

图 9-20 橘皮示意图

(2) 原　因

① 喷涂施工时,涂料黏度过大。

② 喷枪口径大小不适,压缩空气压力低,出漆量过大,导致雾化不良。

③ 喷枪离被涂面的距离过大。

④ 空气及被涂物的温度偏高,喷涂室内过度通风,溶剂挥发过快。

⑤ 喷涂厚度不足。

⑥ 晾干时间过短。

(3) 防　治

① 调整涂料黏度,在涂料中添加挥发速度较慢的溶剂或改性硅烷流平剂,延长湿膜的流动时间,改善涂料的流平性。

② 选择出漆量和雾化性能良好的喷涂工具,压缩空气压力调整适宜,使涂料达到良好的雾化。

③ 调整喷涂距离。

④ 控制漆膜厚度,一次喷涂到规定厚度。

⑤ 保持被涂物温度在 50 ℃以下,喷漆室内气温应维持在 20 ℃左右。

⑥ 适当延长晾干时间,不过早进入高温炉烘干。

⑦ 出现橘皮现象,待色漆完全干后,视橘皮的情况,用水砂纸或粗研磨剂磨去橘皮,进行补涂。如果情况严重,用水砂纸整平,并重新喷涂。

5. 缩　边

(1) 现　象

在喷涂和干燥过程中漆膜收缩,使被涂物的边缘、拐角等部位的漆膜变薄,如图 9-21 所示。

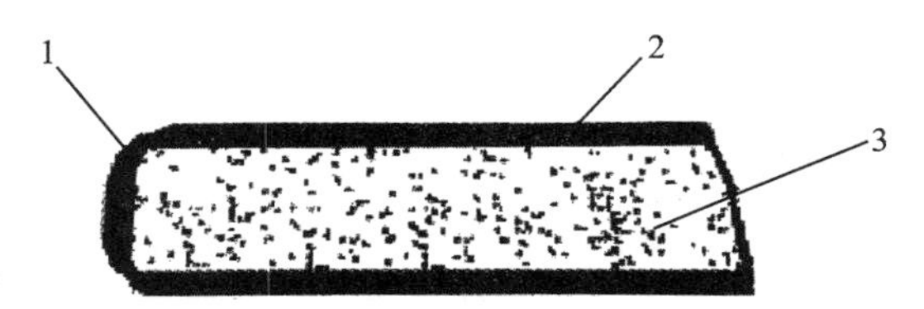

1—缩边;2—涂层;3—底材

图 9-21　缩边示意图

(2) 原　因

① 涂料的黏度偏低。

② 漆基的内聚力过大。

③ 所用溶剂挥发慢。

(3) 防　治

① 调整涂料黏度。

② 添加阻流剂,降低内聚力。

③ 选择适当的溶剂。

6. 起　粒

(1) 现　象

涂装后漆膜整个表面或局部出现颗粒状凸起物。

(2) 原　因

① 颜料分散不良,色漆所用漆基中有不溶的聚合物软颗粒或析出不溶的金属盐,小块漆皮被分散混合在漆中。

② 涂装施工环境不清洁,调漆室、喷涂室、晾干室和烘干室内有灰尘。

③ 被涂物表面不洁净。

④ 施工操作人员工作服、手套及漆前使用材料掉纤维。

⑤ 易沉淀的涂料未充分搅拌和过滤。

⑥ 喷漆室温度过高或溶剂挥发太快。

⑦ 漆雾过多,漆的黏度过高。

⑧ 供漆压力太高。

(3) 防　治

① 涂料应充分净化,不使用变质或分散不良的涂料,供漆管路上应安装过滤器。

② 调漆室、喷涂室、晾干室和烘干室的空气除尘要充分,确保涂装环境洁净。

③ 用黏性擦布擦净或用离子化空气吹净被涂面上静电吸附的尘块,确保被涂面清洁。

④ 操作人员要穿戴不掉纤维的工作服及手套。

⑤ 喷漆室温度、风速调整适当。

⑥ 油漆黏度、输漆压力调整适当。

⑦ 喷涂顺序应从上到下,从里到外。

⑧ 出现严重的起粒现象,应用砂纸打磨后重新涂装。

7. 拉　丝

(1) 现　象

涂料在喷涂时雾化不良,喷涂于底材上的漆雾呈丝状,使漆膜形成不能流平的丝状膜。

(2) 原　因

① 涂料的黏度高。

② 稀释剂溶解力不足,待漆从喷枪中喷出,大量溶剂挥发。

③ 易拉丝的树脂含量超过无丝喷涂含量。

(3) 防　治

① 选择适宜的涂料施工黏度。

② 选用溶解力适当的(或较强的)溶剂。

③ 调整涂料配方,减少易拉丝树脂的含量。

④ 出现拉丝现象,应待干燥后打磨重新涂装。

8. 针　孔

(1) 现　象

涂膜干燥后,在涂膜表面形成针状小孔,严重时针孔大小似皮革的毛孔,如图9-22所示。

(2) 原　因

① 被涂物有污物或底层上已经有针孔的表面涂覆。

② 喷涂施工时,湿膜中溶剂挥发速度快。

③ 涂料的流动性不良,流平性差,释放气泡性差。

④ 涂料变质或黏度高。

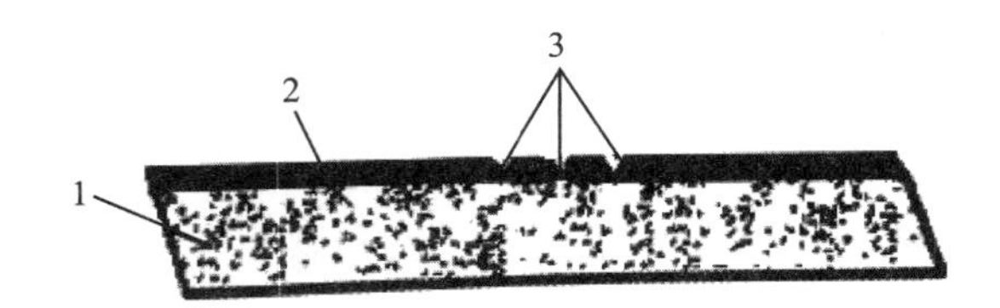

1—底材；2—涂层；3—针孔

图 9－22　针孔示意图

⑤ 涂料中混入不纯物，如溶剂型涂料中混入水分等。

⑥ 涂装后晾干不充分，烘干时升温过急，表面干燥过快。

⑦ 被涂物的温度过高。

⑧ 喷涂空气中存在水分、油。

(3) 防　治

① 选用挥发速度较慢的稀释剂，以改善表面流平性。

② 施工时注意防止水分及其他杂物混入。

③ 严格检查存漆容器、喷涂工具及被涂物表面的清洁程度。

④ 使用双组分涂料时，应在配漆后放置一段时间再用。

⑤ 选择适宜的涂料黏度。

⑥ 用清洁的空气喷涂。

⑦ 出现针孔现象，情况较轻，可采用抛光打蜡予以补救；情况严重时，应填补腻子，重新磨光后喷涂面漆。

9. 起　皱

(1) 现　象

在干燥过程中，形成局部或全部的皱纹状涂膜，如图 9－23 所示。

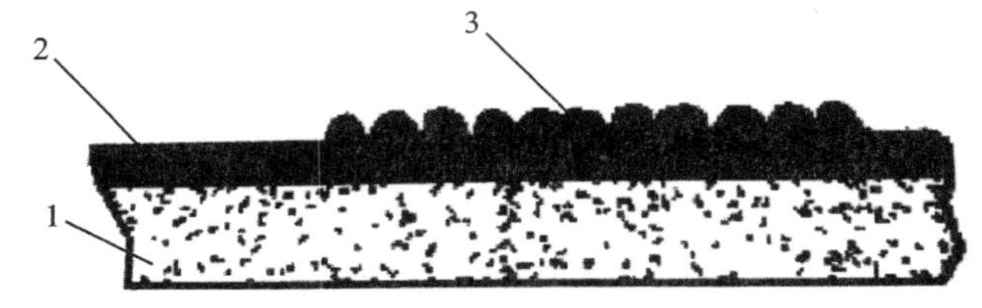

1—底材；2—涂层；3—起皱

图 9－23　起皱示意图

(2) 原　因

① 含有干性油的油性漆或醇酸漆，干燥剂选用不当，使用钴和锰催干剂过多，锌干料缺少。

② 面漆的溶剂把底漆漆膜溶解。

③ 漆膜过厚。

④ 氨基漆晾干过度。

⑤ 烘干升温过急，表面干燥过快。

(3) 防　治

① 合理选用催干剂，尽量不用或少用钴、锰催干剂，多用铅或锌催干剂，对于烘干型涂料，

采用锌催干剂效果好。

② 选用桐油为成膜物时，应注意漆基的熬炼程度，并控制桐油的使用量。

③ 用溶解力小的面漆涂料。

④ 按规定漆膜厚度涂覆。

⑤ 采用防起皱剂。例如油改性的醇酸树脂漆稍涂厚，在烘干时不易起皱，添加少量氨基树脂作为防起皱剂，一次喷到 40 μm 以上厚度也不起皱。

⑥ 氨基面漆在按规定时间晾干后就进行烘干。

⑦ 执行晾干和烘干的工艺规范。

⑧ 对已起皱的涂层，待漆层干透后用水砂纸打磨平滑，重新喷涂。如涂层起皱严重，应将起皱表面铲除后，刮一层腻子，干后打磨重新喷涂。

10. 气　泡

(1) 现　象

在涂装过程中，由于搅拌、泵料输送或施工中混入空气，不易消散，施工后漆膜表面泡状鼓起，如图 9-24 所示。

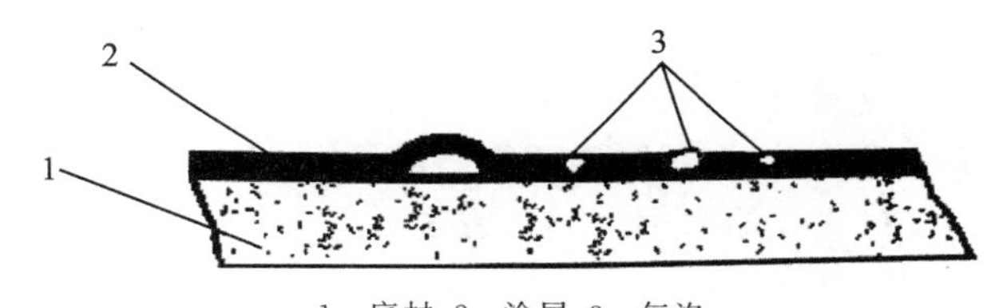

1—底材；2—涂层；3—气泡

图 9-24　气泡示意图

(2) 原　因

① 溶剂挥发快，涂料的黏度偏高。

② 烘干时加热过急，晾干时间过短。

③ 底材、底涂层或被涂面含有溶剂、水分或气体。

④ 搅拌混入涂料中的气体未释放尽就涂装，或在刷涂时刷子走动过急而混入空气。

(3) 防　治

① 使用指定溶剂，黏度应按涂装方法选择，不宜偏高。

② 涂层烘干时升温不宜过急。

③ 底材、底涂层或被涂面应干燥清洁，不含有水分和溶剂。

④ 添加醇类溶剂或消泡剂。

⑤ 涂装后涂膜出现气泡，视气泡的大小决定是局部修补，还是全部返工重新涂装。

11. 遮盖痕迹

(1) 现　象

局部修补涂装中，非涂装表面用胶带遮盖，涂装后，胶带遮盖痕迹残留在表面上，或分色线呈锯齿形。

(2) 原　因

① 胶带的质量差。

② 遮盖工序执行不认真。

③ 漆膜未干就撕下胶带或其他遮盖物。

(3) 防　治

① 选用涂装专用胶带，在烘干场合胶带应耐热。

② 按工艺要求认真遮盖，为确保分色线无锯齿，应选用边端整齐的胶带。

③ 漆膜干后撕下胶带或其他遮盖物。

12. 沾　污

(1) 现　象

漆膜表面由于沾上污物(铁粉、水泥粉、沙尘、漆雾等)，产生异色斑点。

(2) 原　因

① 在干燥过程中，漆膜中侵入和附着铁粉、水泥粉、沙尘、干漆雾等污物。

② 涂层未干透前就将被涂物包装。

③ 涂层接触化学或有色素的物质。

④ 涂层在使用过程中发霉。

(3) 防　治

① 确保涂层干燥场所的清洁，消除污染物。

② 包装被涂物时涂层应完全干透。

③ 防止涂层与污染介质接触，选用耐沾污性好的涂料。

④ 选用防霉性强的涂料或在涂料中添加防霉剂。

13. 咬　起

(1) 现　象

咬起是当涂装第一道面漆于底漆表面时，底层涂膜过分变软产生起皱、胀起、起泡等现象，如图 9－25 所示。

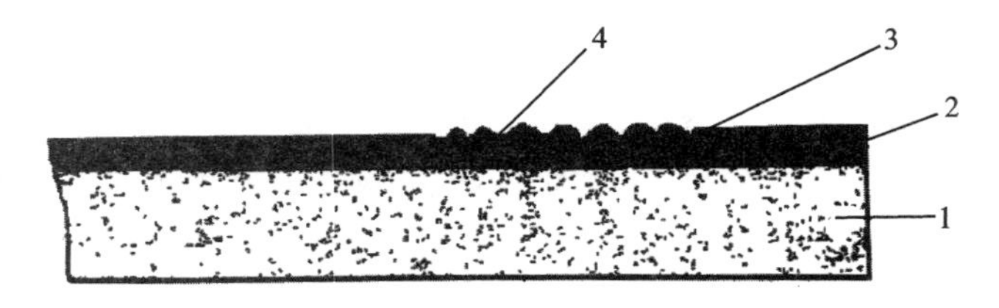

1—底材；2—底漆层；3—面漆层；4—咬起

图 9－25　咬起示意图

(2) 原　因

① 色漆中含有较强的溶剂，穿透底涂膜。

② 涂料不配套，底涂层的耐溶剂性差。

③ 涂层未干透就涂下一道漆。

④ 涂得过厚。

(3) 防　治

① 改变涂料体系，另选用合适的底漆。

② 底涂层干透后再涂面漆。

③ 在易产生咬起的配套涂层场合，应先在底涂层上薄涂一层面漆，等稍干后再喷涂。

14. 发　白

(1) 现　象

漆膜表面呈乳白色，且无光泽。

(2) 原　因

① 空气湿度过高(80%以上)。

② 溶剂挥发过快。

③ 被涂物的温度过低。

④ 稀释剂或压缩空气有水分。

(3) 防　治

① 涂装场地的相对湿度不高于70%，环境温度最好控制在15～25 ℃。

② 选用挥发速度低的有机溶剂，如添加防白剂或防潮剂。

③ 涂装前先将被涂物加热，使其比环境温度稍高。

④ 防止由溶剂和压缩空气带入水分。

⑤ 对已发白的漆膜可待漆膜干燥后进行抛光打蜡处理。发白严重的，可在涂料中加入10%～20%的防潮剂，加入少许涂料再喷1～2道。

15. 色　差

(1) 现　象

修补部位漆膜的色相、纯度、明度与原漆色有差异。

(2) 原　因

① 不同批次的涂料有较大的色差。

② 在换色喷涂时，输漆管路清洗不净。

③ 烘干时间及温度控制不规范，局部过烘。

(3) 防　治

① 不同批次的涂料应加强检验。

② 换色时输漆管路一定要洗净。

③ 烘干时间、温度应严格控制在工艺规定范围内。

16. 砂纸纹

(1) 现　象

面漆涂装和干燥后仍能清楚地见到砂纸打磨纹。

(2) 原　因

① 砂纸选用不当，打磨砂纸太粗或质量差。

② 打磨时机不当，涂层未干透(或未冷却)就打磨。

③ 被涂物表面状态不良，有极深的锉刀纹或打磨纹。

④ 涂膜厚度不足。

(3) 防　治

① 正确选用打磨砂纸。

② 打磨工序应在涂层干透和冷却后进行。

③ 对装饰性要求较高的部位，以湿打磨取代干打磨。

④ 被涂物表面状态不良，应刮腻子填平。

⑤ 提高喷涂厚度。

17. 干燥不良

（1）现　象

涂料施涂后，漆膜按产品规定的技术指标及工艺干燥后，出现漆膜表干或实干时间延长，或漆膜表干里不干、漆膜硬度低的现象。

（2）原　因

① 涂料中的催干剂或固化剂配比不当。

② 自干型涂料所含干燥剂失效，或表干型干燥剂用量过多。

③ 涂料中含有抗干的颜料。

④ 自干或烘干的温度和时间未达到工艺规范。

⑤ 自干场所换气不良，湿度大，温度偏低。

⑥ 一次涂装太厚。

⑦ 不同热容量的工件同时在一个烘干室中烘干。

⑧ 被涂物表面残存有石蜡、硅油、油、水等。

（3）防　治

① 在实验室标准条件下严格检查涂料。

② 在漆中加入抗橘皮助剂时，要注意用量正确，防止超量而影响涂膜干燥性。

③ 严格执行干燥工艺规范。

④ 自干场所和烘干室的技术状态达到工艺要求。

⑤ 氧化固化型涂料一次不宜涂得太厚。

⑥ 添加干燥剂和调整表干型干燥剂的用量。

⑦ 热容量不同的工件应有不同的烘干规范，烘干室的装载量应控制在一定范围内。

⑧ 严防被涂物和压缩空气中的油污、蜡、水等带入涂层中。

18. 腻子残痕

（1）现　象

在刮腻子的部位喷涂后，涂膜表面出现腻子痕迹。

（2）原　因

① 腻子刮涂后，打磨不充分。

② 对刮涂腻子部位未涂封底漆，腻子层的吸漆量大，或颜色与底漆层不同。

③ 所用腻子的收缩性大，固化后变形。

（3）防　治

① 对刮腻子部位充分打磨。

② 在刮腻子部位涂封底漆。

③ 选用收缩性小的腻子。

19. 打磨痕迹

（1）现　象

基底打磨痕迹较重，上层面漆盖不住出现的漆膜缺陷。

（2）原　因

① 打磨操作不规范、不认真。

② 打磨工具技术状况不良。

③ 砂纸质量差,有掉砂现象。

④ 在打磨平面时未采用磨块,局部用力过猛。

(3) 防　治

① 按操作规范认真打磨。

② 确保打磨工具技术状况良好。

③ 选用优质砂纸,在用新砂纸之前,应将砂纸相互对磨一下,以消除掉砂现象。

④ 在打磨平面时应采用磨块,并注意打磨方向。

20. 修补斑印

(1) 现　象

修补涂装的部位与原涂面的光泽、色相有差别。

(2) 原　因

① 修补涂料与原涂料差异较大,如光泽和颜色不同、耐老化性差等。

② 修补操作不规范,如被修补部位打磨不良而产生光泽不均。

(3) 防　治

① 正确选用修补涂料,尽可能使修补的颜色、光泽和耐老化性与原涂料接近,最好采用原工艺和原涂料。

② 被修补部位应仔细打磨。

③ 修补面应扩大到明显的几何分界线。

9.3.2　使用过程中出现的漆膜病态及其防治

1. 裂　痕

(1) 现　象

涂料施涂后经干燥成膜,在户外使用后,涂膜上出现裂缝。

(2) 原　因

① 面漆层的耐候性和耐温变性差。

② 涂料的底面涂层配套不佳,底层漆膜和面漆涂膜的伸缩性和软硬程度差距大。

③ 底涂层未干透就涂面漆或面漆层涂得过厚。

④ 涂层老化。

(3) 防　治

① 选用耐候性、耐温变性优良的面漆。

② 合理选择配套的底、面漆,一般使底层漆膜和面层漆膜的硬度、伸缩性接近。

③ 严格按工艺要求控制漆膜厚度,对耐寒性差的漆膜不应涂得过厚。

④ 底层漆膜干透后方能涂面漆。

2. 变　脆

(1) 现　象

涂料经施涂干燥成膜后,漆膜失去弹性或弹性变差。

(2) 原　因

① 漆膜的柔韧性及附着力差。

② 漆膜涂得过厚。

③ 漆膜过渡烘烤或烘烤温度过高,烘烤时间过长。

④ 使用环境温度过低。

(3) 防　治

① 严格按要求进行漆前表面处理,提高漆膜的附着力。

② 选择配套性良好的涂层。

③ 选择合适的漆膜厚度。

④ 选择合适的烘干规范。

3. 风　化

(1) 现　象

涂层在使用过程中受环境因素的影响,漆膜厚度降低直至露出底材。

(2) 原　因

① 被涂物使用环境极差。

② 选用的涂料耐候性差。

③ 被涂物使用年久。

(3) 防　治

① 选用耐候性优良的涂料。

② 根据漆面破坏程度,及时进行重新涂漆。

4. 剥　落

(1) 现　象

当涂料干燥成膜后,涂膜受外力作用从底材上脱落下来。

(2) 原　因

① 底材金属表面过分光滑,结合力不够。

② 被涂表面受到蜡、油脂、硅酮、油、水、铁锈或肥皂水等的污染。

③ 被涂表面未使用金属表面处理剂,或者所使用的处理剂型号不对。

④ 喷涂底漆的方法不当,底漆未充分干燥。

⑤ 喷涂时,基底表面温度太高或太低,压缩空气的压力太高。

⑥ 油漆的黏度不当,所用稀释剂型号不对或质量太差。

⑦ 漆膜太厚。

(3) 防　治

① 被涂表面太光滑时应打磨或经化学处理,提高涂层的附着力。

② 认真清洗被涂表面并用干净布将表面擦干。

③ 被涂表面要正确使用金属表面处理剂,处理后 30 min 内应开始喷漆,以防被涂表面生锈。

④ 喷涂和干燥过程中要保证表面处于所推荐的温度范围内。

⑤ 使用正确的工艺喷涂底漆,要保证底漆充分固化后才可继续涂面漆。

⑥ 用推荐型号的稀释剂将油漆稀释到正确的黏度范围。

⑦ 在保证油漆能够充分雾化的前提下,将压缩空气的压力尽可能调低。

⑧ 每次喷涂的漆层要薄而且湿。

5. 斑　污

(1) 现　象

漆膜表面出现色斑、腐蚀点或黏附着污垢。

(2) 原　因

① 漆膜黏附灰尘、水泥灰、焦油、煤烟、酸性物质、昆虫或鸟类的粪便等污染物。

② 所用颜料不耐酸、碱。

③ 涂层长霉。

(3) 防　治

① 选用耐腐蚀和耐油污性好的涂料。

② 汽车不要在室外停放,尤其不要停放在污染源附近。

③ 汽车应涂面漆防护蜡。

6. 起　泡

(1) 现　象

漆膜的一部分似泡状从底面离开,甚至浮在表面。

(2) 原　因

① 漆膜的水汽渗透性、耐水性或耐潮湿性差。

② 被涂面残存有油污、盐碱、打磨灰等物质。

③ 清洗被涂面的最后一道用水的纯度差,含有杂质离子。

④ 在涂装表面残存水汽。

⑤ 漆膜干燥不充分。

⑥ 在高湿度下长期放置。

(3) 防　治

① 应使用耐湿性较好的涂料。

② 在进行涂漆之前要对涂面进行充分的清洁,保证最后一道用水的纯度。

③ 漆膜要充分干燥,勿要长期暴露在高湿度环境中。

7. 锈　蚀

(1) 现　象

涂装后不久,漆膜下出现红丝或锈点(斑)。

(2) 原　因

① 漆前表面处理质量差,如手工、机械除锈及磷化处理不好。

② 表面处理后,未能及时涂漆。

③ 所用涂料中含有水分,或涂料的耐潮湿性、耐腐蚀性差。

④ 涂层不完整,有漏涂、针孔等缺陷。

⑤ 在高温、高湿度环境下使用,或有酸、碱、盐等腐蚀性介质侵蚀。

(3) 防　治

① 涂装前必须对底材认真进行表面处理,如有条件,均应对金属底材进行磷化处理。

② 表面处理后应及时涂漆。

③ 根据被涂物的使用环境选用耐腐蚀性、潮湿性优良的涂料,且涂料中不含水分。

④ 应确保涂层的完整性,被涂物的所有表面都应该涂上漆。

8. 粉　化

(1) 现　象

漆膜在使用过程中受紫外线、氧气及水分的作用,老化呈粉状脱离。

(2) 原　因

① 高分子成膜材料发生老化,导致不能更好地润湿颜料而在漆膜表面析出颜色粒子。

② 涂料中所用漆基和颜料的质量差。

③ 涂料的耐候性差。

(3) 防　治

① 选用质量好的漆基材料和抗粉化性好的颜料。

② 选用耐候性优良的涂料。

③ 在涂料中加入适量的紫外线吸收剂。

④ 加强漆膜的维护保养。

9. 发　霉

(1) 现　象

漆膜在使用过程中,霉菌侵蚀干燥的涂膜,形成黑暗的淤积,即带有黄、黑、绿等颜色的绒絮状菌体斑点分布于涂膜表面。

(2) 原　因

① 涂料配方中有易产生霉变的材料。

② 被涂物经常在环境潮湿的条件下使用。

③ 涂层表面在使用过程中不经常清洗维护。

(3) 防　治

① 在涂料配方中选用不易霉变的高分子聚合物作为成膜材料。

② 通过试验,在所用涂料中加入适量的防霉助剂。

③ 对易发霉的底材在涂漆前应进行防霉处理。

④ 涂层表面应经常清洗和维护。

10. 雨　斑

(1) 现　象

受雨淋或雨露的浸渍,使涂膜表面形成不透明的点状乳白色痕迹。

(2) 原　因

① 所用涂料的抗水性能差。

② 涂膜表面未涂防水防护剂。

(3) 防　治

① 选用抗水性能优良的涂料。

② 必要时可试验加入硅烷类助剂,提高漆膜的防水性。

11. 回　黏

(1) 现　象

漆膜干燥后,漆膜表面出现软化发黏。

(2) 原　因

① 所用涂料含半干性油。

② 涂料中漏加催干剂、固化剂。

③ 干燥后通风不足，湿度高。

④ 施工时底材处理不净，沾有油污和蜡。

（3）防　治

① 更换涂料品种。

② 干燥室应通风良好。

③ 加入适量的催干剂、固化剂，在使用易吸附干燥剂的颜料时，其催干剂用量应适当增加。

④ 施工时应对底材进行彻底处理。

12. 褪　色

（1）现　象

在使用过程中，漆膜的颜色变浅。

（2）原　因

① 所用涂料的耐候性和耐光性差。

② 受阳光、大气污染等的作用。

③ 受热、紫外线的作用使树脂变质。

（3）防　治

① 根据使用环境选用耐候性和耐光性优良的涂料，耐光等级一般应在4级以上。

② 选用不褪色的涂料。

13. 变　色

（1）现　象

在使用过程中漆膜的颜色发生变化，其色相、纯度、明度明显地偏离标准色板。

（2）原　因

① 所用涂料的耐候性差。

② 受酸雨及其他工业污染的影响。

③ 受阳光照射、潮湿、高温等环境因素影响。

④ 在漆膜老化、增塑剂析出等过程中有机颜料通过漆膜迁移。

（3）防　治

① 根据被涂物的使用条件选用合适的涂料。

② 选用耐候性优良的涂料。

③ 在靠近工业区的地方应将汽车停在车库内。

14. 失　光

（1）现　象

漆膜表面最初有光泽，在使用过程中逐渐失去光泽。

（2）原　因

① 涂料的耐候性差。

② 漆膜耐擦伤性能不好，擦洗车过程中漆面擦伤失光。

③ 阳光照射、水汽（高温高湿）作用和腐蚀气体玷污。

(3) 防　治

① 选用耐候性、抗擦伤性能优良的涂料。

② 如所用涂料有抛光性,则进行抛光即可恢复光泽。

15. 溶　解

(1) 现　象

漆膜溶解于侵蚀性液态介质而被破坏。

(2) 原　因

① 所用涂料对使用环境不适应。

② 接触到某种具有侵蚀性的液体。

(3) 防　治

① 选用耐某种侵蚀介质性能强的涂料。

② 避免涂层与侵蚀性介质接触。

9.3.3 汽车漆面划痕处理

1. 汽车漆面划痕产生的原因

汽车漆面划痕是漆面表面出现的线条痕迹,其产生的原因主要有以下几项。

① 擦洗不当。汽车在擦洗中,若清洗剂、水或擦洗工具(海绵、毛巾等)有硬质颗粒,则会使漆面产生划痕。

② 护理方法不当。在给漆面抛光时,若选择的打磨盘粒度较大,打磨力度较重或打磨失手,则会在漆膜表面留下不同程度的划痕。还有在打蜡时,若蜡的品种选择错误,误把砂蜡用在新车上,也会出现一圈圈的划痕。

③ 意外刮擦。汽车在行驶中与其他汽车产生刮擦,与路边树枝产生刮擦,以及暴风、沙尘天气时与大气中的尘土、砂石等产生刮擦都会造成漆面划痕。

2. 汽车漆膜深浅划痕的鉴别

汽车漆面结构一般为“色漆+清漆”系统,现代轿车普遍采用色漆与清漆结合的面漆系统。汽车表面深的或浅的划痕总是相伴而生的,根据其深浅程度不同可分为浅度划痕、中度划痕和深度划痕三种类型。浅度划痕指表层面漆轻微刮伤,划痕穿过清漆层已伤及色漆层,但色漆层未刮透;中度划痕指色漆层已经刮透,但未伤及底漆层;深度划痕指底漆层已刮透,可见车身的金属表面。

3. 浅度划痕的处理

对表层漆面轻微刮伤的车身,经检查未刮透面漆层,可采用下列修补工艺进行修复。

(1) 清　洗

首先要将面漆表层的上光蜡薄膜层、油膜及其他异物除掉,方法是采用脱蜡清洗剂对刮伤部位进行清洗,然后晾干。

(2) 打　磨

根据刮痕的大小和深度,选用适当的打磨材料,如1500号磨石,9 μm的磨片,或1000～1500号的砂纸对刮伤的表面层进行打磨。打磨一般采用人工作业,也可用研磨/抛光机或打磨机进行打磨抛光。打磨时要注意不能磨穿面漆层,如面漆层被磨穿,透出中涂漆层,必须喷涂面漆进行补救。

(3) 还　原

经打磨抛光的漆面已基本消除浅度划痕,对打磨抛光作业中残留的一些发丝划痕、旋印等可通过漆面还原进行处理。方法是:用一小块无纺布将还原剂均匀涂抹于漆面,然后抛光至面漆层与原来的涂层颜色完全一致为止。

(4) 上　蜡

漆面还原后还应进行上蜡处理。方法是:先将固体抛光蜡捣碎放入汽油中热溶后备用,修补部位用洁净的棉纱蘸汽油润湿,再蘸蜡涂满后进行擦拭,要反复多次擦拭直至漆膜平整光亮为止。

在上蜡时,也可将汽车整个表面同时打蜡抛光一遍。方法是:先用洁净的棉纱将蜡质全部擦净,再涂上光蜡,至漆膜清晰光泽醒目为止,最后用绒布均匀擦拭一遍即可。

(5) 质　检

上述工序完成后,要对修补表面外观质量进行检查,检查的重点是涂层的色泽必须与原漆膜完全一样,若有差异说明表面清理和打蜡抛光没有完全按照要求操作,必要时应进行返工。

4. 中度划痕的处理

中度划痕的修补方法如下。

(1) 打　磨

① 检查底层涂漆是否附着完好。

② 对中涂层及面漆层的刮伤部分进行打磨,使之平滑、光洁。

③ 对损伤部位的边缘进行修整,使其边缘不见刮伤的涂层为止,必要时可适当扩大打磨面积。

(2) 清洗和干燥

① 用专用清洗剂去除打磨表面的油污、石蜡及其他异物。

② 用烘干设备使清洗表面干燥。

(3) 中涂层涂装

① 确定施工工艺参数:根据不同的涂料确定施工黏度、雾化压力、喷涂距离、干燥温度、干燥时间等。

② 遮盖:对不喷涂的部位进行遮盖。

③ 中涂层漆膜干燥:如果修补面积不大,可采用室温自然干燥,但时间较长;一般常用远红外线干燥灯或远红外线干燥箱(反射式)进行局部干燥。

④ 中涂层漆膜:打磨清洁中涂层漆膜干燥后,用320号砂纸对补涂的漆膜进行轻轻打磨,使之光滑平整,用手触摸无粗糙感为准。打磨方法有干式打磨和湿式打磨两种。干式打磨时,用压缩空气吹净打磨部位,再用清洁的黏性抹布把浮灰等杂物彻底擦净。湿式打磨时,用320号的水磨砂纸对修补的中涂层进行表面打磨,同样打磨到用手触摸无粗糙感为止,并用水冲洗干净,将水擦净、晾干或用压缩空气吹干,最好还是用远红外线干燥灯(箱)烘干。

(4) 面漆涂装

1) 第一道面漆涂装步骤如下。

① 喷漆:将已选好的面漆,按施工条件的要求,调配到规定工艺条件的允许范围,然后进行喷涂。

② 烘干:一般采用特制的远红外干燥灯或干燥箱进行局部烘干。烘烤的温度和时间取决

于现场的实际状况，但必须要达到烘烤的质量要求。可用棉球法测定漆膜表面是否真正干燥。

③ 打磨：用320号砂纸进行面漆表面打磨，使面漆涂层表面平整光滑，并用抹布、压缩空气边吹边擦，最后用带黏性的抹布将表面彻底擦净。

2）第二道面漆涂装步骤如下。

① 喷漆、烘干：与第一次相同。

② 打磨：此次面漆打磨是直接影响到涂层表面质量的最后打磨工序，应特别注意打磨质量。采用500～600号砂纸轻轻湿打磨，消除涂膜缺陷，然后再进行烘干。

（5）罩光漆涂装。

第二道面漆喷涂打磨干燥后，应再喷涂一层氨基罩光漆。

① 施工条件：以罩光漆KH－24为例，采用专用稀释剂KH－24；稀释率14%～16%，稀释黏度24～25 Pa·s；施工固体分质量分数46%，稳定性静置48 h。

② 涂装方法：喷涂次数5～6次，目标厚度35～40 μm，每次之间流平时间3～5 min，最后一次流平时间7～10 min。

③ 干燥：干燥湿度140 ℃，干燥时间30 min。若在干燥室内采用保持式干燥，时间为20 min；若是局部小范围的干燥，采用远红外线干燥器进行烘烤，时间以实际干透为准。

（6）抛光上蜡

抛光打蜡的操作方法如下：

① 先用棉布、呢绒或海绵等浸润抛光剂进行抛光，然后擦净；

② 再涂上光蜡，并抛出光泽。

5. 深度划痕的处理

深度划痕包括创伤划痕，多是汽车因碰撞、刮擦等原因造成的车身局部损坏、板面变形、破裂等创伤，涂层严重损坏。对深度划痕首先应清除损伤板面的旧漆层，用钣金或焊装等方法修复好已损伤车身的板面，达到与原来的形状、尺寸、轮廓相同的要求；然后进行修补涂装。修补涂装的工艺方法如下。

（1）表面处理

① 用铲刀、钢丝刷等清除表面涂层、铁锈和焊渣。焊口较大处用砂轮打磨平整，再用1.5～2.5号砂布打磨，清除底层表面锈蚀和杂物。

② 用溶剂将划痕处洗净、晾干。

③ 涂上一层薄薄的底漆。

④ 在底漆膜上涂一层防锈漆。

（2）刮涂腻子

① 将速干原子灰覆盖在金属层上。

② 原子灰干燥后，用400号干砂纸将原子灰磨平。

③ 用脱蜡清洗剂将划痕处擦净。

（3）喷涂中涂漆

① 将不喷漆的地方用专用胶纸遮盖。

② 先用喷枪轻轻地喷上一道底漆，然后再喷第二层较厚的底漆，并使其干燥。

③ 用600号砂纸将底漆磨平。

④ 如果划痕处仍低于漆面，可再喷涂3～5层底漆，并重复清洁步骤。

⑤ 用1500～2000号砂纸将周围部分打平，再用溶剂擦净。

(4) 喷涂面漆

① 喷漆：选用与原车色漆配套的面漆，按原车颜色调配，并调至符合施工要求的黏度，经过滤后再进行喷涂施工。每喷涂一遍之后，应有漆膜需要的流平时间，然后再一遍一遍地进行喷涂。使第一次面漆涂层达到30～40 μm的厚度。涂料在涂覆后应有足够的流平和晾干时间，常温干燥一般在2 h以上。

② 湿磨：用280～320号水磨砂纸在喷涂四层的漆膜基础上将漆膜打磨平整、光滑。用抹布、压缩空气边吹边擦洁净，并使之表面干燥，可加热干燥，也可自然晾干。但自然晾干时间较长，且应注意防止粉尘污染漆膜表面。

③ 罩光：在原有面漆内，加20%以下的清漆，再适当加入稀释剂混合使用，以增加光洁度，其黏度以15 Pa·s(5 ℃)为宜。经过滤后再喷涂，喷后流平性要好，以便第二天易于抛光打蜡，总厚度为80～110 μm。

(5) 抛光上蜡

① 将喷涂完并干燥后的车身拆除遮盖物。

② 用400～500号水磨砂纸带水将车身表面满磨至涂膜表面光滑平整为止，打磨长度在100 mm以内。

③ 用抛光剂打磨：先用抹布将涂层表面擦净，再用呢绒、海绵等浸润抛光剂进行抛光。

④ 抛光之后再用上光蜡抛出光泽，使其表面光亮如新。

9.3.4 轻微印迹的处理

汽车表面受到酸雨、鸟粪、死虫、落叶等侵蚀，漆面会出现斑点，严重影响到汽车美观。对汽车面层异物和斑点应及时清除。否则，斑点逐渐向深层渗透，将增加处理的难度。

漆面出现很浅的印迹，漆已变色时，应进行下列处理：

① 先用水进行清洗，然后再用除蜡溶剂进行清洗；

② 用碳酸氢钠溶液进行中和处理，然后彻底漂净；

③ 擦干后用车蜡上光。

1. 表层斑点的处理

漆面斑点呈环状，环的中心已呈暗色，表明斑点已进入表层，此时的处理方法如下。

① 先按前面所述进行清洗和中和处理。

② 手工抛光斑点部位，根据斑点深度，如果需要再用抛光机抛光，抛光中要经常检查，以使磨掉的面漆尽可能少些。

③ 如果斑点较深，可用1500号或2000号砂纸湿磨，如果斑点仍可见，则用1200号砂纸打磨。

④ 清洁干净后打蜡上光。

2. 深层斑点的处理

(1) 斑点清除

若斑点已渗透到漆膜深层，则首先应彻底清除斑点，其方法如下。

① 清洗：在斑点及周围部分先用水清洗，再用溶剂清洗。

② 砂薄：以斑点为中心，将周围漆膜加工成由薄逐渐变厚的平滑过渡状态。过渡部分的

漆膜称为“薄边”，如图 9－26 所示。

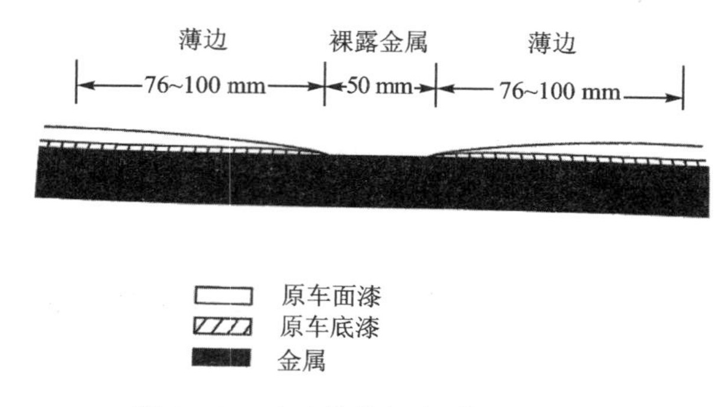

图 9－26　斑点修补标准“薄边”剖面图

“薄边”的加工方法如下：

● 选择合适的砂纸，采用手工或机械打磨。

● 如果修补面积较小，直径只有 15～20 cm，建议采用橡胶打磨块或其他体积较大的打磨块垫砂纸进行打磨。

● 采用水砂纸由内向外砂，也可由外向内砂。面积较小时应画圆圈砂，面积较大时应走直线砂。打磨过程中要经常用海绵蘸水湿润表面。

●经打磨形成“薄边”后，换成细砂纸继续打磨，以除去采用粗砂纸打磨时留下的痕迹。

③ 除锈：斑点中心裸露出金属基材的部分如有锈蚀，应进行除锈，除锈方法如下：

● 对锈蚀处进行打磨，直到显露出金属光泽为止；

● 采用双组分金属表面调整剂，清除有可能遗留在缝隙里的铁锈；

● 用水清洗，然后用压缩空气吹干表面。

(2) 底层修补

① 将底漆直接刷涂到裸露的金属表面上。

② 喷涂 3～4 道中间涂层。

③ 中间涂层干燥后进行打磨。

④ 对中间层和相邻原装面漆进行加工。其方法如下。

● 用 400 号砂纸蘸水打磨中间涂层的中心部位；

● 采用手工抛光的办法清除相邻原装面漆上的过喷，擦拭打磨中间涂层的边缘；

● 对本色漆上面整个润色区域进行抛光；

● 用蘸有少量水和清洗溶剂的抹布把已抛光的表面擦拭干净。

(3) 面层修补

采用不同的涂料进行斑点修补时，其工艺也有所不同。下面以热塑性丙烯酸面漆为例，进行介绍。

1) 喷涂前准备

① 涂料准备，包括以下内容：

● 涂料配色。

● 涂料稀释。涂料稀释一定要采用指定的稀释剂，稀释时要将涂料搅拌均匀，并检查黏度。

② 喷枪准备，包括以下内容：

- 如果有时喷本色漆，有时喷金属闪光漆，则最好采用带搅拌喷杯的喷枪，这样就可以使喷涂金属闪光漆时不会产生颜料沉淀，从而不会影响涂层的色相。
- 准备两个喷枪，配制两种喷涂材料。喷枪1用以配制传统的热塑性丙烯酸面漆，采用慢速稀释剂、在喷杯上做好记号“色漆”；喷枪2内配制涂料包括1份慢速稀释剂、1份中速稀释剂，及大约5%的热塑性丙烯酸清漆，在喷杯上做好记号“消雾圈涂料”。

2）喷涂施工

① 试喷：把喷枪上所有可调整参数都暂时设定在中间位置，先在样板上喷涂几道，为了与原装车面漆的颜色相比较，以全遮盖的方式喷涂样板，层间要有适当的闪干时间。如果发现颜色不对，应进行调色，直到满意为止。

② 喷涂：在中间涂层的表面上喷涂第一道面漆（见图9－27）。每道走枪开始和结尾时采用收边施工法，然后喷涂消雾圈涂料于斑点的边缘。以同样的方式喷涂第二道，每一道枪都要比前一道范围大一点，直到全遮盖为止，喷涂后，在正常的温度下至少干燥1 h。然后喷涂三道丙烯酸清漆于整个修补的面积上，这里所采用的丙烯酸清漆用慢速稀释剂稀释了200%。最后采用消雾圈剂喷涂丙烯酸清漆的边缘。

③ 干燥：采用自干或烘干使漆膜干燥。自干需要一整天，最好一周；在80 ℃的温度下烘干需要30 min。

3）注意事项

① 注意喷枪的使用。喷涂前要对喷枪认真检查和调整。如果喷涂的是金属闪光漆，调整喷枪上的压力为0.2 MPa左右。每喷一道底色漆，压力升高0.035 MPa，直至颜色符合标准。

② 注意边缘施工。采用收边工艺喷色漆，每喷一道色漆，对其边缘作一次润色施工。

③ 注意金属闪光底色漆施工。在新喷的金属闪光底色漆上不要喷消雾圈涂料，也不要急于喷热塑性丙烯酸清漆。

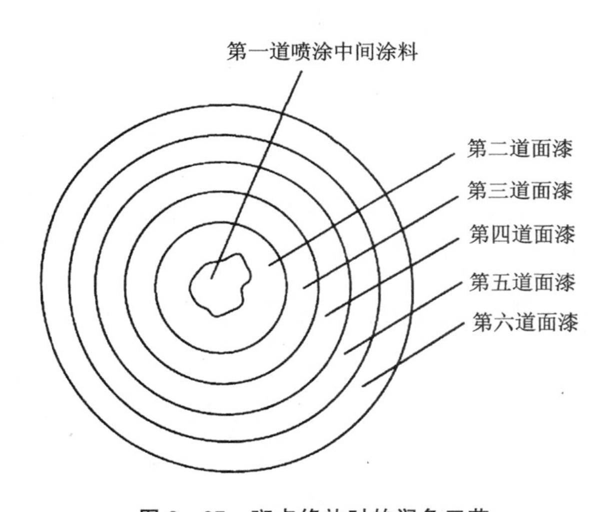

图9－27　斑点修补时的润色工艺

④ 注意干燥。每作一次喷涂施工，都要留有一定的闪干时间。如果所有的喷涂施工结束后需要快速烘干，也一定要留出一定的闪干时间，至少30 min，干透后才可进行抛光。

思考题

1. 汽车漆膜修复所需要哪些工具？
2. 汽车漆膜修复时，如何除旧漆？
3. 在底漆施工时须注意什么事项？

参考文献

[1] 陈旭.汽车装饰与美容实用技术[M].北京:机械工业出版社,2015.
[2] 邢忠义.汽车美容与装饰实务[M].北京:电子工业出版社,2015.
[3] 李井清.汽车装饰与美容[M].北京:电子工业出版社,2017.
[4] 李仲兴.汽车装饰与美容[M].北京:北京大学出版社,2011.
[5] 赵亚男.汽车装饰与美容[M].北京:中共广播电视大学出版社,2017.
[6] 孙斌.汽车美容与装潢[M].杭州:浙江大学出版社,2009.
[7] 钱岳明.汽车装潢与美容技术[M].北京:人民交通出版社,2010.
[8] 邢忠义.汽车美容实务[M].北京:电子工业出版社,2006.
[9] 吴兴敏.汽车车身修复与美容[M].北京:机械工业出版社,2018.
[10] 傅立敏.汽车空气动力学[M].北京:机械工业出版社,2006.